火电厂生产岗位技术问答

HUODIANCHANG SHENGCHAN GANGWEI JISHU WENDA

化学检修

主　编　王真香

参　编　司海翠　杨利斌

中国电力出版社

CHINA ELECTRIC POWER PRESS

内 容 提 要

为帮助广大火电机组运行、维护、管理技术人员了解、学习、掌握火电机组生产岗位的各项技能，加强机组运行管理工作，做好设备的运行维护和检修工作，特组织专家编写《火电厂生产岗位技术问答》系列丛书。

本套丛书采用问答形式编写，以岗位技能为主线，理论突出重点，实践注重技能。

本书为《化学检修》分册，简明扼要地介绍了化学专业检修基础知识及化学专业检修岗位技能知识，主要内容有电厂化学专业检修安全及基础知识，电厂化学水处理设备的结构及工作原理，电厂化学水处理泵类、管道及阀门的安装与检修工艺及技能，水处理离子交换器、超滤、反渗透、电渗析等设备的检修工艺及技能，制氢设备的检修工艺及技能，水处理设备的防腐工艺及技能，机组大修化学监督检查、保护与清洗的工艺及技能，回转机械设备的故障分析处理，阀门的故障分析处理，超滤、反渗透、电渗析等水处理设备的故障分析处理等。

本书可供从事火力发电厂化学运行与检修日常工作的生产人员、技术人员和管理人员学习参考，以及为考试、现场考问等提供题库；也可供相关专业的大、中专学校的师生参考阅读。

图书在版编目（CIP）数据

化学检修/《火电厂生产岗位技术问答》编委会编 . —北京：中国电力出版社，2011.1（2017.7 重印）
（火电厂生产岗位技术问答）
ISBN 978-7-5123-0489-5

Ⅰ．①化… Ⅱ．①火… Ⅲ．①火电厂-电厂化学-检修-问答 Ⅳ．①TM621.8-44

中国版本图书馆 CIP 数据核字（2010）第 101974 号

中国电力出版社出版、发行
（北京市东城区北京站西街 19 号 100005 http：//www.cepp.sgcc.com.cn）
北京雁林吉兆印刷有限公司印刷
各地新华书店经售

*

2011 年 1 月第一版 2017 年 7 月北京第二次印刷
850 毫米×1168 毫米 32 开本 10.875 印张 347 千字
印数 3001—4000 册 定价 25.00 元

前　言

　　在电力工业快速持续发展的今天，积极发展清洁、高效的发电技术是国内外共同关注的问题，对于能源紧缺的我国更显得必要和迫切。在国家有关部、委积极支持和推动下，我国火电机组的国产化及高效大型火电机组的应用逐步提高。我国现代化、高参数、大容量火电机组正在不断投运和筹建，其发电技术对我国社会经济发展具有非常重要的意义。因此，提高发电效率、节约能源、减少污染，是新建火电机组、改造在运发电机组的头等大事。

　　根据火力发电厂生产岗位的实际要求和火力发电厂生产运行及检修规程规范以及开展培训的实际需求，特组织行业专家编写本套《火电厂生产岗位技术问答》丛书。本丛书共分11个分册，主要包括《汽轮机运行》、《汽轮机检修》、《锅炉运行》、《锅炉检修》、《电气运行》、《电气检修》、《化学运行》、《化学检修》、《集控运行》、《热工仪表及自动装置》和《燃料运行与检修》。

　　本丛书全面、系统地介绍了火力发电厂生产运行和检修各岗位遇到的各方面技术问题和解决技能。其编写目的是帮助广大火电机组运行、维护、管理技术人员了解、学习、掌握火电机组生产岗位的各项技能，加强机组运行管理工作，做好设备的运行维护和检修工作，从而更加有效地将这些知识运用到实际工作中。

本丛书在内容选取上，主要讲述火电机组生产岗位的应知应会技能，重点从工作原理、结构、启动、正常运行、异常运行、运行中的监视与调整、机组停运、事故处理、检修、调试等方面以问答的形式表述。选材上注重新设备、新技术，并将基本理论与成功的实用技术和实际经验结合，具有针对性、有效性和可操作性的特点。

本书为《化学检修》分册，本书由王真香主编，司海翠、杨利斌参编。本书共三十一章，其中，第二十二～二十四章、第二十七章由司海翠、杨利斌编写；其余章节全部由王真香编写。全书由王真香统稿。

本丛书可作为火电机组运行及检修人员的岗位技术培训教材，也可为火电机组运行人员制订运行规程、运行操作卡，检修人员制订检修计划及检修工艺卡提供有价值的参考，还可作为发电厂、电网及电力系统专业的大中专院校师生的教学参考书。

由于编写时间仓促，本丛书难免存在疏漏之处，恳请各位专家和读者提出宝贵意见，使之不断完善。

《火电厂生产岗位技术问答》编委会

2010 年 5 月

目　录

第二部分 | 设备、结构及工作原理

第三部分 | 检修岗位技能知识

19

第四部分 │ 故障分析与处理

第二十九章 回转机械设备的故障分析处理 ……………… 261

31

第一部分

岗位基础知识

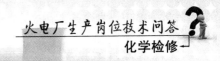
第一章　检修安全知识

1-1　为什么检修工作要执行工作票制度？

答： 在生产现场进行检修工作时，为了能保证有安全工作的条件和设备的安全运行，防止发生事故，发电厂各检修单位以及有关的施工基建单位必须严格执行工作票制度。

1-2　工作票的三种人是指哪三种人？

答： 工作票的三种人是指工作票签发人、工作负责人、工作许可人。

1-3　工作票签发人应对哪些事项负责？

答： 工作票签发人应对下列事项负责：

（1）工作是否必要和可能。

（2）工作票上填写的安全措施是否正确和完善。

（3）经常到现场检查工作是否能安全地进行。

1-4　工作负责人应对哪些事项负责？

答： 工作负责人应对下列事项负责：

（1）正确和安全地组织工作。

（2）对工作人员给予必要的指导。

（3）随时检查工作人员在工作过程中是否遵守安全工作规程和安全措施。

1-5　工作许可人应对哪些事项负责？

答： 工作许可人应对下列事项负责：

（1）检修设备与运行设备确已隔断。

（2）安全措施确已完善和正确执行。

（3）对工作负责人说明哪些设备有压力、高温和爆炸的危险。

1-6　检修工作结束前，在什么情况下应重新签发工作票？

答： 检修工作结束前，在下列情况下应重新签发工作票：

（1）部分检修的设备投入运行时。

（2）值班人员发现检修人员严重违反安全工作规程或工作票内所填写的安全措施不完全，需制止检修人员工作并将工作票收回时。

（3）必须改变检修与运行设备的隔断方式或改变工作条件时。

1-7　水泵检修时应采取哪些安全措施？

答：水泵检修时应采取的安全措施为：填写停电联系票，要求电气人员切断电源并挂警告牌，关闭水泵的出入口门。冬季时，应放尽水泵存水，以免冻坏水泵。

1-8　消防工作的基本方针是什么？

答：消防工作的基本方针是"预防为主，防消结合"。

1-9　化学一级动火区范围是指哪些地方？

答：化学一级动火区范围是指制氢站、氢罐、制氢设备和系统、氢冷发电机及其氢系统。

1-10　化学二级动火区范围是指哪些地方？

答：化学二级动火区范围是指一级动火区以外的 20 万 kW 机房及室外氢气管理综合隧道、变压器、汽轮机油油罐及系统、油处理室。

1-11　化学部门的重点防火部位有哪些？

答：化学部门的重点防火部位有油务室、储油罐及区域。

1-12　化学部门的防爆部位是哪里？

答：化学部门的防爆部位是制氢站。

1-13　进入哪些场所工作应先进行冲洗和强制通风？

答：进入酸、碱储存罐内以及容器或槽罐内存在着有害气体或窒息性气体，如氮气、氨气、氢气等场所作业时，应先用清水冲洗，再强制通风后方可进行工作。

1-14　试述对酸系统进行焊接作业的安全措施。

答：对装有酸的系统（如化学清洗设备、酸计量箱及再生系统等）进行焊接作业时，由于酸与金属作用会有大量氢气产生，遇火极易发生爆炸，因此焊接前必须做好以下安全措施。

（1）装有浓硫酸的系统设备，为了除去内部残余的酸，不能采用水清洗的办法，因为用水稀释会使设备遭受严重腐蚀，产生大量氢气。因此，在该系统焊接前，将酸放尽，需用石灰水中和，然后以水冲洗至中性。待焊设备在用水清洗时，最高点必须有排空气阀，且始终处于开启状态，最高点无空气阀的设备，不许焊接。

（2）化学酸洗设备需进行焊接时，先将酸放尽，然后用水冲洗除去残余的酸，打开最高点的空气阀，即可进行焊接。如果系统要求带酸焊接，可打开最高点空气阀，将泄漏处先以木头或铁丝封住，内部充满酸液后方可进行焊接。在没有放尽冲净酸液的情况下，禁止在放空进行焊接。

（3）焊接过程中，如发现有爆花现象，应立即停止焊接，查明原因进行处理。

1-15 为防止油系统管道失火，对管道有何要求？

答：为防止油系统管道失火，对管道的具体要求如下：为了防止油系统管道失火，应尽量减少油系统的阀门、接头和附件。油系统管道的阀门、接头、法兰等附件承压等级应按耐压试验压力选用，一般为工作压力的 2 倍。油系统管道的壁厚最小不小于 1.5mm，法兰垫禁止用塑料垫、胶皮垫或其他不耐油、不耐高温的垫料。油管的布置应整齐集中，并宜置于热体之下。油管应按照制造厂或设计院提供的安装图进行施工。油管附近的热体应妥善保温（必要时采用隔离措施）。如果热体上有集中的油管区，应设防爆箱。

1-16 运行中的哪些设施、设备上禁止人员行走或坐立？

答：禁止在运行中设备周围的栏杆上行走，禁止在运行中的管道上、联轴器上、安全罩上、轴承上或其他设备上行走或坐立。

1-17 储氢设备（包括管道系统）检修前应做好哪些安全措施？

答：储氢设备（包括管道系统）检修前应做好如下安全措施：

（1）必须将需要检修的部分与之相连的部分隔断，加装严密的堵板，并将氢气置换为空气方可工作。

（2）禁止穿带钉的鞋进行工作。

（3）在储氢罐附近禁止明火，禁止在能产生火花的地方工作。如必须进行此项工作，必须事先经厂级领导（总工）批准后方可进行。

1-18 对浓酸碱系统检修时应做好哪些安全措施？

答：对浓酸碱系统检修时应做好如下安全措施：凡参加浓酸碱系统检修的工作人员，应穿耐酸碱的工作服和鞋，戴防毒口罩。工作结束后应洗澡。

1-19　进行哪些检修工作时应戴防护眼镜?

答：在维护电气设备和检修时，为保护工作人员眼睛不受电弧的灼伤以及防止脏东西落入眼睛内，应戴防护眼镜；检修人员在进行电焊工作及在有酸碱溅出的场所进行工作时，也应戴防护眼镜。

1-20　检修中需进行焊割作业时应注意哪些安全事项?

答：检修中需进行焊割作业时应注意：在有爆炸危险的车间内，应尽量避免焊割作业。必须焊割时，应将设备拆卸至安全地点修理，并严格执行动火制度，做到有人监护。

1-21　电气设备上的标示牌哪些人员可以移动? 哪些人员又禁止移动?

答：任何电气设备上的标示牌，除原来放置人员或负责的运行值班人员可以移动外，其他任何人员不准移动。

1-22　现场使用的标示牌，按用途可分为几类?

答：现场使用的标示牌按用途可分为 4 类：警告类标示牌、允许类标示牌、提示类标示牌和禁止类标示牌。

1-23　电气设备的金属外壳为什么必须有良好的接地线? 对该接地线有什么规定?

答：为了电气设备的安全运行及工作人员的生命安全，电气设备的金属外壳必须有良好的接地线。使用中不准将接地线拆除或对其进行任何工作。

1-24　电气设备着火时应如何扑救?

答：电气设备着火时，应立即将有关设备的电源切断，然后进行灭火。对可能带电的电气设备以及发电机、电动机等，应使用干式灭火器或 1211 灭火器灭火；对油开关、变压器（已隔绝电源），可使用干式灭火器、1211 灭火器等灭火，不能扑灭时再用泡沫灭火器灭火，不得已时可用干砂灭火；地面上的绝缘油着火时，应用干砂灭火。

1-25　当浓酸溅到眼睛或皮肤上时应如何处理?

答：当浓酸溅到眼睛或皮肤上时，应迅速用大量的清水冲洗，再以浓度为 0.5% 的碳酸氢钠清洗，经上述紧急处理后，立即送至医院急救。

1-26　当强碱溅到眼睛内或皮肤上时应如何处理?

答：当强碱溅到眼睛内或皮肤上时，应迅速用大量的清水冲洗，再用 2% 的稀硼酸溶液清洗眼睛、用 1% 的醋酸清洗皮肤。

1-27　在盛过酸、氨水和油的设备及运输罐上可以直接进行焊接工作吗？为什么？

答：不可以。在盛过酸、氨水和油的设备及运输罐上进行焊接工作时，要用热碱水将设备及罐内冲洗干净，在确保无残留物时方可焊接。

因为在盛过酸、氨水和油的设备及运输罐内，残留物易挥发，可与罐内空气形成可燃爆的混合气体。如不经过处理施焊，施焊时会引起混合气体的燃爆，造成设备损坏、人员伤亡的事故。

1-28　压力容器的外部检查内容有哪些？

答：（1）容器的防腐层、保温层及设备的铭牌是否完好。

（2）容器外表面有无裂纹、变形、局部过热等不正常现象，排放装置是否正常。

（3）容器的接管焊缝、受压元件等有无泄漏。

（4）安全附件是否齐全、灵敏、可靠。

（5）紧固螺栓是否完好，基础有无下沉、倾斜等异常现象。

1-29　对酸碱容器及管道的检修有什么要求？

答：（1）排掉管道及容器内残留的液体，用清水冲洗干净。

（2）不得在衬胶管道、硫酸管道及容器上进行电、火焊，如果必须进行，应采取相应措施。

（3）在衬胶设备上进行电、火焊时，必须在铲除衬胶层后进行，衬胶层被铲除掉的尺寸不得小于工作面以外 100mm，焊、割时要不断地用水冷却。

（4）当管道及容器的金属腐蚀达到原壁厚度的 1/3 时，应更换新的。

第二章 检修基础知识

2-1 简述火力发电厂的生产过程。

答:火力发电厂的生产过程概括起来就是,首先通过锅炉高温燃烧把燃料的化学能转变为热能,将水加热成高温高压的蒸汽,然后汽轮机利用蒸汽将热能转变成机械能,最后发电机将机械能转变成电能。

2-2 检修基础工作的主要内容有哪些?

答:检修基础工作的主要内容如下:

(1) 建立和健全检修原始记录和检修台账。

(2) 编写检修工艺规程和各项管理制度,并使之不断完善。

(3) 制定检修和试验的质量标准,推行全面质量管理,不断提高检修质量。

(4) 搞好图纸资料管理工作,做到准确、齐全。

(5) 做好属于检修范畴的统计工作,以便作为制定有关计划的依据。

(6) 制定维修器材的消耗定额,不断降低消耗,为做好维修器材预算打好基础。

2-3 设备检修台账一般应登录哪些内容?

答:设备检修台账一般应登录下列内容:

(1) 设备的生产厂家和技术规范。

(2) 设备大小修原始检测记录及工时、材料、备品配件消耗记录。

(3) 设备变更和改进的技术记录。

(4) 设备缺陷及消耗记录。

(5) 大修验收记录、试运记录、大修总结及调试总结 (包括盐耗和酸碱耗等)。

2-4 什么是检修人员的"三熟三能"?

答:"三熟三能"是检修人员的基本功。

"三熟":熟悉设备的构造、性能和系统布置,熟悉设备的装配工艺、工序和质量标准,熟悉铲、锉、锯、刮等钳工基本工艺和安全施工规定。

"三能"：能掌握钳工工艺，能从事与本职业密切相关的其他一两种工艺，能看懂设备构造和安装图纸及绘制简单零部件草图。

2-5 简述检修工作的要求和注意事项。

答：检修工作的要求和注意事项如下：

（1）有严格的检修秩序和良好的工艺作风，要求做到：

1）三不乱：不乱拆、不乱敲、不乱碰。

2）三不落地：工量具、紧固件和零部件不落地。

3）三净：开工时、检修期间和竣工后场地干净。

4）三严：严格执行有关规章制度、检修协配计划和质量验收标准。

（2）检修过程中及时做好记录，其内容包括设备技术状况、修理内容、设备结构的改动情况、测量数据、试验结果以及耗工、耗料情况等。所有记录应做到完整、清楚、简明、正确、实用。

（3）紧密配合检修进度，测绘零部件的结构尺寸，或校核零部件（备品备件）图。

（4）搞好机具管理，防止遗漏在设备或管道内。

（5）按照"分段设备评级办法"，做好水、油出力设备评级工作。要求大修竣工15天之内即应完成该设备的评级工作。每年年底还应对所有水、油处理设备进行一次全面评级。

（6）施工现场整洁，及时整理、清扫，做到零部件定置，搞好文明生产。

2-6 检修质量验收的工作有哪些步骤？

答：检修质量验收的工作步骤如下：

（1）明确质量要求。

（2）测试。

（3）比较。

（4）判断。

（5）处理。

（6）信息反馈。

2-7 简述检修设备三级验收的职责分工。

答：检修设备三级验收的职责分工如下：

（1）辅助设备和一般检修项目，由班组一级进行验收。

（2）主设备、重点项目、重点工序和分段验收项目，由车间一级进行验收。

（3）关键设备大修后的总验收和整体试运行工作，由厂一级的生产技术部门进行验收。

2-8 什么是设备定修？它的主要特点是什么？

答：设备定修是指在推行设备点检管理的基础上，根据预防维修的原则，按照设备的状态，确定设备的检修周期和检修项目，在确保检修间隔内的设备能稳定、可靠运行的基础上，做到使连续生产系统的设备停修时间最短，物流、能源和劳动力消耗最少，是使设备的可靠性和经济性得到最佳配合的一种检修方式。

2-9 什么是状态检修？

答：状态检修是指根据状态监测和诊断技术提供的设备状态信息，评估设备的状况，在故障发生前进行检修的方式。

2-10 检修技术标准的主要内容有哪些？

答：检修技术标准的主要内容包括设备、装置或部件名称、部位简图、件名、材料、检修标准、点检或检测方法、点检或检修周期、更换或修理周期和检修方面的特点事项等。

2-11 设备劣化的主要表现形式有哪些？

答：设备劣化的主要表现形式如下：

（1）机械磨损。

（2）金相组织和性质发生变化，如蠕变、高温腐蚀等。

（3）疲劳裂纹。

（4）腐蚀。

（5）绝缘损坏。

除了上述几种表现形式外，还有由于制造、基建、设计上的原因等造成设备易劣化的隐患。

2-12 设备维护保养管理工作包括哪些？

答：设备维护保养管理工作包括设备的缺陷管理、设备的润滑管理、设备的定期试验和维护、设备的"四保持"工作等。

2-13 电厂设备检修时常采用的装配方法有哪些？适用范围是否一致？为什么？

答：电厂设备检修时常采用的装配方法有完全互换法、选配法、修配法和调整法。它们的适用范围是不一致的。

（1）完全互换法适用于装配时各零件或部件能完全互换而不需任何修配、选择以及其他辅助工作的情况，装配精度由零件制造精度保证。

（2）选配法适用于装配前按比较严格的公差范围将零件分成若干组分别组合，因而不经过其他辅助工作仍能保证装配精度。

（3）修配法适用于装配时通过修整某配合零件的方法来达到规定的装配精度。

（4）调整法适用于装配时调整一个或几个零件位置，以消除零件间的积累误差来达到规定的装配精度。

2-14 化学一、二、三类设备的标准是什么？

答：化学一类设备的标准如下：

（1）评级规定，设备的经济效果、性能、压力、温度参数均符合规定。

（2）运行、检修、试验技术资料基本完善，主要技术数据及常用图纸齐全、准确。

（3）化学主要设备（过滤器、离子交换器等）达到铭牌出力，随时能投入运行，出水水质及经济单耗符合规定。

（4）化学设备各部件、附件整齐、完备，无泄漏。

化学二类设备的标准如下：

（1）设备各部件、附件有缺陷，但不影响安全运行。

（2）设备达到铭牌出力，随时能投入运行，出水水质及经济单耗尚能符合规程标准。

化学三类设备的标准如下：

（1）设备达不到铭牌出力，出水水质及经济单耗不符合规程标准。

（2）设备有严重缺陷，不能持续保证安全运行。

2-15 什么是"两票三制"？

答："两票"指的是操作票和工作票。"三制"指的是交接班制度、巡回检查制度、设备定期切换与试验制度。

2-16 化学设备常用的金属材料有哪些？要求防腐蚀的主要材料有哪些？

答：化学设备常用的金属材料有碳钢、普通铸铁、高硅铸铁、不锈钢以及不锈复合钢板、铝及铝合金、铜及铜合金等。要求防腐蚀的主要材料有碳钢和铸铁材料。

2-17　在自然条件下，碳钢与铸铁的耐腐蚀性有哪些区别？

答：在自然条件下，碳钢的耐腐蚀性比铸铁差，因为铸铁含碳量高，可以促进钝化，而且铸铁在铸造过程中形成的铸造黑皮起到了保护层的作用。

2-18　不锈钢可分为哪几种？适用于什么介质的腐蚀？

答：习惯上所说的不锈钢可分为不锈钢、不锈耐酸钢和某些耐热钢。不锈钢适用于空气和水中的介质腐蚀环境。

2-19　不锈耐酸钢适用于什么介质的腐蚀？

答：不锈耐酸钢适用于酸类及其他强腐蚀性介质的腐蚀环境。不锈耐酸钢又称为耐酸钢。

2-20　不锈钢在焊接时，需采取什么措施才能防止晶间腐蚀？

答：不锈钢在焊接时，必须选择适当的焊接工艺，选用相应的焊条，在焊缝接头的表面放置吸热衬板或进行水冷却，用来把析出的碳化物限制在最低范围内。

2-21　不锈钢的点腐蚀是由于什么原因造成的？怎样防止点腐蚀？

答：氯离子和溶液中存在的氧，特别是溶液的停滞、溶液的氧化性不足、接触狭缝的存在、腐蚀生物的堆积、钢表面成分的不均匀等原因易造成点腐蚀。

防止点腐蚀的方法：不锈钢中的含碳量越少，越难引起点腐蚀；还可采用减少溶液中的卤素离子的浓度，尽量消除溶液氧化能力的方法，或采用在溶液中添加氧化剂、提高氢离子浓度等方法。

2-22　什么是碳钢？

答：碳钢指含碳量为 $0.02\%\sim2.11\%$ 的铁碳合金。

2-23　灰口铸铁性能如何？

答：灰口铸铁具有良好的铸造工艺性、切削加工性和减振性，对缺口不敏感，并具有较高的强度，但灰口铸铁较脆，在 $400\sim450℃$ 有明显的生长现象，一般只在 $300℃$ 以下作承受静荷零件。

2-24　低碳钢、中碳钢、高碳钢、铸铁的可铸性顺序如何？

答：钢具有良好的可锻性，其中低碳钢可锻性最好，中碳钢次之，高碳钢较差，铸铁不能锻造。

2-25 什么样的工件要求低温回火？

答：一般的铸件、锻件焊接时常用低温回火来消除残余应力，以使其定型和防止开裂。

2-26 硬聚氯乙烯塑料的工艺性能如何？

答：硬聚氯乙烯塑料的工艺性能良好，可以切削加工，可以焊接，还可以压模成型。

2-27 硬聚氯乙烯塑料在防腐方面有什么用处？

答：硬聚氯乙烯塑料有良好的工艺性能，耐酸、碱腐蚀，可以制造储槽、水泵、风机、多孔板、酸雾吸收器等多种设备。

2-28 硬聚氯乙烯塑料的使用温度和焊接温度各为多少？

答：硬聚氯乙烯塑料的使用温度为 $-20\sim60℃$，焊接温度为 $190\sim2400℃$。

2-29 硬聚氯乙烯塑料的化学性能和在化学除盐水系统中的用途是什么？

答：硬聚氯乙烯塑料能耐酸、耐碱，也耐强氧化的酸，但耐温不高。硬聚氯乙烯塑料制品广泛地用在化学除盐水系统里，如酸液管道及其他有腐蚀性管道、存放酸性介质的设备和酸碱计量箱等，以及接触酸性介质的设备和喷射器、塑料泵和阀门等。

2-30 制作后的硬聚氯乙烯塑料使用压力是多少？

答：制作后的硬聚氯乙烯塑料的使用压力为 $0.3\sim0.4MPa$，最高不得超过 $0.6MPa$。

2-31 如何选用垫片？

答：根据工作压力、工作温度、密封介质的腐蚀性、接合密封面的形成选用垫片。

2-32 简述选用密封垫片的原则。

答：应根据介质的工作压力、工作温度、密封介质的腐蚀性、接合密封面的形式选用垫片。

2-33 金属平垫片的材料和使用压力、温度如何？

答：金属平垫片一般用紫铜、铝、软钢、不锈钢、合金钢制作，使用压力小于 $20MPa$，适用于 $600℃$ 高温环境。

2-34　橡胶垫片的使用设备、温度如何?

答：橡胶垫片的工作温度在－40～60℃范围内，适用于空气、水、稀盐酸、硫酸等设备上。

2-35　静密封广泛应用于哪些地方?

答：静密封广泛应用于阀门阀盖和阀座的连接、管道连接和转机减速箱接合面的密封件。

2-36　动密封广泛应用于哪些地方? 有什么特点?

答：动密封广泛应用于水泵的填料间隙密封，它结构简单，拆卸方便，成本低廉，压盖将填料轴向压紧，使其产生径向弹塑性变形，堵塞间隙而进行密封。

2-37　如何选用好的零部件?

答：在化学设备中，选用好的零部件是装配的关键，选择时应检查零部件的相关配合尺寸、精度、硬度、材质是否合格，有无变形、损坏等，防止装错。

2-38　玻璃钢是由什么材料制成的?

答：玻璃钢是由玻璃纤维和合成树脂制成的。

2-39　在忌油条件下工作的设备、零部件和管路等应进行脱脂，常用脱脂剂的种类及适用范围如何?

答：常用脱脂剂的种类及适用范围见表 2-1。

表 2-1　　　　　　　常用脱脂剂的种类及适用范围

名　称	适 用 范 围	特　　点
二氯乙烷	金属制件	有剧毒、易燃、易爆，对黑色金属有腐蚀性
三氯乙烷	金属制件	有毒，对金属无腐蚀性
四氯化碳	金属和非金属制件	有毒，对有色金属有腐蚀性
95%乙醇	脱脂要求不高的零部件和管路	易燃、易爆，脱脂性能较差
98%浓硝酸	浓硝酸装置的部分零部件	有腐蚀性

2-40　工程中常用的喷涂塑料品种有哪些?

答：工程中常用的喷涂塑料品种有尼龙、低压聚乙烯、聚氯乙烯、聚苯乙烯、氯化聚丙烯和聚丙烯等。喷塑时可根据零部件的具体使用要求选择合适的塑料品种进行喷涂。

2-41 检修中适用于电弧喷涂的材料有哪些?

答: 检修中适用于电弧喷涂的材料有碳素钢、不锈钢、铝青铜、磷青铜、蒙乃尔合金、铬钢、铝、锌等材料。

2-42 适用于火焰喷涂的材料有哪些?

答: 凡能制成线材或粉材的、在氧—乙炔焰中熔融而不分解的金属,熔点低于2700℃的难熔材料,如钢、青铜、镍—铬—硼—硅等自熔合金、镍铝、镍、石墨等材料都适用于火焰喷涂。

2-43 过滤设备中常用的滤料有哪几种?还有哪些专用滤料?

答: 过滤设备中常用的滤料有石英砂、无烟煤、大理石、白云石、磁铁矿和陶粒等。

除此之外,还有除去水中某种杂质的专用滤料,如除去地下水中的铁、锰杂质采用的矿滤料;除去水中臭味、有机物和游离性余氯等采用的活性炭滤料。另外,还有微孔滤料(纤维滤料、泡沫塑料和玻璃纤维等)。

2-44 过滤设备中的滤料应具备哪些性能?

答: 过滤设备中的滤料应具备下列性能:

(1)有足够的机械强度,以免在冲洗过程中滤料由于摩擦而破碎。

(2)有良好的化学稳定性,以免在过滤和冲洗过程中发生溶解现象,引起水质劣化。

(3)滤料的粒径级配合理,粒度适当。

(4)滤料的纯度高,不含杂质和有毒有害物质,其洗净度低于100度。

2-45 水处理设备中常用的垫料有哪些?

答: 水处理设备中常用的垫料有石英砂、卵石、砾石和磁铁矿等,其中以石英砂的使用最为广泛。

2-46 水处理设备和转动设备检修用的常见专用工具有哪些?

答: 水处理设备和转动设备检修用的常见专用工具见表2-2。

表2-2 水处理设备和转动设备检修用的常见专用工具

名　称	型号及规格(mm)	用　途
三爪拉马	150,200,250,300,350	用于轴承、联轴器等的拆卸

续表

名　称	型号及规格（mm）	用　途
内六角扳手	公称尺寸：3～6，8，10，12，14，17，19，22，24，27	用于拆装各种内六角螺栓
钩形扳手	45～52,55～62,68～72,78～85,90～95,100～110,115～130	用于拆装各种圆形螺母和压兰螺母
套筒扳手	6件，9件，10件，12件，13件，17件，28件	除具有一般扳手的功能外，尤其适用于各种特殊位置和装卸空间狭窄的地方
棘轮扳手		
链条管子扳手	900，1000，1200	用于较大外径管子的安装和修理
扭力扳手	最大扭矩（N·m）：100，200，300；方榫尺寸(mm)：13	与套筒头相配，紧固六角螺栓、螺母，在拧紧时可以表示出扭矩数值，用于对拧紧扭矩有明确规定的场合
挡圈钳	轴用挡圈钳，孔用挡圈钳	用于拆装弹性挡圈
扁嘴钳	手柄长度：110，130，160	用于装拔销子、弹簧、弯曲板、丝等
圆嘴钳	手柄长度：110，130，160	用于弯曲板、丝，制成圆形
铁水平尺	长度：200，250，300，350，400，450，500，550，600	用于检查一般管道、制件和设备安装的水平和垂直情况
框式水平仪	150×150，200×200，250×250，300×300	用于精密测量设备和基础安装的水平和垂直位置及平商度和平行度等
十字形螺钉旋具	见 GB 1433—1978《十字形螺钉旋具》	用于旋转十字槽形螺钉、木螺钉和自攻螺钉
锥面锪钻	总长×直径	用于加工锥孔和孔的倒角
撬棍	总长×直径	用于撬大盖、法兰及重物
铜杠	总长×直径	用于敲击精密件表面，不使精密件表面产生伤痕，还用于敲击时不使产生火花的场合

2-47 化学设备检修中常用的精密量具有哪些?

答：化学设备检修中常用的精密量具见表 2-3。

表 2-3　　　　　化学设备检修中常用的精密量具

名　称	型号及规格（mm）	用　途
游标卡尺	0～200；分度值为 0.02、0.1	用于测量精密零部件的内外尺寸
深度游标卡尺	0～200；分度值为 0.02、0.1	用于测量精密零部件的深度尺寸
刀口形角尺		用于测量精密零部件的垂直度误差及画垂直线时使用
万能角度尺	见 GB/T 6315—1996《游标万能角度尺》	用于测量精密零部件的内外角度
外径千分尺	0～25，25～50，50～75 等	用于测量精密零部件的外形尺寸
内径千分尺	50～250；分度值为 0.01	用于测量精密零部件的内形尺寸
千分表	0～1，0～2，0～3，0～4，0～5；分度值为 0.001	用于测量精密零部件的尺寸和几何形状
塞尺	长度：50，100，150，200 测量范围：0.02～1.00	用于测量和检验间隙大小
螺纹规（样板）	公制：60°，螺距（mm） 英制：55°，每英寸牙数	用于测量普通螺纹的螺距

2-48　检修两个接合面之间的间隙大小用什么工具?

答：检验两个接合面之间的间隙大小用厚薄规（又称塞尺或间隙片）。

2-49　旋六角形工件应用什么工具?

答：旋六角形工件应用通用扳手（又称活络扳）、梅花扳手及圆扳手。

2-50　简述游标卡尺的组成和用途。

答：游标卡尺由主尺和副尺组成，是一种精密度较高的量具，它可以量出工件的内直径、外直径、宽度和长度等。

2-51　简述游标卡尺的使用方法。

答：游标卡尺的使用方法如下：

（1）先查看该卡尺的指定合格证，检查主尺与副尺的塞线是否对齐，并检查内外卡脚的量面是否贴合。

（2）使用游标卡尺测量外径时，左手拿着一个脚，右手拿住主尺。

（3）测量内径时，应使卡脚开度小于内径，卡脚插入后，再轻轻推开活动卡脚，使两脚贴住工件。

2-52 如何使用分厘卡测量工件？

答：使用分厘卡测量工件时，应先转动活动套管，当测量面接近工件时，改用棘轮直到发出吱吱声为止。

2-53 块规在测量仪器中的作用如何？

答：在测量仪器中，块规是保持测量统一的重要工具，它可以用于定准、校正测量仪器。

2-54 环绳及绳索必须经过怎样的试验方可使用？

答：环绳与绳索必须经过 1.25 倍容许工作负荷的静力试验合格后方可使用。

2-55 U形螺栓的规定负荷为多少？

答：U形螺栓的规定负荷为 78.45MPa（800kgf/cm^2）。

2-56 什么是锯割？什么是钻削？

答：使用锯弓把工件或毛坯分成几个部分称锯割。用钻头在工件上作孔的切削工艺称钻削。

2-57 万能游标量角器能测量的外角和内角的角度分别是多少？

答：万能游标量角器可以测量 $0°\sim180°$ 的外角和 $40°\sim180°$ 的内角。

2-58 行灯变压器为什么要有两种不同的插头？

答：为确保安全，在行灯变压器的高压侧应带插头，低压侧应带插座，并采用两种不能互相插入的插头。

2-59 在金属容器内工作为什么要使用行灯？

答：为确保人身安全，在金属导体容器内工作需使用行灯，行灯电压不允许超过 12V。

2-60 在运行中的电解装置上进行检修应用何种工具？

答：在运行中的电解装置上进行检修应用铜制工具。

2-61 钳工主要是一个什么操作工种？常用的工具、设备主要有哪些？

答：钳工主要是通过用手工的方法，经常在台虎钳上进行操作的一个工种。钳工常用的工具主要有手锤、錾子、刮刀、锯弓、扳手以及螺钉旋具等；常用的划线工具有划线平板、划针、圆规、样冲、划卡、直角尺、划线盘、游标高度卡尺、V形铁等；常用的设备有台虎钳、工作台、砂轮机等。

2-62 钳工常用的手锤有几种？

答：钳工常用的手锤有圆头手锤和方头手锤两种。

2-63 钳工操作主要包括哪几个方面？

答：钳工操作主要包括划线、锉削、錾削、锯割、钻孔、扩孔、铰孔、套丝、矫正和弯曲、铆接、刮削、研磨、修理以及简单的热处理。

2-64 划线前应做哪些准备工作？划线基准是根据什么确定的？

答：划线前应准备的工作有清理工件、涂色、装置中心塞块。

划线基准除尽量按照图纸设计的基准划线外，通常还有以下三种方法用以确定划线基准：

（1）以两个互相垂直的平面为基准。

（2）以两条中心线为基准。

（3）以一个平面和一条中心线为基准。

2-65 锉刀有哪几种？锉刀的锉纹可分为哪几种？

答：锉刀可分为普通锉、特种锉和整形锉三种。锉刀的锉纹可分为单纹和双纹两种。

2-66 如何正确选择锉刀？

答：（1）锉刀断面形状的选择，应和工件形状相适应。

（2）根据工件加工表面的粗糙度及工件材料选择锉刀的粗细。

（3）根据工件加工表面尺寸和加工余量的大小选择锉刀的尺寸规格。

2-67 用锉刀锉内曲面时有哪些要求？锉外曲面时又有哪些要求？

答：用锉刀锉内曲面时，应使用圆锉、半圆锉，锉刀要同时做向前推进、绕锉刀中心旋转、向左（或向右）移动（每次移动距离应为锉刀直径的1～2倍）三个动作，三个动作应同时完成，内曲面就锉好了。

锉外曲面时用板锉即可，此时锉刀要同时完成向前推进和绕工件中心上下摆动。开始时，左手向下，右手抬起，随着锉刀的推进，左手逐渐向上抬起，右手向下压，依次反复，即可得到光洁、锉纹一致的外曲面。

2-68　平面锉削的方法有哪几种？

答：平面锉削的方法有交叉锉削法、顺向锉削法、推锉法三种。

2-69　锤头一般用什么材料制作，并经过怎样处理后方可使用？

答：锤头一般用 T7、T8 工具钢制作，并经过淬火处理后方可使用。

2-70　什么是矫正？常用的矫正方法有哪三种？

答：用手工或机械的方法消除材料的不平、不直、翘曲和变形称为矫正。常用的矫正方法有机械矫正法、火焰矫正法和手工矫正法。

利用各种矫正机械使工件得到矫正的方法称为机械矫正。

用氧—乙炔火焰对工件局部加热，利用工件冷却时的局部收缩来矫正变形的工件称为火焰矫正。

利用手锤和一些辅助工具以手工的方法矫正工件称为手工矫正。

2-71　销子的作用是什么？有几种类型？一般采用什么方法安装？

答：销子的作用是用于定位和紧固零部件。它有圆柱形和圆锥形两种类型。销子的安装一般采用压入或用软金属敲入两种方法，其过盈量一般为 0.01mm。

2-72　装配圆锥销时应注意什么？

答：装配圆锥销时应注意：两零件的销孔应同时钻铰，然后将圆锥销塞入孔内。若销子能塞入孔内 80%～85%，即可打入销子。销子打入后大头应与零件表面平齐或稍露出零件表面，小头应缩进零件表面或与零件表面平齐。

2-73　如何使用锯弓？

答：将弓架折点拉直，锯条齿向前侧方向，将两端孔套入弓架的销钉中，拧紧后，调节弓架螺栓使锯条平直不扭转；锯割工件时，先轻力锯出定位线，再向前用力推锯，应使锯条的全部长度基本都利用到，但不能碰到弓架的两端。锯割时，不能左右歪斜，尺条与工件垂直接近；割断时，用力应轻缓。

2-74　选用锯条的原则是什么？如何确定锯割时的速度与压力？

答：选用锯条的原则：选用锯条时，必须与工件材料的软硬及材料断面大小相适应。锯硬性材料或断面较小的材料选用细齿锯条；锯软质材料或断面较大的材料选用粗齿锯条。锯割速度一般以每分钟往复 20～60 次为宜。锯软材料时可快些，压力应小些；锯硬材料时应慢些，压力可大些。

2-75 台虎钳的使用和保养应注意哪些事项？

答：台虎钳的使用和保养应注意以下事项：

（1）台虎钳必须牢固地固定在钳台上，工作时不能松动。

（2）进行夹紧或松卸工作时，严禁用手锤敲击或套上管子转动手柄，以免损坏丝杆和螺母。

（3）不允许用大锤在台虎钳上锤击工件。

（4）用手锤进行强力作业时，锤击力应朝向固定钳身。

（5）螺母、丝杆及滑动表面应经常加润滑油，保证使用灵活。

2-76 铰孔时，铰刀为什么不能反转？

答：铰孔时，两手用力均匀，按顺时针方向转动铰刀并略用力向下压，任何时候都不能倒转。否则，切屑挤压铰刀，划伤孔壁，使刀刃崩裂，铰出的孔不光滑、不圆，也不准确。

2-77 按划线钻孔时，一开始孔中心发生偏移应如何修正？

答：钻孔时，要使钻头尖对准孔中心的样冲眼，先试钻一浅孔，观察该坑（直径越小越好）与所需要孔的圆周的同轴度。如果同轴度好，继续钻；如果同轴度不好，可以移动钻床的主轴予以纠正。若偏离过多，可以用样冲或油槽錾，在因偏离中心而未钻去的部位上錾几道槽，以减小该部分的切削阻力，从而在切削过程中使钻头产生偏离，达到纠正的目的。

2-78 套丝前的圆杆直径如何确定？

答：套丝过程中，板牙对工件螺纹部分材料也有挤压作用，因此圆杆直径应比螺纹外径小一些。一般选圆杆的最小直径为螺纹的最大外径，最大外径约等于螺纹的最小外径加上螺纹外径公差的1/2。圆杆直径用经验公式 $D=d-0.13t$ 计算。

2-79 造成钻出的孔径大于或小于规定尺寸的原因是什么？如何防止？

答：（1）钻头两切削刃有长短、有高低。防止方法：正确刃磨钻头。

（2）钻头摆动。防止方法：消除钻头摆动。

2-80 起重工作的基本操作大致可分为哪几种？

答：起重工作的基本操作大致可分为撬、顶、垫、捆、转、滑、滚、吊八种方法。

2-81 起重工常用的吊装索具有哪些？常用的小型工具有哪些？

答：起重工常用的吊装索具有麻绳、钢丝绳以及用麻绳或钢丝制作的吊索和吊索附件。起重工常用的小型设备有千斤顶、绞磨、卷扬机、滑车和滑车组等。

2-82 使用吊环起吊物件时，应注意哪些事项？

答：使用吊环起吊物件时，应注意以下事项：

（1）使用吊环前，应检查吊环螺杆有无弯曲现象，螺栓扣与螺孔是否吻合，吊环螺杆承受负荷是否大于物件重量。

（2）螺杆应全部拧入螺孔，以防受力后产生弯曲或断裂。

（3）在两个以下吊点使用吊环时，钢丝绳间的夹角不宜过大，一般应小于60°，以防止吊环受过大的水平力而造成吊环损坏。

2-83 使用吊钩时应注意哪些事项？

答：吊钩表面应光滑，不得有剥裂刻痕、裂纹等现象的存在。吊钩应每年检查一次，若发现裂纹应立即停止使用。

2-84 千斤顶按其结构和工作原理的不同可分为哪三种？一般起重量为多少？

答：千斤顶按其结构和工作原理的不同可分为齿条式、螺旋式和油压式三种。齿条式千斤顶一般起重量为3～6t，最大为15t。螺旋式千斤顶一般起重量为5～50t。油压式千斤顶一般起重量为3～320t。50t以上的油压千斤顶，一般都装有压力表，可随时观察油液的压力。

2-85 使用千斤顶时应注意哪些事项？

答：使用千斤顶时应注意以下事项：

（1）千斤顶顶重时必须防止重物的滑动。

（2）千斤顶必须垂直地放在荷重下面，必须安放在结实的或垫以硬板的基础上，以免举重时发生歪斜，压弯齿条或螺纹。

（3）不准在千斤顶的摇把上套接管子或用其他任何方法来加长摇把长度。

（4）当液压千斤顶（或空气式）升至一定高度后，必须在重物下垫上垫板，防止突然下降，发生事故。

（5）用两台千斤顶起同一重物时，应选择吨位和上升速度相同者；如速度不同，应逐一多次轮流慢慢启动。

（6）禁止将千斤顶放在长期无人照料的荷重下面。

2-86 倒链有什么优点？它可用于什么作业？它由哪几部分组成？

答：倒链的优点有结构紧凑、携带方便，是使用稳当的手动起重设备。

它可用于拆卸设备机器、提升货物、吊装构件等作业。倒链由链轮、手拉链、传动机械、起重链，以及上、下吊钩等组成。

2-87 起吊物体时，捆绑操作的要点是什么？

答：（1）根据物体的形状及重心位置，确定适当的捆绑点。

（2）吊索与水平面要具有一定的角度，一般以45°为宜。

（3）捆绑有棱角的物体时，物体的棱角与钢丝绳之间要加垫。

（4）钢丝绳不得有拧扣现象。

（5）应考虑物体就位后吊索拆除是否方便。

（6）一般不得用单根吊索捆绑，两根吊索不能并列捆绑。

2-88 使用手拉葫芦（倒链）前应检查哪些方面的内容？

答：（1）外观检查。检查吊钩、链条、轮轴有无变形或损坏，链条根部的销子是否固定牢靠。

（2）上、下空载试验。检查链子是否缠纽，转动部分是否灵活，手链条有无滑链或掉链现象。

（3）起吊前检查。先把手拉葫芦稍微拉紧，检查各部有无异常，再试验摩擦片、圆盘和棘轮圈的反锁情况是否定位良好。

（4）应试验自锁良好时，才能使用。

（5）使用时不得超过铭牌上的额定起重量。

2-89 电焊机在使用时应注意哪些事项？

答：电焊机在使用时应注意以下事项：

（1）外壳体完整无损坏，外壳接地应良好，绝缘部分无损伤、漏电情况。

（2）调节电流大小和改变极性时，应在空载下进行。

（3）合上隔离开关时，一只手不得接触焊机，且背对电源箱，以免弧光引起烧伤。

（4）焊接工件时，必须戴好面罩、绝缘防护手套及穿着绝缘靴和防护服。

（5）工作结束，必须切断电焊机电源。

2-90 氧气为什么不能接触油脂？

答：氧气浓度越高，接触油脂时的氧化反应越剧烈，越易产生燃烧，在常压氧设备或氧气管道中，易产生氧化燃烧引起爆炸。

2-91 电焊机的维护及保养方法有哪些？

答：（1）电焊机应尽量放在干燥、通风良好、远离高温和灰尘的地方。

（2）电焊机启动时，焊钳和焊件不应接触，以防短路。

（3）电焊机应在额定电流下使用，以免过烧。

（4）保持焊接电缆与电焊机的电刷和整流片的接触情况。若损坏，要及时更换。

（5）经常检查直流电焊机的电刷和整流片的接触情况。若损坏，要及时更换。

（6）露天使用电焊机时，应有防雨雪、防灰尘的措施。

2-92 减少焊接变形的有效措施有哪些？

答：减少焊接变形的有效措施如下：

（1）对称布置焊缝尺寸。

（2）减小焊缝尺寸。

（3）对称焊接。

（4）先焊横缝。

（5）逆向分段。

（6）反变形法。

（7）刚性固定。

（8）锤击法。

（9）散热法。

2-93 什么是对流传热？

答：对流传热是指流体中质点发生相对位移而引起的热交换。

2-94 什么是辐射传热？

答：辐射传热是指热量以电磁波的形式在空间传递的方式。

2-95 什么是镶套？

答：镶套是把一个零件以一定的过盈量装在磨损零件上，然后加工到最初的公称尺寸或中间的修理尺寸，恢复组合件的配合间隙。

2-96 什么是零件测绘？零件测绘的步骤和方法是什么？

答：根据实际零件，通过分析和测量尺寸画出零件图并制定技术要求的过程，称为零件测绘。

步骤和方法如下：

（1）分析零件。

（2）确定视图表达方案。

（3）测绘零件草图。

（4）校核草图，并根据草图画出零件图。

2-97　简述识读管路安装图的方法与步骤。

答：识读管路安装图的方法与步骤如下：

（1）看标题栏和管路系统图。了解管路安装图的名称、作用及在管路系统中的地位。

（2）分析图形。一般从平面图出发，联系立面图进行识图，想象出管路空间分布、具体走向、与设备的连接及支吊架的配置等情况。

（3）分析尺寸。弄清管路各段长度及所处的空间位置，分析与建筑物、设备的相对位置以及管配件、阀门及仪表的平面布置和定位情况。

（4）看图总结。建立完整印象，进行全面综合分析。

2-98　简述识读装配图的步骤。

答：识读装配图的步骤如下：

（1）概括了解。由标题栏了解名称、用途及比例，由明细栏了解零件数目。

（2）分析视图。了解各视图、剖视图、剖面图的相互关系及表达意图。

（3）分析尺寸及技术要求。

（4）综合归纳。明确零件的装配关系，深入了解部件的结构、用途。

2-99　装配部件或零件时必须进行哪些清洁工作？

答：装配部件或零件时必须进行下列清洁工作：

（1）装配前，清除零件上残存的型砂、铁锈、切屑、研磨剂、油污及灰砂等，对孔、槽、沟及其他容易存留灰砂及污物的地方，应仔细地进行清除。

（2）装配后，清除在装配时产生的金属切屑。

（3）部件或机器试车后，洗去因摩擦而产生的金属微粒及其他污物。

2-100　对电厂化学管道材质的选择有哪些规定？

答：对电厂化学管道材质的选择有以下规定：

（1）对于一般汽、水取样管，应使用不锈钢管，但是在酸性介质中取样，必须使用耐酸不锈钢管。

（2）酸管道使用衬胶管、玻璃钢管或塑料管。

（3）碱管道使用无缝钢管、衬胶管或塑料管。

（4）油管使用无缝钢管。

（5）对于压力小于1MPa的无腐蚀性质的介质，可使用有缝钢管；对于压力大于1MPa的管道必须使用无缝钢管。

2-101　螺纹的种类有哪几种？如何判断修理中遇到的螺纹种类及其尺寸？

答：螺纹按用途可分为连接螺纹和传动螺纹两大类。常见的连接螺纹有三种：粗牙普通螺纹、细牙普通螺纹和管螺纹。常见的传动螺纹有梯形螺纹，有时也用锯齿螺纹，其目的是用来传递动力和运动的。

为了弄清螺纹的尺寸规格，必须对螺纹的外径、螺距和牙形进行测量，以便调换或制作。

（1）用卡尺测量螺纹外径。

（2）用样板量出螺距及牙形。

（3）用卡尺或钢板尺量出英制螺纹英寸牙数，或将螺纹在一张白纸上滚印痕，用量具测量出公制螺纹的螺距或英制螺纹的每英寸牙数。

（4）用已知螺杆或丝锥与被测量螺纹接触来判断是哪一规格的螺纹。

2-102　套丝时，螺纹太瘦产生的原因及防止的方法有哪些？

答：套丝时，螺纹太瘦产生的原因如下：

（1）板牙摆动太大或由于偏斜多次校正，切削过多使螺纹中径小了。

（2）起削后仍使用压力扳动。

防止的方法如下：

（1）摆移板牙要用力均衡。

（2）起削后，去除压力只用旋转力。

2-103　什么是超滤？

答：超滤就是利用超滤膜为过滤介质，以压力差为驱动力的一种膜分离过程。在一定的压力下，当水流过膜表面时，只有水分子、无机盐及小分子物质能够透过膜，而水中的悬浮物、胶体、微生物等物质则不能透过膜，从而达到净化水质的目的。

2-104　什么是超滤膜元件？

答：超滤膜元件是指由有端部密封的中空纤维式膜丝束与外壳组成的、具有工业使用功能的基本单元。

2-105　什么是超滤膜组件？

答：超滤膜组件是按一定技术要求将超滤膜元件和连接部件组装在一起的组合构件。

2-106　什么是超滤水处理装置？

答：超滤水处理装置就是将若干个超滤膜组件并联组合在一起，并配备相应的水泵、自动阀门、检测仪表、支撑框架和连接管路等附件，能够独立进行正常过滤、反洗、化学清洗等工作的水处理装置。

2-107　什么是超滤产水？

答：超滤产水就是超滤过程中透过膜的水。

2-108　什么是超滤浓水？

答：超滤浓水就是超滤过程中未透过膜而排出的水。

2-109　什么是错流过滤？

答：错流过滤就是指部分进水透过膜元件形成产水，其余部分形成浓水的过滤方式。

2-110　什么是死端过滤？

答：死端过滤就是指进水全部透过膜元件形成产水的过滤方式，又称全量过滤。

2-111　什么是平均水回收率？

答：平均水回收率是指超滤水处理装置平均产水流量占平均进水流量的百分比。

2-112　什么是超滤膜通量？

答：超滤膜通量是指单位时间内通过单位超滤膜面积的产水体积。

2-113　什么是透膜压差？

答：透膜压差是指超滤膜进水侧与产水侧之间的压力差，又称过膜压差。透膜压差＝（进水压力＋浓水压力）/2－产水压力。

2-114　什么是污染指数（SDI）？

答：污染指数（SDI）是用来表征水中悬浮物等杂质数量的一种参数，一般采用15min测定法。

2-115　什么是反渗透膜？

答：反渗透膜是用高分子材料制成的、具有选择性半透性质的薄膜。它能够在外加压力作用下，使水溶液中水分子和某些组分选择性透过，从而达到纯化、分离或浓缩的目的。

2-116　什么是反渗透膜元件？

答：反渗透膜元件是指由反渗透膜和支撑材料等制成的、具有工业使用功能的基本单元。

2-117　什么是反渗透膜壳？

答：反渗透膜壳是指反渗透水处理装置中用来装载反渗透膜元件的承压容器。

2-118　什么是反渗透膜组件？

答：反渗透膜组件是指将一只或数只反渗透膜元件按一定技术要求串接，与单只反渗透膜壳组装而成的组合构件。

2-119　什么是反渗透本体？

答：反渗透本体是指将反渗透膜组件用管道按照一定排列方式组合、连接而成的组合式水处理单元。

2-120　什么是反渗透浓水？

答：反渗透浓水是指反渗透水处理装置运行过程中形成的浓缩的高含盐量水。

2-121　什么是反渗透淡水？

答：反渗透淡水是指反渗透水处理装置的产水。

2-122　什么是反渗透水处理的回收率？

答：反渗透水处理的回收率是指淡水流量占进水流量的百分比。

2-123　什么是反渗透水处理的脱盐率？

答：反渗透水处理的脱盐率是指反渗透水处理装置除去的盐量占进水含盐量的百分比，用来表征反渗透水处理装置的除盐效率。

2-124　什么是反渗透装置的段？

答：在反渗透水处理装置中，反渗透膜组件按浓水的流程串接的阶数称为反渗透装置的段。

2-125 什么是反渗透装置的级?

答：在反渗透水处理装置中，反渗透膜组件按淡水的流程串接的阶数称为反渗透装置的级。它表示对水利用反渗透膜进行重复脱盐处理的次数。

2-126 什么是反渗透装置的产水通量?

答：单位反渗透膜面积在单位时间内透过的水量称为反渗透装置的产水通量。

2-127 什么是常规反渗透水处理装置?

答：使用低压反渗透膜、苦咸水反渗透膜（包括抗污染膜）的反渗透水处理装置称为常规反渗透水处理装置。

2-128 什么是保安过滤器?

答：安装在反渗透本体之前的精密过滤设备，用来滤除预处理系统泄漏的固体颗粒物，以保证反渗透膜安全的过滤器称为保安过滤器。

2-129 什么是氧化还原电位 (ORP)?

答：氧化还原电位（ORP）是反渗透水处理中用来反映反渗透进水氧化性的一项指标。

第二部分

设备、结构及工作原理

第三章　水处理设备的结构

3-1　离心泵常用的机械密封（单端面密封）结构组成如何？

答：离心泵常用的机械密封结构主要由动环、静环、动环座、弹簧座、弹簧、动环密封圈、静环密封圈、防转销及固定螺钉等组成。

3-2　简述液压促动隔膜计量泵的结构。

答：液压促动隔膜计量泵的结构由传动部分、油缸部分和液泵头三部分组成。

传动部分由蜗轮、蜗杆减速机构和曲柄连杆机构组成；油缸部分由柱塞、调节控制杆、安全释放阀组成；液泵头是泵的液力部分，由隔膜、隔膜固定盘、泵头，以及进、出口止回阀组成。

3-3　柱塞式计量泵按活塞中心线所处位置可分为哪两种形式？

答：柱塞式计量泵按活塞中心线所处位置可分为卧式和立式两种。

3-4　简述齿轮油泵的结构。

答：齿轮油泵由主动、从动两个回转齿轮、外壳和安全阀组成。齿轮与泵室间具有极小的间隙，两齿轮在泵室内互相啮合，将吸油室和压油室分开。

3-5　喷射器由哪几部分组成？安装前应检查哪些内容？

答：喷射器由喷嘴、本体和法兰三部分组成。

安装前，应按照设计图纸复核各部分的尺寸、喷嘴和本体的同心度、法兰与本体的垂直度等，一般来说，喉管的直径应比喷嘴直径大。为了获得良好的喷嘴效果，在喷嘴和本体接合面处增减垫片，使喉距为 1～3 倍的喷嘴直径。

3-6　1WG 系列空气压缩机的基本结构如何？

答：1WG 系列空气压缩机的基本结构：安全阀、储气罐组件、管路组件、一级安全阀、中间冷却器组件、风扇组件、主机构件、通风弯管主件、空气滤清器、减荷阀组件、仪表组件、调节阀、电动机、机座组件及产品标牌。

3-7　变孔隙滤池主要由哪几部分组成？

答：变孔隙滤池主要由滤料和承托层、进水装置、配水装置、进出水堰室、液位控制系统和阀门等组成。

3-8　变孔隙滤池的优点有哪些？

答：变孔隙滤池有如下优点：

（1）滤池主要采用粗滤料，并采用整体过滤。

（2）因为在滤料中加少量细滤料，每次反洗之后用压缩空气混合，所以降低了粗滤料的局部孔隙，从而提高了悬浮颗粒的絮凝效率，同时也提高了截污能力，减少了滤层阻力。

3-9　试述机械搅拌澄清池的主要结构。

答：机械搅拌澄清池通常是由钢筋混凝土构成的圆形池子，池体由第一反应室、第二反应室和分离室三部分组成。池体内还设有机械搅拌装置、机械刮泥装置等。

3-10　机械加速澄清池主要由哪几部分组成？

答：机械加速澄清池主要由池体、第一反应室、第二反应室、分离室、搅拌机、刮泥机、支撑机械装置的桥式桁架、集水槽、排泥装置、加药系统、采样装置以及自动控制系统装置等组成。

3-11　简述水力加速澄清池的结构。

答：水力加速澄清池的结构：池体用钢筋混凝土建成，横截面呈圆形，上部是圆柱体，下部为锥体。池体内设有进水喷嘴、混合室、喉管、第一反应室以及第二反应室等部件。上部设有支撑集水槽的混凝土支撑梁、集水斗及通道平台。集水斗内装有出水管、溢水管各一根。池体下部圆锥体内壁两侧设有排泥斗。在池体下部的锥体周围设有加药点。

3-12　LIHHH 型澄清器主要由哪几部分组成？

答：LIHHH 型澄清器主要由钢板制成的带锥体的圆形筒体、进水喷嘴、加药系统、水流栅板、整流栅板、泥渣浓缩器、排泥系统、空气分离器、水平孔板、采样系统环形集水槽、过渡区、清水区和出水区等组成。

3-13　简述机械搅拌澄清池中搅拌机的结构。

答：机械搅拌澄清池中搅拌机由调速电动机、皮带轮、蜗轮减速器组成传动机构。搅拌机的竖轴与减速器中的蜗轮采用键连接。竖轴下端以键及环与叶轮连接，其主要部件有皮带轮、三角皮带、减速箱、蜗轮、蜗杆、竖轴、上轴套、下轴套、升降螺母、锁紧螺母、滚动轴承、油封、油管、叶轮等部件组成。

3-14　简述机械搅拌澄清池中刮泥机的结构。

答：机械搅拌澄清池中刮泥机为套轴式中心传动，采用摆线针轮减速机、链轮副、蜗杆蜗轮传动到主轴，主轴通过搅拌机的空心轴从池中心伸入池底带动耙子做回转运动。刮泥机主要由摆线针轮减速机、套筒滚子链、蜗轮、蜗杆、轴套、滚动轴承、减速箱、中心轴Ⅰ、中心轴Ⅱ、中心轴Ⅲ、刮泥耙组件等组成。

刮泥机的工作过程：由摆线针轮减速电动机带动链轮副（套筒滚子链）传动再带动蜗杆、蜗轮传动，通过三级减速传动，从而使固定在刮泥机中心轴上的刮泥耙缓缓转动，将第一反应室小部分重质泥渣刮集至池底中心排污管排出。

3-15　简述水力加速澄清池中第一反应室和第二反应室的构造。

答：水力加速澄清池中第一反应室由钢板制成，呈圆锥体，下部为一段直管，喉管就套装在第一反应室下部的直管里，两者之间有一定的间隙，喉管能上下自由移动。第一反应室安装在第二反应室内，第二反应室可用钢板卷制，也可用钢筋混凝土建造，呈圆锥体。第二反应室上部为操作平台，平台通道与扶梯相连。整个第二反应室就位于水力加速澄清池的中央。

3-16　简述重力式空气擦洗滤池的主要结构。

答：重力式空气擦洗滤池由两只钢筋混凝土池体（A格、B格）组成，每格池体分为清水室和滤水室上下两部分，中间由钢板制成的钟罩式隔板隔开，滤水室开有上人孔和下人孔，供加、卸滤料及检修之用。

3-17　简述单流式过滤器的构造。

答：单流式过滤器是一密闭立式筒形钢质容器，器内顶部装有进水分配装置，在人孔底部装有集配水装置和卸出孔，在集配水装置以上装有填料，填料的高度通常为 1.2～1.5m，粒度随滤料的材质而变。单流式过滤器的外部还装有相应的管道、阀门、流量表、压力表等部件。

3-18　简述双流式过滤器的构造。

答：双流式过滤器是以底部进水装置代替了单流式过滤器的集配水装置，并在中、上部加装了集配水装置，它的滤料高度比单流式高，通常为 2.2～2.4m，中部集水装置以下为 1.7m，以上为 0.5～0.75m。其余内部装置和单流式过滤器一样。双流式过滤器在外部管道的布局上也与单流式有所不同，且阀门也较多。

3-19   简述反渗透系统中的立式可反洗滤元式保安过滤器的结构。

答： 反渗透系统中的立式可反洗滤元式保安过滤器内部的壳体材质为316L不锈钢，主要部件为聚丙烯绕线型滤元及滤元上部固定装置（由固定扁钢、固定挂钩、三角形连接板、固定套圈、长六角螺母、开口销、内六角螺钉等组成）。

3-20   试述反渗透系统中卧式五仓双滤料型精密过滤器的结构。

答： 反渗透系统中卧式五仓双滤料型精密过滤器本体为碳钢内涂沥青环氧树脂防腐，卧式五仓（A、B、C、D、E）每仓之间由弧形钢板隔开，每仓都装有一个窥视孔，用以监视石英砂和无烟煤的分层情况及装载高度。本体上还设有供检修用的人孔（顶部和侧面各一个）等。每仓内部还设有进水装置和出水装置，分别简述如下：

（1）进水装置。进水装置为母管支管型，母管为三通法兰型，支管与母管为法兰连接，母管为钢管（DN200），外涂沥青环氧树脂。支管为聚丙烯塑料管（DN150），两侧支管开有若干个布水孔，进水装置支管由 U 形螺栓固定在仓室内顶部角钢支架上。

（2）出水装置。出水装置为母管支管型，每仓支管为 10 排 20 根，母管为硬 PVC 三通，支管为硬 PVC 绕丝管（$\phi70$），母管（三通）两端与支管连接采用专用密封膏黏结。母管（三通）另一端（带螺纹并黏结一硬 PVC 短管）穿入硬 PVC 塑料板（$\delta=20mm$）孔内，并用硬 PVC 六角螺母固定。整个出水装置（由母管、支管、硬 PVC 多孔塑料板等组成）通过硬 PVC 多孔板固定在出水槽预埋不锈钢框架上，由框架上的等距离分布的英制螺栓固定。不锈钢框架由角钢焊接而成，角钢规格为 $60\times60\times6$、$50\times50\times6$。为了使不锈钢框架与硬 PVC 多孔板连接得严密，在框架与塑料板之间垫有整张耐酸橡皮垫。为了防止母、支管在运行中受冲击而晃动损坏，在母管及支管上都有不锈钢角钢压住，不锈钢角钢通过不锈钢框架中间焊接的不锈钢螺栓及仓内浇制的混凝土（表面涂有树脂漆防腐）上预埋的若干个不锈钢螺栓固定。

3-21   试述反渗透系统中卧式四仓型活性炭过滤器的结构。

答： 反渗透系统中卧式四仓型活性炭过滤器壳体为碳钢衬硬橡胶，内装无定型活性炭。每仓支管为 13 排或 14 排，其内部结构同反渗透系统中的精密过滤器。

3-22　试述逆流再生离子交换器的构造。

答：逆流再生离子交换器是一个两端带封头的筒形壳体，其内顶部有进水分配装置，中部有中间排水（废酸碱液）装置，底部有穹形多孔板，从底部往上依次装有石英砂垫层、树脂交换层和压实层。

3-23　简述逆流再生离子交换器挡板式进水分配装置的结构和检修安装要求。

答：逆流再生离子交换器挡板式进水分配装置是最简单的一种进水分配装置，是将一块圆板用不锈钢螺栓固定在进水口的下方。挡板的直径比进水口略大。安装时，要求整个挡板保持水平，并与交换器壳体同心，以防偏流。挡板的材质为硬聚氯乙烯或不锈钢板等耐蚀材料，以免腐蚀。

3-24　逆流再生离子交换器十字支管式进水分配装置的结构如何？

答：逆流再生离子交换器十字支管式进水分配装置是将进水管扩大成管接头，采用管子箍或法兰连接的方式，将 4 根支管装在其上，使之成十字形。支管上均布有小孔，其孔径为 $10\sim14mm$，开孔总截面面积约为进水管截面面积的 10 倍。该装置的材质全部为不锈钢或 ABS 工程塑料。

3-25　逆流再生离子交换器穹形板式进水装置的结构如何？

答：逆流再生离子交换器穹形板式进水装置是用不锈钢螺栓和卡子固定在交换器顶部进水口的下方，其上均布有直径为 $14\sim20mm$ 的小孔，孔眼总截面面积约为进水管截面面积的 10 倍。穹形板的材质为厚 $10mm$ 以上的不锈钢板或衬胶碳钢板，也可以为厚 $16mm$ 左右的硬聚氯乙烯板。穹形板直径是交换器直径的 $1/4\sim1/3$，其外形和安装方法可参照穹形孔板式集水装置，只是将穹形板由下封头移到上封头而已。

3-26　逆流再生离子交换器漏斗式进水分配装置的结构如何？

答：逆流再生离子交换器漏斗式进水分配装置是一种通用的、最简单的进水分配装置。对它的要求是边沿光滑平整，安装时要做到与交换器壳体同心并保持水平，以防偏流。漏斗需用不锈钢螺栓吊装在顶部。漏斗和管段的材质最好为不锈钢，也可用铁质衬胶或聚氯乙烯耐蚀材料制成。

3-27　逆流再生离子交换器穹形孔板集水装置的结构如何？

答：逆流再生离子交换器底部设有穹形孔板集水装置，以便运行时能均匀地收集离子交换后的水，并阻留离子交换树脂，防止其漏到水中。反洗时能均匀配水，充分清洗离子交换树脂。它是将穹形多孔板固定在底部出水口的上方。多孔板的直径通常为 500～700mm（一般为交换器直径的 1/4～1/3）。孔板除中心部位（略大于出水口的面积）不开孔外，其余部分均钻有小孔（孔径为 20～25mm），其总截面面积为出水管截面面积的 2～3 倍。打孔的方式有同心圆法、正方形法和三角形法三种，其中以三角形法的打孔率最高。

因穹形板承受的压力较大，故应用 10～12mm 厚的不锈钢板或 20～25mm 厚的聚氯乙烯板制作，且后者还应焊上加强筋，也可用衬胶钢板制作。若在旧的交换器上改用穹形板结构，则应考虑到交换器人孔直径的限制，不锈钢或塑料材质的穹形板做好后，可割成两块，放入交换器内后再焊成一体。穹形孔板扣装在下封头中心的出水口上方，并与交换器壳体保持同心，以使均匀集水。

3-28　逆流再生离子交换器三通母支管式中间排水装置结构如何？

答：逆流再生离子交换器三通母支管式中间排水装置结构：母支管不在同一平面内，母管以三通方式与支管相连，以减少死区。母管又置于压实层之上，以减轻其受压情况，防止变形损坏。支管满面开孔，孔径为 10～14mm，孔边应扩有倒角，使边缘光滑无毛刺。支管外包 2 层塑料网，底网为 16 目，表网为 50 目。全部支管要用已衬胶的大型角钢或槽钢作支架，并用 M12～M16 的不锈钢 U 形卡子固定好。中间排水装置母管的两端，必须用角形加固板顶死，并用 M20 的不锈钢 U 形卡子固定牢固。同时沿母管顶部的全长还要焊上不锈钢的加强筋并垫好耐酸垫。

3-29　简述凝结水精处理混床的基本结构。

答：以 HN-2200-120 型为例，凝结水精处理混床本体是一个密闭的圆柱形壳体，床体内壁衬橡胶防腐层。本体内设有进水、进脂、出水、进气等装置。本体外装有各种管道、阀门、取样管、监视管、排气管等。

3-30　凝结水精处理混床进水装置的结构和作用是什么？

答：以 HN-2200-120 型为例，凝结水精处理混床进水装置的结构为辐射形多孔配水管，水由顶部进水管进入配水头，再从 8 根不锈钢配水支管上的水平孔均匀地分配出去。支管安装长度为交换器直径的 3/5，即 1300mm 左右。进水装置与树脂层间有一层 200～300mm 厚的水垫层，以避免产生补水不均及冲刷树脂的现象。配水头顶部开 12 个环形孔，孔径为 18mm，以便排气。配水头上的来水管管径为 273mm。支管管径为 114mm，每根支管上面开 12 个孔，共有 96 个孔，孔径为 30mm。

3-31　凝结水精处理混床进脂装置的结构和特点是什么？

答：以 HN-2200-120 型为例，凝结水精处理混床进脂装置的结构是采样十字形支管四点逆向进脂方式，母管直径为 108mm、长度约为 500mm。进脂装置的特点是布脂均匀，避免树脂层脂面高低不平及产生斜坡现象。

3-32　凝结水精处理混床出水装置的结构如何？有什么优点？

答：以 HN-2200-120 型为例，凝结水精处理混床出水装置的结构为鱼刺形母支管式，母管与支管在同一平面内。支管共 16 根，节距为 200mm。支管的下方垂直安装不锈钢梯形绕丝水帽。母管直径为 273mm，支管直径为 133mm，水帽直径为 76mm。母管在内的水帽总数为 60 个。此种出水装置充分利用出水表面积，因而混床出力大，水分配均匀，并且具有结构简单、坚固、不易被破坏的优点。

3-33　凝结水精处理混床冲洗进水及进气装置的结构如何？

答：以 HN-2200-120 型为例，凝结水精处理混床冲洗进水及进气装置的结构是冲洗进水及进气系采用同一装置，它们也是鱼刺形母支管式，但母管与支管不在同一平面内。母管直径为 50mm，支管直径为 25mm，在支管上部装有喷头。这样的装置形式可适用于反洗水压力高的情况，并使配水、配气均匀。

3-34　简述超滤膜的微观结构。

答：超滤膜通常由表面一层非常薄而致密的皮层和该皮层底下多孔的支撑层构成。致密皮层为功能层，起到过滤和截留污染物的作用。根据制造和成型的工艺不同，致密皮层可在纤维丝的内表面（内压式）或外表面（外压式），或者内外表面（这种结构称为双皮层结构）。普通水处理用超滤膜多为单皮层结构。双皮层结构通常用在超纯水的制备上。

3-35　反渗透复合膜有哪些优点？FT30 复合膜的大致结构材料如何？

答：反渗透复合膜实际上是几层薄皮的复合体。这种膜的最大优点是抗压实性较高、透水率较大和盐分透过率较小。

FT30 复合膜即是一种典型的复合膜，其支撑层的底层是经抛光的聚酯无纺织物，中间层是具有微孔的聚砜工程塑料，表层的超薄屏障层是高交联度的芳香聚酰胺。

3-36　简述涡卷式膜元件的结构。

答：涡卷式膜元件所采用的膜为平面膜。将两层膜背对背地黏结起来形成一个膜袋，形如信封，开口的一边与多孔淡水收集管（中心管）密封连接，为了便于淡化水在膜袋内的流动，在膜袋内还夹有淡化水流通的多孔织物支撑层，这就是一个袋状膜片。几个或多个膜袋之间用网状间隔材料隔开，然后绕中心管紧密地卷起来，装到玻璃钢壳体中就形成一个膜元件。

3-37　涡卷式反渗透装置的内部结构和管端组件结构是怎样的？

答：将涡卷式膜元件或中空纤维式膜元件装到一个压力容器中即构成相应的反渗透装置。在涡卷式反渗透装置中，可以只装一个膜元件，也可以串联装几个膜元件，通常装 1～7 个膜元件。膜元件与膜元件之间通过内连接件连接。涡卷式膜元件装到压力容器后，其压力容器端口采用支撑板、密封板和分段锁环等支撑、密封，统称管端组件。

3-38　简述电渗析器（EDI）的结构。

答：电渗析器的结构是由许多排列在正负电极之间的隔板，阴、阳离子交换膜和极框等部件组成的。

3-39　电渗析器的电极材料有哪几种？各有何优点？

答：国内常用的电渗析器的电极材料有下列几种：

（1）石墨电极。既可作阳极，也可作阴极。石墨电极经石蜡、酚醛或呋喃树脂等浸渍处理后可延长使用寿命。

（2）铅电极。铅电极既可作阳极，又可作阴极。铅电极加工方便，纯度高者耐腐蚀性能好。

（3）涂钌钛电极。涂钌钛电极同样既可作阳极又可作阴极。这种电极耐腐蚀性能好，电流密度高，但加工复杂，价格昂贵。钌涂刷不均匀或被氯、氢浸蚀后，电极丝有时因涂层破坏而断裂。

（4）不锈钢电极。不锈钢电极一般作阴极，作阳极使用时一般要求原水的氯离子含量要很低，不锈钢电极的寿命达 2～3 年。

3-40　对电渗析器的离子交换膜有何要求？

答：对电渗析器的离子交换膜有如下要求：

（1）厚度。厚度是离子交换膜的基本指标，在保证一定强度的前提下，厚度小些为好。

（2）机械强度。电渗析器的离子交换膜是在一定的水压下工作的，如机械强度过小在运行中就很容易损坏。通常要求膜的爆破强度大于 0.3MPa。

（3）导电性。膜的导电性直接影响电渗析器工作时所需的内电压和电能消耗，它是膜的一项重要指标，可用电阻率、电导率或面电阻来表示。

（4）透水性。离子交换膜在工作时，水合离子中的结合水和一些少量自由水分子会随离子的渗透从浓水室进入淡水室，导致电渗析器的脱盐率降低、出水量减少。

（5）膨胀性。要求膜的膨胀性越小越好，且需均匀胀缩。

（6）良好的化学稳定性。

3-41 试述阳树脂再生罐内部件的结构和作用。

答：阳树脂再生罐内装有冲洗进水装置、中间排水装置、进酸装置、树脂输出装置及冲洗排水装置等。

（1）冲洗进水装置为工字形结构，分4点进水，出水口朝上，以求得配水均匀。

（2）进酸装置为辐射形多孔管，共6根，在管的两侧开孔，孔眼中心线夹角为90°。多孔管一端有螺纹，将其拧在汇流箱的管箍上；另一端封死，卡在管壁的管卡上，使多孔管的孔眼朝下，达到均匀配酸的目的。

（3）阴树脂输出装置也是辐射形多孔管，共12根，在管的两侧水平开孔，以使尽可能地将阴树脂全部输出。混合树脂输出装置与阴树脂输出装置完全相同。

（4）冲洗排水装置与阴树脂输出装置基本相似，所不同的是：①它顺着下封头的弧度向上斜翘安装；②它套有涤纶网套，保证树脂不泄漏。

第四章　水处理设备的工作原理

4-1　简述离心式水泵的工作原理。

答：离心式水泵的工作原理是在泵壳内充满水的情况下，叶轮旋转产生离心力，叶轮内的水在离心力的作用下以很快的速度被甩离叶轮，使叶轮外缘处的液体压力上升，利用此压力将水压向出水管，通过泵壳平稳地引出压水管道。与此同时，叶轮中心位置液体的压力降低，当它具有足够的真空（低于大气压力）时，水便经吸水管从吸水池（水面上有大气压力的作用）抽上。这样，离心式水泵就源源不断地将水吸入和输出。

4-2　离心式水泵的导叶起什么作用？

答：一般有分段的多级泵上均装有导叶。导叶的作用是将叶轮甩出的高速液体汇集起来，均匀地引向下一级叶轮的入口或压出室，并能在导叶中使液体的部分动能转变成压能。

4-3　泵的工况调节方式有哪几种？

答：泵的工况调节方式有 4 种：节流调节、入口导流器调节、汽蚀调节和变速调节。

4-4　简述离心式水泵常用机械密封（单端面密封）的工作原理。

答：离心式水泵常用机械密封（单端面密封）的工作原理：机械密封依靠工作液体及弹簧的压力作用在动环上，使之与静环互相紧密配合，达到密封的效果。为了保证动、静环的正常工作，接触面上必须进行冷却润滑，因此应通入冷却水，在运行中不得中断，否则动、静环会因摩擦发热而损坏。为了防止液体从静环与壳体（静环座）之间的间隙泄漏，装有静环密封圈；为了防止液体从动环与轴之间的间隙泄漏，装有动环密封圈。

4-5　试述往复式计量泵的工作原理及其特点。

答：往复式计量泵的工作原理：往复式计量泵是容积式泵的一种，它依靠在泵缸内做往复运动的活塞（或柱塞）改变泵缸的容积，配合两个止回阀的作用，从而达到吸入和排出液体的目的。同理，隔膜式往复泵也是借柱塞在隔膜液缸头内做往复运动，使隔膜腔内的油产生压力，推动隔膜在隔膜腔内前后鼓动，从而达到吸排液体的目的。

该泵的特点如下：

（1）流量小，瞬时流量是脉动的，但平均流量是恒定的。

（2）对输送的介质有较强的适应性。

（3）有良好的自吸性能，在启动前通常不需灌液排气。

（4）压力取决于管路特性，而且泵的压力范围较大，能达到较高的压力。

4-6　简述齿轮油泵的工作原理。

答：开始工作时，齿轮先将泵室内的空气挤出，然后油液自吸入口进入齿槽内，齿轮连续旋转油液也不断自两齿轮齿槽内压至压室内，压出泵外。齿轮油泵一般用以吸取黏度较大的液体，如润滑油、汽轮油等。

4-7　简述 1WG 系列空气压缩机的工作原理。

答：该压缩机系活塞式二级空气压缩机。当一级活塞下行时，空气经空气过滤器、吸气阀进入一级气缸，一级活塞行至下止点时，完成吸气过程，一级活塞上行时，气缸内的空气被压缩。当气压超过一定压力时，一级排气阀打开，压缩空气被排出，经中间冷却器冷却后进二级气缸。按上述过程再次压缩到额定排气压力，输入储气罐，以供使用。

4-8　简述机械搅拌澄清池中搅拌机的工作原理。

答：搅拌机的工作原理：调速电动机通过皮带轮传动带动蜗杆、蜗轮转动，从而带动固定在搅拌机主轴上的叶轮对夹带泥渣的水进行充分搅拌并将第一反应室的水提升至第二反应室。

4-9　简述机械搅拌澄清池中刮泥机的工作原理。

答：刮泥机的工作原理：由摆线针轮减速电动机带动链轮副（套筒滚子链）传动再带动蜗杆、蜗轮传动，通过三级减速传动，从而使固定在刮泥机中心轴上的刮泥耙缓缓转动，将第一反应室中小部分重质泥渣刮集至池底中心排污管排出。

4-10　试述水力加速澄清池的工作原理。

答：水力加速澄清池是应用水力喷射器形成负压，使悬浮泥渣在池体内循环运行，把部分悬浮泥渣回流到进水区，与已添加过混凝剂的原水混合后一起流动。通过凝聚反应形成的絮凝与原水中的悬浮杂质相互碰撞、吸附及黏合，使它的颗粒逐渐长大，在重力作用下沉降分离。清水经集水槽汇集后流出池体，而分离后沉降下来的泥渣，一部分浓缩在排泥斗，定期经过排泥管道及排泥阀门排出池体，其余大部分泥渣由于进水喷嘴的抽吸作用，又进行循环运行。

4-11　简述水力加速澄清池中第一反应室和第二反应室的工作原理。

答：水流在喉管内与悬浮泥渣初步混合，当水流进入第一反应室时得到了进一步的混合。由于第一反应室自下而上通流截面逐渐扩大，因而水流速度相应地下降，使第一反应室的出口流速降为 60mm/s，这时在喉管中形成的较小的凝絮体由于吸附作用而逐渐长大。由于第一反应室出来的水流继续进入第二反应室，但流向变为自上而下，且水的通流截面又增大，使流速再次下降，第二反应室的流速为 40～50mm/s，这就形成了良好的大颗粒絮凝，为清水与絮凝状悬浮泥渣的分离创造了条件。

当水流由第二反应室进入分离区时，其流向又变为自下而上，分离区的通流截面面积比第二反应室更大，也即水流在分离区的流速又相应地下降，分离区水流上升的速度为 1.1mm/s，水流通过分离区的时间需 40～50min，这时密度较大、颗粒度大的絮凝体在重力作用下迅速下沉，在下沉过程中形成"过滤网"，将水中的悬浮杂质一起带下，从而达到除去水中悬浮杂物和胶体的目的。

4-12　水力加速澄清池泥渣循环是利用了什么原理？它的特点有哪些？

答：水力加速澄清池泥渣循环是利用喷射器的原理，即利用进水的动力促使泥渣回流。它的特点是没有传动部件，结构简单。

4-13　试述机械搅拌澄清池的工作原理。

答：机械搅拌澄清池的工作原理：加药后的原水由进水管进入截面为三角形的环形进水槽，通过槽下面的出水孔或缝隙，均匀地流入第一反应室（又称混合室），在此水与药剂以及从分离区回流的泥渣在搅拌装置的搅动作用下充分混合。第一反应室混合后的带有泥渣的水流被搅拌装置上的叶轮提升到第二反应室，在这里进行凝絮长大的过程。然后，水流经第二反应室上部四周的导流板（消除水的旋流）进入分离室。由于分离室的截面面积大于第二反应室，故水流速度下降，便于泥渣和水分离。分离了泥渣的水，均匀地流到设在澄清池上部的环形集水槽，再通过出水管流到重力式滤池进行过滤处理。分离出的泥渣下沉到池底，其大部分流回第一反应室，其中一小部分重质泥渣通过刮泥耙刮集到池底中央，通过池底的定期排污管排出。

4-14 简述变孔隙滤池的工作原理。

答：变孔隙滤池是一种深床滤池，其工作原理为：在被处理水中加入絮凝剂，利用深床过滤过程中悬浮颗粒在滤层孔隙里发生同向絮凝作用，增加了小颗粒悬浮物变为大颗粒并被滤料截住的可能性，从而提高了过滤效率，改善了过滤水质。

4-15 简述重力式空气擦洗滤池的工作原理。

答：重力式空气擦洗滤池的工作原理：澄清池出水经进水管进入滤室，通过细、粗石英砂滤层，水中悬浮杂质被截留下来，清水经安装在滤室底部多孔钢板上的塑料长柄水帽至集水区，通过出水装置（母管支管型）流经连通管进入上部清水室，从而进入清水池。

4-16 简述覆盖过滤器的作用及工作原理。

答：覆盖过滤器是凝结水处理的重要设备。它的作用是除去凝结水中很微小的杂质（如氧化铁、氧化铜）以及其他悬浮状物质，以利于凝结水除盐设备的正常工作。其工作原理为：凝结水泵来的凝结水从覆盖过滤器底部进入，经滤元外部通过滤膜（极细的木质纸浆粉，有许多极细的微孔，吸附能力极强）的微孔进入管内，进行过滤。水中的悬浮物和胶体杂质被截流和吸附在滤膜表面上，从而使水得以净化。

覆盖过滤器就是在一种特制的多孔管件（称为滤元）上均匀地覆盖一层滤膜，过滤时，水由管外通过滤膜和滤元的孔进入管内，水中所含的细小悬浮杂质被截留在滤膜的孔隙通道内。此外，较大的悬浮颗粒会在滤膜表面的孔隙通道入口堆积，逐渐形成一层沉淀物质，同样能起到过滤作用。

4-17 简述磁力过滤器的工作原理。

答：磁力过滤器的基本工作原理就是利用磁力清除凝结水中铁的腐蚀产物，可分为永磁和电磁两种类型。

（1）永磁过滤器。永磁过滤器外形为圆柱形，里面布置有若干层磁铁。每层由若干呈放射状排列的磁棒组成。这些磁棒都是经过强磁场的磁化后，垂直连接在中心的立轴上，立轴可在顶部电动机的带动下旋转。

永磁过滤器的通水流速一般为 500m/h，在运行中需定期进行清洗复原。清洗复原时需先将设备解列，然后启动顶部电动机，带动立轴高速旋转，利用离心力甩掉磁棒上所吸引的附着物，同时通水进行反冲洗。通常冲洗复原仅需几分钟就可以完成。这种过滤器因其复原时需用高速电动机，对制造工艺要求较高，除铁效率只有 30%～40%，因此，目前趋向于使用电磁过滤器。

（2）电磁过滤器。电磁过滤器或称高梯度磁性分离器，是由非磁性材料制成的承压圆筒体和环绕筒体的线圈组成的。在筒体内装填有铁磁性材料制成的球状或条状填料。筒体与线圈之间有一层薄绝缘层，防止高温凝结水传热给线圈。

当直流电通过线圈时，就产生磁场，球形铁磁性填料被磁化，由于填料的磁导率很高，在填料的孔隙中就形成磁场梯度。当被处理水从下向上通过填料层时，水中的金属腐蚀产物也就被磁化，从而被填料颗粒吸住。在运行中可按进、出口水的金属腐蚀产物的含量或按过滤器的出水量来确定运行终点。达到运行终点时，先停止进水，然后切断电源。为除去填料上所吸附着的金属腐蚀产物，在线圈中通以逐渐减弱的交流电，使填料的磁性消失。填料退磁后，从下向上通水冲洗。冲洗水流速约为运行流速的80%。此时，填料颗粒发生滚动并相互摩擦，从而将吸附着的腐蚀产物冲洗下来。

电磁过滤器运行流速可达 1200m/h。运行周期也比较长，一般可达 7～14 天，其除铁效率为 65%～85%。

4-18 简述微孔过滤器的工作原理。

答：微孔过滤是利用过滤介质的微孔把水中悬浮物截留下来的水处理工艺，其设备结构与覆盖过滤器类似，但运行时不需要铺膜。过滤介质常做成管形，称为滤元，通常在一个过滤器中组装有许多滤元。滤元的结构形式大致有两种：一种是经烧结而制成的整体型微孔滤元，其材质为金属、陶瓷或塑料等；另一种是在钢性多孔芯子（不锈钢或硬质塑料制成）外再缠绕过滤介质的微孔滤元，其外绕介质可用玻璃丝、不锈钢或有机纤维制成的线和布。微孔过滤器有不同的规格，如 1、5、10μm 等的过滤器就是指能滤去 1、5、10μm 粒径以上的颗粒。微孔过滤器的单台出水量可根据要求进行设计，一般出力可达 400～800t/h。

管式微孔过滤器运行中压差达到 0.08MPa 或超过 72h 时，应进行清洗。

4-19 简述树脂粉末覆盖过滤器的工作原理。

答：树脂粉末覆盖过滤器的结构基本上与纤维素覆盖过滤器相同，不同的是它采用的覆盖滤料是阳、阴离子交换树脂粉，由于树脂粉的颗粒很细（500μm 以下），因此，可同时起到过滤和除盐的作用。在凝结水处理系统中，它可以作高速混床的后置设备或取代混床作为主降盐设备，也可用作混床的前置设备。

4-20 简述过滤器的工作原理。

答：过滤器在过滤水过程中主要有机械筛分作用，还有吸附、架桥、混凝作用。

（1）机械筛分作用主要发生在滤料层的表面，因为过滤器在反洗除去滤层中污物时，由于水力筛分作用，使小颗粒滤料在上、大颗粒滤料在下，所以上层滤料形成的孔眼最小，易于将悬浮物截留下来。由于截留下来的或吸附着的悬浮物之间发生彼此重叠和架桥作用，以致在表面形成了一层附加的滤膜，也可起到机械筛分的作用。

（2）接触凝聚，当水不断地通过滤料时，由于在滤层中砂粒的排列很紧密，所以水中的微小悬浮物在流经滤料层中弯弯曲曲的孔道时，有更多的机会和砂粒碰撞，因此，这些砂粒表面可以起到更有效的接触作用。

4-21 简述活性炭过滤器的过滤机理。

答：活性炭是非极性吸附剂，所以对某些有机物有较强的吸附力，以物理吸附为主，一般是可逆的。研究证明，用活性炭过滤器除去水中游离氯能进行得很彻底。这个过程，不完全是由于活性炭表面对 Cl_2 的物理吸附作用，而是由于在活性炭表面起了催化作用，促使游离氯的水解和产生新生态氧的过程加速。所产生的新生态氧可以与活性炭中易氧化的组分发生反应。由于天然水中有机物种类繁多，所以在不同条件下，活性炭去除有机物的效果并不相同，不能将有机物全部除去，其吸附力为 $20\% \sim 80\%$。

4-22 简述反渗透（RO）系统中的可反洗滤元式保安过滤器的工作原理。

答：反渗透系统中的可反洗滤元式保安过滤器的工作原理为，RO 活性炭过滤器来水进入底部进水装置，均匀布水，通过滤元组件除去水中微粒杂质，出水流入集水区再由出水管排出，以保护 RO 高压泵正常运转及防止 RO 膜组件的腐蚀和堵塞。

4-23 试述反渗透系统中卧式五仓双滤料型精密过滤器的工作原理。

答：反渗透系统中卧式五仓双滤料型精密过滤器的工作原理：由化学清水泵来清水进入过滤器上部进水装置，均匀布水，依次经过双重过滤介质（无烟煤粒径为 $1 \sim 1.2mm$，石英砂粒径为 $0.45 \sim 0.5mm$）进行过滤，以除去微粒杂质。过滤后出水通过出水装置的支管绕丝间隙（$0.25 \sim 0.30mm$），由各母管汇集于出水槽（由混凝土浇制的长方体 $2350mm \times 280mm \times$

350mm)，再由通入出水槽内的出水管（DN200）排出。

4-24　试述反渗透系统中卧式四仓型活性炭过滤器的工作原理。

答： 反渗透系统中卧式四仓型活性炭过滤器的工作原理：由精密过滤器来水从仓室顶部进入进水装置，均匀布水，经过滤料（活性炭）过滤后，出水通过出水装置的硬PVC支管绕丝间隙进入各母管汇集于混凝土绕制的出水槽，混凝土表面涂有防腐材料，进入出水槽中的水由出水管（ϕ219）排出。

4-25　什么是树脂的再生？

答： 树脂经过一段软化和除盐运行后，失去了交换离子的能力，这时可用酸、碱或盐恢复其交换能力，这种使树脂恢复交换能力的过程称为树脂再生。

4-26　简述阴、阳离子交换器的除盐原理？

答： 阴、阳离子交换器一般联合使用达到除盐的目的，在阳离子交换器中，阳离子交换反应可表示为

$$RH+\begin{cases}Na^+\\Ca^{2+}\\Mg^{2+}\\Fe^{3+}\end{cases}\longrightarrow R\begin{cases}Na\\Ca\\Mg\\Fe\end{cases}+H^+$$

反应结果是水中阳离子被吸着而交换出的 H^+ 与水中原有的阴离子 HCO_3^-、Cl^-、SO_4^{2-} 等形成对应的酸溶液。

这种阳床出水进入阴床时发生如下反应

$$ROH+\begin{cases}Cl^-\\SO_4^{2-}\\HSiO_3^-\\HCO_3^-\end{cases}\longrightarrow R\begin{cases}Cl\\SO_4\\HSiO_3\\HCO_3\end{cases}+OH^-$$

这样，水中所含盐分中的阴、阳离子分别被阴、阳树脂交换吸收，从而达到减少水中含盐量的目的。为减少阴床负担，在阳床之后加脱碳器除去碳酸。

4-27　简述离子交换器除盐再生原理。

答： 交换器失效后，需要对树脂进行再生，实际上再生过程是除盐制水过程的逆反应。

（1）阳树脂的再生。失效的阳树脂用 $3\%\sim5\%$ 的盐酸再生，其反应式为

$$R\begin{Bmatrix}Na^+\\Ca^{2+}\\Mg^{2+}\\Fe^{3+}\end{Bmatrix}+HCl\longrightarrow RH+\begin{Bmatrix}Na\\Ca\\Mg\\Fe\end{Bmatrix}Cl$$

反应结果是树脂大部转型为 H 型，而酸液变为含有残余酸的氯化物或硫酸盐（当用硫酸再生时）的混合溶液，并被排入地沟。

（2）阴树脂的再生。失效的阴树脂用 $2\%\sim4\%$ 的 NaOH 溶液再生，其反应式为

$$R\begin{Bmatrix}Cl\\SO_4\\HSiO_3\\HCO_3\end{Bmatrix}+NaOH\longrightarrow ROH+Na\begin{Bmatrix}Cl\\SO_4\\HSiO_3\\HCO_3\end{Bmatrix}$$

反应结果是树脂大部分转型为 OH 型，而碱液变为含有残余碱的钠盐混合液，并被排入地沟。

4-28　除碳器的作用及工作原理是什么？

答：阳床出水中的 H^+ 与水中 HCO_3^- 可结合成离解度很低的碳酸（H_2CO_3）。当 pH 值低于 4 时，碳酸可大部分分解成 CO_2 和水。在除碳器中，阳床出水与风机鼓入的空气相遇，根据亨利定律，由于空气中 CO_2 气相分压很低，使 CO_2 从水中溢出，被空气带走，其反应式为 $H_2CO_3 \Longrightarrow H_2O+CO_2\uparrow$。经除碳后的水，其溶解的 CO_2 一般已低于 $10mg/L$，水中主要阳离子为 H^+ 和微量 Na^+，而阴离子则主要是 Cl^-、SO_4^{2-} 等强酸阴离子和 $HSiO_3^-$ 等弱酸阴离子以及残存的 CO_2。由于大量的 CO_2 在进入阴床前已用物理方法去除，使阴离子交换器的负担大为减小，从而可以减小阴离子交换器的尺寸、树脂装填量，并可延长使用周期。

4-29　试述浮动床离子交换设备的工艺流程和原理。

答：浮动床工艺属对流式工艺，其流程与逆流再生离子交换器相反。浮动床离子交换器制水时，水是从床体的底部进入，经石英砂垫层和穹形孔板等配水装置流入树脂层进行离子交换，而后由弧形管等集水装置汇集，再从床体的顶部或顶侧部流出；再生时，酸碱等再生液从顶部集水装置进入，与树脂进行离子交换后，再流经石英砂垫层后从床体的底部引出。浮动床在运行制水时，床体内的树脂呈托起压实状态；停床再生时，树脂落下呈自然压实状态。也就是说，浮动床在运行和再生过程中，树脂好像一个活塞柱做上下少许起落，每个周期树脂起落一次，以完成其制水和再生工艺。

4-30 简述超滤设备的工作原理。

答：超滤是一种流体在膜表面的切向流动，利用较低的压力驱动并按溶质分子质量大小来分离和过滤，是一种物理分离过程，不发生任何相变。超滤膜的孔径在 $0.002\sim0.1\mu m$ 范围内。溶解物质和比膜孔径小的物质将作为透过液透过滤膜，不能透过滤膜的物质被慢慢地浓缩于排放液中。因此，产水将含有水、离子和小分子质量的物质，而胶体物质、大分子物质、颗粒、细菌和原生动物等将被膜截留，通过浓水排放、反冲洗和化学清洗而去除。超滤膜可反复使用并可用普通的清洗剂清洗。

4-31 试述反渗透除盐的原理。

答：反渗透除盐的原理：只允许溶剂透过而不透过溶质的膜称为理想半透膜，在一个用半透膜隔开的容器的两侧，分别倒入溶剂和溶液（或两种不同浓度的溶液），则溶剂将自发地穿过半透膜向溶液（或从稀溶液向浓溶液）侧流动，这种自然现象称为渗透。如果上述过程中的溶剂是纯水，溶质是盐分，当用理想半透膜将它们分隔开时，则纯水侧的水会自发地通过半透膜流入盐水侧。纯水侧的水流入盐水侧，水位将上升，当上升到某一数值时，水通过膜的净流量等于零而达到动平衡。此时两侧水位差对应的压力称为渗透压。如果在盐水侧施加一个和渗透压相等的压力，即可阻止渗透作用，如果这个压力超过渗透压时，水的流向就会逆转，盐水侧的水将流入纯水侧，这种现象称为反渗透。利用反渗透净化水的方法称为反渗透除盐法，在利用反渗透原理净化含盐水时，必须对浓缩水一侧施加较大的压力，才能完成水质除盐的工作。

4-32 简述电渗析（EDI）脱盐的基本原理。

答：电渗析脱盐的基本原理：在电渗析槽中有阴、阳膜各一个，它们将槽分隔成三个室。当接通直流电源时，便会发生阴离子向正极迁移和阳离子向负极迁移的现象。此时由于阴阳离子选择透过性的不同，在各室中会发生不同的变化。中间隔室中的阴离子向正极迁移时遇到的是阴膜，所以它可以穿越而至左边的隔阴膜室中；右边隔室中的阴离子向正极迁移时，由于遇到的是阳膜，因为它不能透过，所以它不会渗入中间隔室中，而仍然保留在右室中。同理，中间隔室中的阳离子会向右通过阳膜迁移出此室，而左室中的阳离子不能迁移至中间的隔室。因此总的结果是，中间室中的阳、阴离子分别向左右两室迁移，从而使该室中的盐分被除去。

第三部分

检修岗位技能知识

第五章 回转机械的拆装、清洗与检查

5-1 设备检修解体前应了解哪些事项及做好哪些准备工作？

答：设备检修解体前应了解设备内部构造、特性、运行状况、存在的问题和解体工艺。检修设备前应准备好专用工具和量具，制订出检修计划，判断设备存在的问题，参照图纸技术资料备好备品配件，最后办理工作票开工手续。

5-2 设备拆卸时应注意哪些事项？

答：设备拆卸时应注意以下事项：

（1）做好各部位间隙与垫的记录，必要时做上记号以避免错误（注意：给零部件做记号时应分门别类；记号做在侧面上，不能做在工作面上）。

（2）拆下的零部件，要放在干燥的木板上，并遮盖防尘和防止磕碰。对细长轴应多点支撑或垂直悬吊起来，以免造成弯曲。易生锈的零部件应涂上一层黄油来防锈。

5-3 什么是温差拆卸法？

答：温差拆卸法是利用金属的热胀冷缩的性能来拆卸零部件的。例如，大型联轴器的加热，使联轴器热胀配合间隙增大，利用拉拔法卸下。

5-4 如何进行机体上盖的拆卸？

答：机体上盖拆卸时应用专用工具揭开，如击卸法、顶丝法、拉拔法等。

5-5 什么是击卸法？有哪些优缺点？

答：击卸法是利用手锤或其他重物敲击，使零件产生松动，卸下零部件的方法。利用击卸法拆卸零部件的优点是就地可以拆卸下零部件；缺点是冲击处易损伤，易损坏零部件。

5-6 利用击卸法拆卸零部件时应注意哪些事项？

答：利用击卸法拆卸零部件时应注意以下事项：

（1）应选用适宜的手锤重量。

（2）必须对受冲击的零部件采取垫有软性物体的方法保护零部件，如木块、紫铜棒等。

（3）在击卸前先弄清零部件配合间的牢固程度和拆卸方向并试击。试击时感觉锤击的声音较为坚实时，应检查有无漏拆件、止退件，纠正后方可再进行击卸。

（4）选择适当的落击点，以防零部件受冲击后变形、精度下降或损坏。

（5）因锈蚀等原因造成击卸困难时，应用煤油浸润锈蚀接合处，待浸蚀一定时间后，再轻轻击打使其松动后再拆卸。

（6）击卸时应注意安全，以防锤头飞出或飞溅物伤人。

5-7　什么是拉拔法？什么是顶压法？

答：拉拔法是利用静力或不大的冲击力来拉拔（三爪拿子、两爪拿子等）进行拆卸的方法。

顶压法是一种利用静力拆卸的方法，一般用于形状简单的静止配合件。

5-8　常用的顶压设备有哪些？

答：常用的顶压设备有千斤顶、油压机、手压机、螺旋 C 型夹头、螺孔顶卸等。

5-9　利用螺孔顶卸零部件时应注意哪些事项？拆卸旋转零部件时应注意哪些事项？

答：为了拆卸方便，许多设备制造设计时就供有拆卸专用的螺孔，拆卸时可将螺栓旋入，利用对角和交叉的顺序，依次逐渐顶起零部件。对薄而大的零部件，应注意变形。顶卸铸铁类脆性材料零部件时，应先进行试顶，各螺栓旋入应均匀，以免发生零部件碎裂、损坏。

拆卸旋转零部件时应尽可能地不破坏原来的平衡条件，不得在拆卸、保存、安装时发生碰撞。

5-10　清洗剂的种类有哪些？分别适用于哪些范围？

答：清洗剂的种类及适用范围如下：

（1）汽油、煤油、轻柴油、乙醇和化学清洗剂等。这类清洗剂适用在单件、中小型零部件和大型部件的局部清洗。

（2）蒸汽或热压缩空气、氢氧化钠与磷酸三钠混合液。这类清洗剂一般用于油污较多的零部件、转动部件的清洗。

5-11 为什么说零部件的清洗工作是设备检修中的一个重要环节？

答：因为清洗工作可以提高零部件装配质量，对延长或保证设备的使用寿命起到很重要的作用，尤其对于滚动轴承和滑动轴承更为重要。如果清洗不彻底，就会导致严重的事故。

5-12 零部件的清洗方法可分为哪几种？各具有什么特点？

答：零部件的清洗方法可分为擦洗、浸洗和吹洗三种。

各自的特点如下：

（1）擦洗的特点有操作简单、容易、方便。

（2）浸洗的特点有操作简单、容易，但清洗时间长，一般得经过多次清洗。

（3）吹洗的特点有操作简单、清洗时间短、效果比较好。

5-13 如何根据清洗零部件不同的精度要求选用清洗工具？

答：根据清洗零部件不同的精度要求，一般选用布或棉纱，但轴承应用毛刷进行清洗。

5-14 用蒸汽或热压缩空气吹洗后的零部件应如何处理？零部件加工面如有锈蚀如何处理？

答：用蒸汽或热压缩空气吹洗后的零部件，应立即除尽水分，并涂上润滑油脂，以防锈蚀。

零部件加工面如有锈蚀，用油无法清洗时，可用棉纱蘸上醋酸擦除，其浓度可按工作需要配制。除锈后应用石灰水中和或用清水洗涤，最后用干布擦净。

5-15 如何清洗油管？清洗时应注意哪些事项？

答：要用工业苯 80％、酒精 20％的混合液清洗油管，洗净后用木塞堵住。

清洗时应注意：使用苯要严格防火，工作人员戴好防护口罩。清洗后的油管不要用铁丝绑布条拉洗。

5-16 对用油清洗后的零部件为什么要进行脱脂？

答：因为有些零部件、设备和管路工作时禁忌油脂，所以需要进行脱脂处理。

5-17 二氯乙烷、三氯乙烷、四氯化碳、95％乙醇脱脂剂适用于什么范围？特点是什么？

答：二氯乙烷脱脂剂适用于金属制件，其特点是有剧毒、易燃、易爆，对黑色金属有腐蚀性。

三氯乙烷脱脂剂适用于金属制品，其特点是有毒，对金属无腐蚀性。

四氯化碳脱脂剂适用于金属和非金属制品，其特点是有毒，对有色金属有腐蚀性。

95％乙醇脱脂剂适用于要求不高的零部件和管路，其特点是易燃、易爆、脱脂性差。

5-18　对于脱脂性能要求不高和容易擦拭的零部件如何检查验收？用蒸汽吹洗后的脱脂件如何检查验收？

答：对于脱脂性能要求不高和容易擦拭的零部件，可用白滤纸或白布擦拭其表面，以白滤纸或白布上看不到油渍为合格。

蒸汽吹洗过的脱脂件，取其冷凝液，放入直径为 1mm 左右的樟脑片，以樟脑片不停地转动为合格。

5-19　为什么要对零部件进行检查？检查的项目有哪些？检查的方法有哪些？

答：为了对所检修设备的零部件做全面细致地了解，对零部件的磨损或损坏做到心中有数，以免不合格的零部件再装到设备上，不能让不必修理或不应报废的零部件进行报废或修理，以免造成设备隐患，或造成不必要的人力和物力的浪费，因此必须对零部件进行检查。

对零部件检查的项目有零部件的尺寸、形状、表面状况、接合强度、内部缺陷及零部件的动、静平衡，配合情况等。

检查方法：①凭感觉检查；②用机械仪器检查。

5-20　凭感觉检查零部件的必须是哪些人？有几种检查方法？

答：凭感觉检查零部件的必须是有丰富经验的检修人员，检查方法有以下三种：

（1）目测法鉴定。一般用于零部件外表的损坏。

（2）声音法鉴定。用小锤轻轻敲击零部件，从发出的声音来判断内部有无缺陷。

（3）凭感觉鉴定法。一般零部件间隙凭鉴定者手动、触摸的感觉来鉴定。

5-21　一般用机械仪器检查零部件有哪些内容？

答：用机械仪器检查零部件有以下内容：

（1）用各种量具来测量零部件的尺寸、形状和相互位置。

（2）用各种仪器来测定零部件平衡性与内部存在的缺陷。

第六章　摩擦、磨损与润滑

6-1　零部件损坏的原因主要有哪些？

答：零部件损坏的原因主要是摩擦、磨损、疲劳、变形、腐蚀等。

6-2　造成零部件磨损的主要原因是什么？

答：造成零部件磨损的主要原因是机器零部件在长期工作过程中，由于摩擦而引起零部件表面材料损坏，另外还有冲击负荷、高温氧化、腐蚀等。

6-3　零部件的磨损可分为几种？

答：根据时间长短，零部件磨损可分为自然磨损和事故磨损两种。

6-4　什么是事故磨损？造成事故磨损的原因有哪些？其特点是什么？

答：机器零部件在不正常的工作条件下，短时间内产生的磨损，称为事故磨损。

造成事故磨损的原因有机器构造的缺陷、零件材料低劣、制造和加工不良、部件或机器安装配合不正确、违反操作规程和润滑规程、修理不及时或修理质量不高等。

事故磨损的特点是磨损量在短时间内不均匀地、迅速地产生，并引起设备工作能力过早地降低。

6-5　摩擦的本质取决于什么？种类有几种？分别是什么？

答：摩擦的本质取决于分子因素和机械因素。

摩擦的种类有五种，分别是干摩擦、界限摩擦、液体摩擦、半干摩擦和半液体摩擦。

6-6　什么是干摩擦、界限摩擦、液体摩擦、半干摩擦和半液体摩擦？

答：在两个滑动摩擦表面之间，不加润滑剂，使两表面直接接触发生的摩擦称为干摩擦。

由于润滑剂不足，在两个滑动摩擦表面之间无法建立液体摩擦，摩擦表面上只保持一层极薄（$0.1 \sim 0.2 \mu m$）的油膜，这种油膜润滑状态下的摩擦是液体摩擦过渡到干摩擦的最后界限，所以称为界限（临界或边界）摩擦。

两个滑动摩擦表面由于充满润滑剂而隔开，表面不发生直接接触，摩擦发生在润滑剂内部，这种摩擦称为液体摩擦。

处于干摩擦和界限摩擦间的摩擦称为半干摩擦。

处于液体摩擦和界限摩擦间的摩擦称为半液体摩擦。半干摩擦和半液体摩擦都是混合摩擦。

6-7 一般零部件修复的工艺方法有哪些？

答：一般零部件修复的工艺方法有焊、接、喷、粘、镀、铆、配、校、镶、改等工艺方法。

6-8 润滑剂有几种？

答：润滑剂有液体、半固体和固体三种，通常分别称为润滑油、润滑脂和固体润滑剂。

6-9 润滑油的主要功能是什么？润滑油的选择原则有哪些？

答：润滑油的主要功能是减磨、冷却和防腐。

润滑油的选择原则如下：

（1）在保证机器摩擦零部件安全运转的情况下，为了减少能量的损耗，优先选择黏度小的润滑油。

（2）对于高转速、轻负荷工作的摩擦零部件，选黏度小的润滑油；对于低转速、重负荷运转的零部件，应选黏度大的润滑剂。

（3）对于冬天运转的机器应选择黏度小、凝固点低的润滑油；对于夏季工作的转动零部件应选黏度大的润滑油。

（4）受冲击负荷和作往复运行的摩擦表面，应选用黏度大的润滑剂。

（5）对工作温度较高、磨损较严重和加工比较粗糙的摩擦表面，应选用黏度大的润滑剂。

（6）对在高温下工作的机器应选用闪点高的润滑剂。

（7）当没有合适的专用润滑油时，应选择黏度相近的代用油或混合油（配制）。

6-10 什么是润滑脂？其优缺点有哪些？主要功能有哪些？

答：半固体的润滑剂称为润滑脂或干油，它主要由矿物油与稠化剂混合而成。最常用的稠化剂为钙皂和钠皂。

润滑脂的优点是动摩擦系数小，在机器运转或停车时不泄漏。

润滑脂的缺点是静摩擦系数较大，会增加机器启动的困难。

润滑脂的主要功能是防腐、防磨与密封。

6-11　固体润滑剂有何特征？

答：固体润滑剂的特征如下：

（1）对摩擦表面黏着力强。

（2）具有各向异性的晶体强度性质，抗压强度大、抗剪强度小。

（3）若为非各向异性的晶体，则要求其抗剪强度低于摩擦材料的抗剪强度。

（4）任何环境条件的变化不会引起其特征有根本性的变化。

6-12　二硫化钼润滑剂有哪些优越性？配比量一般为多少？分别适用于哪些设备？

答：二硫化钼有良好的润滑性、附着性、耐湿性、抗压减磨性及抗腐蚀性等优点。对于在高速、高负荷、高温、低温及有化学腐蚀性等条件下工作的设备，均有优异的润滑效果。

二硫化钼润滑脂配比量一般为润滑脂添加 $3\%\sim5\%$ 的二硫化钼粉剂而成。添加 3% 适用于轻负荷设备；添加 5% 适用于重负荷设备。

6-13　什么是动压润滑？什么是静压润滑？

答：动压润滑是轴承和轴颈之间具有一定的间隙，利用油的黏性和轴颈的高速旋转，把润滑油带进轴承的楔形空间建立起压力油膜，使轴颈与轴承被油膜隔开。

静压润滑是利用外界的油压系统供给一定压力的润滑油而形成的，这时轴承完全处于液体摩擦状态。

6-14　形成液体动压润滑的条件是什么？

答：形成液体动压润滑的条件如下：

（1）轴颈与轴承有一定的间隙。

（2）轴颈有足够的回转速度。

（3）轴颈和轴承应有精确的几何形状和较低的表面粗糙度。

（4）多支撑的轴承应保持同轴性。

第七章 滚动轴承的检修

7-1 滚动轴承的构造是怎样的？有哪些优缺点？

答：滚动轴承的构造由内圈、外圈、隔离架、滚动体组成。

优点：轴承间隙小，能保证轴的对中性，维护方便，试探力小，并且尺寸小。

缺点：调整噪声大，耐冲击能力差。

7-2 决定滚动轴承内外圈与轴及轴承室配合松紧程度的原则是什么？

答：决定滚动轴承内外圈与轴及轴承室配合松紧程度的原则是转动部分紧配合，静止部分松配合。这里所说的松、紧配合是按过盈量大小来区分的，紧的就大，松的就小。

7-3 轴承是用来支撑什么的？按照支撑表面摩擦性质的不同，轴承可分为几类？分别是什么？

答：轴承是用来支撑轴的。按照支撑表面的摩擦，轴承可分为两类，分别是滑动轴承和滚动轴承。

7-4 轴承的基本尺寸精度和旋转精度分为几个等级？用什么表示？如何排列？

答：轴承的基本尺寸精度和旋转精度分为 4 个等级，用汉语音字母 G、E、D、C 表示，排列是从 G 到 C 精度依次增加，即 G 级最低、C 级最高。

7-5 滚动轴承由几部分组成？其间隙可分为几组？分别代表什么？

答：滚动轴承由四部分组成，分别是内圈、外圈、滚动体和保持架。其间隙可分为基本组和辅助组两组。基本组的代号一般以"零"表示，可省略不写；辅助组的代号以数字 1～9 表示，代号数字越大，径向间隙就越大。

7-6 滚动轴承的优缺点如何？

答：滚动轴承的优点是摩擦小、效率高、轴向尺寸小、拆装方便、耗油量小。

滚动轴承的缺点是耐冲击性效果差、转动时噪声较大、制造技术要求较高和应用价格较高的材料。

7-7　滚动轴承按滚动体的形状主要可分为哪几类？

答：滚动轴承按滚动体的形状主要可分为球轴承、滚子轴承和滚针轴承等。

7-8　为什么要对滚动轴承润滑？

答：对滚动轴承的润滑是为了达到减少摩擦和减轻磨损，防止锈蚀，加强散热，吸收振动和减少噪声等目的。

7-9　滚动轴承常见的密封装置可分为几类？其作用是什么？

答：滚动轴承常见的密封装置可分为接触式密封装置和非接触式密封装置两大类。滚动轴承密封的作用是防止灰尘、水分等进入轴承，并阻止润滑剂外漏。

7-10　一般滚动轴承的接触式密封有哪几种形式？各适合什么工作环境？

答：一般滚动轴承的接触式密封有毡圈密封和皮碗式密封两种形式。毡圈密封一般工作温度不超过 90℃，密封处转速不超过 $4\sim5\text{m/s}$。皮碗式密封一般工作温度为 $40\sim100℃$，密封处圆周转速不超过 7m/s。

7-11　滚动轴承非接触式密封包括哪些类型？

答：滚动轴承非接触式密封包括间隙式密封、迷宫式密封、垫圈式密封三种类型。

7-12　拆卸滚动轴承的方法有哪些？

答：拆卸滚动轴承的方法有敲击法、拉出法、压出法和加热法。

7-13　拆卸滚动轴承时应注意哪些事项？

答：拆卸滚动轴承时应注意以下事项：

（1）采用冲子手锤法时，冲子（应用软金属制成，如铜冲子）与轴承的接触端面需做成平面或圆形。拆卸时应对称敲击，禁止用力过猛、死敲硬打。

（2）采用套筒法时，套筒大小要选择合适，手锤对套筒锤击时用力要轻捷，并不断变化锤击位置，施力要均匀，不得歪斜，防止轴承卡死不动。

（3）采用拉轴承器时，顶杆中心线应与轴的中心线保持一条直线，不得歪斜。安装拉轴承器时要小心稳妥，初拉时动作平稳均匀，不得过快、过猛，在拉出过程中不应产生顿跳现象。

（4）要防止拉轴承器的拉爪在工作过程中滑脱，拉爪位置应正确，同时要注意不要碰伤轴上的螺纹、键槽或轴肩等。

（5）采用加热法时，先将轴承两侧的轴颈用棉布包好，尽量不使其受热。拆卸时，应将拉轴承器顶杆先旋紧，然后将热机油浇在轴承的内套上。当轴承被加热膨胀时，停止浇油，迅速旋轴螺杆即可把轴承拆下。注意动作要快，防止浇油过多或时间长使轴膨胀，反而增加拆卸的困难。加热时机油温度应为 80～100℃，不得超过 100℃。

7-14　不同结构形式的滚动轴承在装配后质量标准一样吗？为什么？

答：不一样。滚动轴承装配后，根据其结构形式的不同，质量标准也有所不同，具体情况如下：

（1）轴承装到轴上后，要用对光法或塞尺法检查轴肩与内圈端面是否有间隙。沿整个轴的圆周不应透光，用 0.03mm 的塞尺不能插入内圈端面与轴肩之间。

（2）安装推力轴承，必须检查紧圈的垂直度和活圈与轴的间隙。

（3）轴承装配后，应检查其转动是否灵活、均匀，响声是否正常。

（4）轴承安装后，应测量其轴承压盖与轴承外圈端面之间的轴向间隙是否符合要求。

（5）在装配分离型向心推力轴承及圆锥滚子轴承时，应按技术要求调整外圈端面与轴承压盖之间的轴向间隙。

（6）对开式轴承体要求轴承外圈与轴承压盖的接触角在正中对齐，且在中心角 80°～120°内；外圈与轴承座的接触角应在正对称 120°以上，轴承压盖与轴承座的接触面之间不应有间隙。

7-15　采用敲击法、拉出法、加热法拆卸轴承时应注意哪些事项？

答：采用敲击法拆卸轴承时，应对称敲击，禁止用力过猛、死敲硬打，敲击要准确。

采用拉出法拆卸轴承时，应注意拉伸顶杆与轴保持同心，不得歪斜。初拉时要平稳均匀，不得过快、过猛。

采用加热法拆卸轴承时，先将轴承两侧轴用石棉布包好，防止轴受热，再将轴承拉伸器安装好并拉上力，然后将机油加热至 80～100℃，向轴承内圈浇油。内圈加热膨胀后，迅速旋转螺杆将轴承拉出。

7-16　使用拉轴承器（拉马）拆轴承时应注意些什么？

答：（1）拉出轴承时，要保持拉轴承器上的丝杆与轴的中心一致。

（2）拉出轴承时，不要碰伤轴的螺纹、轴颈、轴肩等。

（3）安装拉轴承器时，顶头要放铜球，初拉时动作要缓慢，不要过急、过猛，在拉拨过程中不应产生顿跳现象。

（4）拉轴承器的拉爪位置要正确，拉爪应平直地拉住内圈。为防止拉爪脱落，可用金属丝将拉杆绑在一起。

（5）各拉杆间距离及拉杆长度应相等，否则易产生偏斜和受力不均。

7-17 滚动轴承的外观不得有哪些缺陷？安装前必须符合什么规定？为什么不允许把轴承当作量规去测量轴和外壳的精度？

答：滚动轴承的内外圈、滚动体和保持架不得有裂纹、麻坑、脱层、碰伤、毛刺、锈蚀等缺陷。

安装轴承前必须使尺寸符合规定。

如果把轴承当作量规去测量轴和外壳的精度，不但不能正确测定加工精度，而且会使轴承损坏。

7-18 滚动轴承的游隙有几种？分别是什么？

答：滚动轴承的游隙有三种，分别是原始游隙、装配游隙和工作游隙。

7-19 什么是轴承的原始游隙、装配游隙、工作游隙？三者有何关系？

答：轴承的原始游隙就是未安装前自由状态下的游隙。

轴承的装配游隙就是轴承安装后的游隙。

轴承的工作游隙就是在规定负荷温度下的游隙。

三者的关系是：原始游隙大于安装游隙，工作游隙大于安装游隙。

7-20 怎样检查滚动轴承旋转的灵活性？

答：开始时用手转动轴承，使轴承旋转，然后逐渐自行减速趋于停止。滚珠在滚道上滚动时，应有轻微的响声但没有振动并转动平稳，停止时逐渐减速，停止后没有倒退现象。如果轴承不良，转动时会发出杂音和振动；停止时，将会像急刹车一样突然停止，严重时还有倒退的座力使滚珠向相反方向转动。

7-21 滚动轴承为什么在安装前要进行原始径向间隙的检查？

答：因为只有符合设备的要求才能达到下列要求：

（1）作用在轴承上的负荷合理地分布于滚体之间。

（2）限制轴承体、轴的轴向和径向移动，移动的距离在轴承游隙的规定范围之内。

（3）减少轴承在工作时的振动。

（4）减少工作中轴承发出的噪声。

（5）避免轴热咬住轴承并避免轴承发热。

7-22 常用来检查轴承径向间隙的方法有哪些？

答：常用来检查轴承径向间隙的方法有两种：一种是压铅丝法，另一种是利用百分表法。

7-23 怎样利用压铅丝法测量轴承的径向间隙？

答：利用极细的铅丝穿过轴承，转动内圈，使滚动体压过铅丝，然后取出压扁的铅丝，用外径千分尺测量其厚度，所测得的数值就是滚动轴承的径向间隙。

7-24 滚动轴承的装配方法有几种？分别是什么？

答：滚动轴承的装配方法有两种：一种是冷装法，另一种是热装法。冷装法又可分为铜棒法、压入法和套筒手锤法三种。热装法是利用加热容器、机油和隔离网来加热轴承后进行装配，注意加热时油温不得超过 100℃。

7-25 采用冷装法安装轴承有哪些优缺点？

答：采用冷装法安装轴承的优点是方便、简单；缺点是易损坏公盈配合，安装轴承时容易使杂质掉入轴承中，易损坏轴承，且费力、不安全。

7-26 轴承的热装法有哪些优缺点？如何利用热装法安装轴承？

答：轴承热装法的优点是不损坏过盈配合，不容易使杂质掉入轴承中，省力并且装得快。缺点是轴承不能立即安装到轴上，必须等自然冷却后才可安装；加热时必须有人职守，防止油温过高。

热装法是利用加热容器、机油和隔离网来加热轴承的，其过程是将机油倒入加热容器中，放入隔离网（以防止轴承直接受热），轴承放入容器中加热，轴承加热后取出，利用干净的棉布擦去表面油渍和附着物后，立即套入轴颈并安装到位。注意加热时油温不得超过 100℃。

7-27 安装轴承时要求轴承无型号的一面永远靠着什么？

答：安装轴承时要求轴承无型号的一面永远靠着轴肩。

7-28 怎样检查滚动轴承的好坏？

答：（1）滚动体及滚动道表面不能有斑、孔、凹痕、剥落、脱皮等缺陷。

（2）转动灵活。

（3）隔离架与内外圈应有一定间隙。

（4）游隙合适。

7-29 滚动轴承能正常和持久地使用主要取决于什么？否则会造成什么后果？

答：滚动轴承能正常和持久地使用，除轴承本身外，主要取决于正确的检修工艺与维护保养，否则会造成轴承过早地损坏。

7-30 装配推力球轴承组件时应注意哪些事项？

答：装配推力球轴承组件时应注意：推力球轴承两个环的内孔尺寸不同，孔径较小的为动环，它与主轴组成静配合并一起转动；孔径较大的是静环，装配时，其端面压紧在轴承座孔的端面上，工作时不转动，可减少端面间的摩擦力。所以，装配推力球轴承时，两环的方向不许装反，否则将失去推力球轴承的作用。

7-31 轴承安装在轴上后应检查哪些事项？

答：轴承安装在轴上后，应检查轴承无型号的一面是否靠着轴肩，轴承滚动体组件内不得有污物，轴承应与轴的中心呈垂直状态，轴承内圈与轴肩是否靠紧，轴承的转动是否灵活，轴承有无损伤等，并测定轴承安装后的游隙是否正常。

7-32 用什么方法检查轴肩与轴承内圈是否有间隙？如何检查？

答：用对光法和塞尺法检查轴肩与轴承内圈是否有间隙。

用对光法检查（将光源置放于轴后）轴肩与轴承内圈时，其间隙不得出现与内圈之间整个圆周有透光现象。

用塞尺（0.03mm）应不能插入轴承内圈与轴肩之间，否则说明轴承安装不到位。若安装不到位，应拆下轴承，重新调整轴肩圆角半径。

7-33 一般滚动轴承外圈与轴承室的紧力不大于多少毫米？若紧力过小或间隙很大会发生什么情况？

答：一般滚动轴承外圈与轴承室的紧力不大于 0.02mm。若紧力过小或间隙很大，会造成轴承外圈转动而产生磨损以及剧烈振动。

7-34 当轴承内圈与轴颈配合较紧，轴承外圈与轴承座配合较松时，轴承应如何安装？

答：当轴承内圈与轴颈配合较紧，轴承外圈与轴承座配合较松时，应先把轴承安装在轴上，然后再将轴连同轴承一起装入轴承座孔中。

7-35 当轴承内圈与轴颈配合较松，轴承外圈与轴承座配合较紧时，轴承应如何安装？

答：当轴承内圈与轴颈配合较松，轴承外圈与轴承座配合较紧时，应将轴承先装入轴承座孔中，再把轴装入轴承内圈，此时受力点是轴承外圈。

7-36 检查可调整轴承轴向间隙的方法有哪些？

答：检查可调整轴承轴向间隙的方法为用千分表或塞尺来测量。

7-37 在安装可以调整的轴承时，调整轴向间隙的时间应在哪道安装工序进行？其调整的方法有哪些？

答：在安装可以调整的轴承（如圆锥滚子轴承与推力轴承）时，调整轴向间隙的时间是安装的最后一道工序。

可调整的轴承轴向间隙调整的方法是在箱体上加垫片、旋拧轴上螺母等方法。

7-38 为什么说滚动轴承的轴向间隙调整好了，径向间隙自然就调整好了？

答：因为滚动轴承的轴向间隙与径向间隙存在着正比关系，所以调整时，只调整好轴向间隙，径向间隙自然就调整好了。

7-39 如何调整径向推力滚珠轴承的轴向间隙？

答：这种滚珠轴承间隙的调整是采用在端盖与轴承座之间加垫片的方法来达到的。

具体方法：先将端盖拆下，去掉原有的密封垫片，重新把端盖拧紧，直到轴盘转动略感困难不灵活为止（此时轴承内已无间隙）。这时用塞尺测量端盖与轴承座之间的间隙（设为 a），将此间隙加上此种轴承应具有的轴向间隙（设为 s），端盖底下要垫的金属垫片厚度就是 $a+s$。

7-40 如何调整径向推力滚柱轴承的轴向间隙？

答：先将轴推向一端，使两个轴承的间隙集中于一个轴承内，用塞尺测得滚动体与外圈间的间隙值后，经过计算求得轴向间隙，最后通过增减轴承端盖垫处的厚度来调整。

7-41 采用什么方法测量推力球轴承的轴向间隙？

答：测推力球轴承轴向间隙的方法是采用塞尺测量滚动体与紧定套间的轴向间隙得到的，测得的数值经计算必须符合轴承的间隙。

第八章　常用联轴器的装配与找中心

8-1　什么是联轴器？

答：联轴器就是将主动轴和从动轴连接在一起的部件。联轴器俗称对轮或靠背轮。

8-2　联轴器的作用是什么？它还可用作什么装置？

答：联轴器的作用是将主动轴的动力传递给从动轴，也就是起传递扭矩的作用。它还可以用作安全装置。

8-3　联轴器有哪些种类？

答：联轴器有联轴节和离合器两大类。

8-4　联轴节可分为哪两类？其用途是什么？

答：联轴节可分为固定式和移动式两种，主要用来把两轴端牢固地连接在一起。

8-5　离合器可分为哪几种类型？它的作用是什么？

答：离合器可分为齿式离合器和摩擦式离合器两种类型。它的作用是保证两轴或零件之间在工作时能够脱开和连接。

8-6　常用的联轴器可分为哪几种类型？

答：常用的联轴器可分为刚性联轴器、弹性联轴器和活动联轴器三种。

8-7　刚性联轴器对连接有什么要求？

答：刚性联轴器对连接两轴的同心度要求较高，否则机器在运行时将会产生振动。

8-8　弹性联轴器对连接有什么要求？

答：采用弹性（皮垫式）联轴器连接时允许两轴有一定规定范围内的不同心度，其特点是减轻结构在传动中所发生的冲击和振动。

8-9　活动联轴器一般用在什么设备上？

答：活动联轴器一般用在较大轴径以及扭矩大的设备上。

8-10　联轴器找正时容易出现哪四种偏移情况？

答：联轴器找正时容易出现的四种偏移如下：

（1）两联轴器处于互相平行并同心，这时轴的中心线在一条直线上。

（2）两联轴器虽处于各种位置平行，但不同心，两轴中心线平行。

（3）两联轴器各种位置均同心，但不平行，两轴中心线相交。

（4）两联轴器既不平行也不同心，两轴中心线相交。

8-11　联轴器找正时，必须在什么条件下进行？

答：联轴器找正时，必须在对轮与轴装配垂直的条件下进行。

8-12　联轴器找正时，按所用工具的不同，可分为哪三种？分别适用于什么设备上？

答：联轴器找正时，按所用工具的不同，可分为以下三种：

（1）利用直角尺（或平尺）、楔形间隙规、平面规的找正方法。它适用于中小型水泵。

（2）利用塞尺和中心卡（专用工具）的找正法。它适用于一般大、中型水泵。

（3）利用千分表找正方法。它适用于同心度高的转动设备。

8-13　安装弹性联轴器的螺栓销时应注意哪些事项？

答：当螺栓销与眼孔内壁接触不良，或螺栓销与孔内没有径向间隙时，必须用锉刀将减振套修理到合适的间隙，必须注意螺母垫圈不能限制减振圈的弹性作用，否则会引起机构运行的不平稳，或造成联轴器的过早损坏。

8-14　什么是一点法找正？一般利用什么进行测量？

答：一点法找正是指在测量一个位置上的径向间隙时，同时又测量其轴向间隙。一点法一般是利用中心卡及塞尺（或百分表）进行测量联轴器的同心度和平行度的。

8-15　联轴器的找正是通过什么方法使得联轴器既平行又同心的？

答：联轴器的找正是通过调整主动机支脚垫片的厚薄和主动机的左右移动的方法，使得联轴器既平行又同心的。

8-16　联轴器找正时对垫片有哪些要求？

答：联轴器找正时对垫片的要求：垫片必须平整光滑；垫片宽度应与支

脚宽度一致；垫片的长度，应当是支脚宽度的 1.5 倍左右；支脚下垫片层数不得超过 3 片。所垫垫片为 3 层时，厚的放在底层，稍厚的放在上层，薄的放在中间。

8-17 什么是联轴器的初步找正？为什么要进行初步找正？

答： 找正开始时，先用直尺放在两联轴器相对位置，找出偏差方向先粗略地调整，使两联轴器的中心接近对准、两联轴器端面接近平行，即为初步找正也称粗找。对联轴器进行初步找正是为联轴器精确找正奠定基础。

8-18 联轴器与轴的装配应符合什么要求？

答： 联轴器与轴的装配应符合如下要求：

（1）装配前，应分别测量轴端外径及联轴器的内径，对有锥度的轴头，应测量其锥度并涂色检查配合程度和接触情况。

（2）组装时，应注意厂家的铅印标记，宜采用紧压法或热装法，禁止用大锤直接敲击联轴器。

（3）大型或高速转子的联轴器在装配后的径向晃度和端面的瓢偏值都应小于 0.06mm。

8-19 拆卸转机联轴器对轮螺栓应注意些什么？

答： 拆卸转机联轴器对轮螺栓应注意：拆前应检查并确认电动机已切断电源。拆前在对轮上做好装配标记，以便在装配螺栓时螺栓孔不错乱，保证装配质量。拆下的螺栓和螺母应装配在一起，以保护好螺纹不受损伤。

第九章　旋转部件的找平衡

9-1　什么是找平衡?

答：调整零件或部件上重心与旋转中心线相重合，就是消除零件或部件上的不平衡力的过程，这个过程称为找平衡。

9-2　旋转部件的不平衡形式有几种?

答：旋转部件的不平衡有静不平衡和动不平衡两种。

9-3　什么是静不平衡? 它多发生在什么机件上?

答：当零件或部件旋转时，只产生一个离心力，这种不平衡力称为静不平衡，它多发生在直径大而长度较短的旋转机件上。

9-4　为什么要对旋转部件做静平衡试验?

答：对旋转部件做静平衡试验，是为了找出旋转部件不平衡质点的位置，然后设法消除不平衡的质点的作用。

9-5　怎样找转子的静平衡?

答：找转子静平衡的方法：将被调整的旋转部件装在平衡心轴上，然后放在水平的平行导轨上来回滚动。当旋转部件自动停止后，重心就位于通过心轴的重心正下方，然后在下方减重或增重，直至旋转部件在平衡轨上任何地方停止为止。

9-6　怎样进行转子静不平衡的调整工作?

答：转子静不平衡的调整工作通常分两步进行：

第一步：找明显的不平衡。把转子放在平衡架上后，轻轻推动使转子向一侧滚动。当转子静止后，在转子的下方画"＋"号，上方画"－"号。再重新推动转子转动，转子静止后，"＋"号仍处于下方，"－"号仍处于上方，这就说明转子下面比上面重。这时，用临时配重物（如腻子或胶泥）作为试加质量，粘贴在转子轻的一边。如此重复操作，直到转子每次滚动后，转子能够在任意位置上停止为止。最后把粘贴在转子上的配重物取下称出质量后，在转子重的一边取掉与配重物相同的质量。（注意：取质量时，不得破坏配合面，应在无配合的工作面取其质量，再作配重时应注意提取量的位置。）

第二步：找剩余的不平衡。将转子圆周分成 6 等份或 8 等份，并记上等份号码。然后依次将两个相等份位置水平地放在平衡架上（如 1-4、2-5、3-6 等），在转子的边缘上逐次安上 5g 均重物，直至转子转动为止。如此把每个等份位置都进行同样的试验，并把转子不平衡的每个位置的质量记录下来，按下列公式计算，就可求出剩余的不平衡质量。计算公式为

$$Q = (G_{max} - G_{min})/2$$

式中　Q——转子的剩余不平衡质量，g；

　　　G_{max}——破坏转子平衡重物的最大质量 g；

　　　G_{min}——破坏转子平衡重物的最小质量，g。

找出剩余不平衡质量后，应将它固定在破坏转子不平衡最大质量的位置上，因为此位置是转子最轻的地方。

9-7　为什么说找静平衡时，并不是所有的转子都需要找剩余不平衡质量的？

答：因小型且低速的转子转动时，剩余不平衡质量所产生的合心力的大小不超过转子本身质量的 $10\% \sim 40\%$，所以允许不找剩余不平衡质量。若超过这个数值，就应当消除剩余不平衡质量。

第十章 离心式水泵的安装与检修

10-1 我国离心式水泵的型号是根据什么来编制的？分别表示什么？

答： 我国离心式水泵的型号是根据汉语拼音字母的字首来编制组成的。第一组表示泵的吸入口径；第二组表示泵的基本结构、特征、用途及材料等；第三组表示泵的扬程代号。

10-2 常用离心式水泵的型号有几种？分别表示什么形式的水泵？

答： 常用离心式水泵的型号有十七种，见表 10-1。

表 10-1 泵 的 形 式

型 号	泵 的 形 式	型 号	泵 的 形 式
B	单级悬臂式离心水泵（K）	N	冷凝水泵（DN、SN）
BA	单级单吸式离心水泵	PH	离心式灰渣泵（PHA、PHC）
BL	单级单吸悬臂直联离心水泵	PW	离心式污水泵（PWA、Hφ）
S	单级双吸离心水泵（SH）	F	耐腐蚀泵（KH3、RH3、MOR）
D	分段式多级离心水泵（DA、DKS）	Fy	液下离心式耐腐蚀泵
DK	中开式多级离心水泵	Fs	塑料、玻璃钢耐腐蚀泵
DG	多级锅炉给水泵	Z	自吸离心水泵
J	离心式深井泵（SD、ATH）	Y	离心式油泵（DJ、HK）
JQ	深井潜水泵		

注 括号中为老型号。

10-3 离心式水泵的泵体与泵盖的作用是什么？

答： 离心式水泵的泵体与泵盖的作用是，用来收集从叶轮中甩出的液体，并将其引向扩散管至泵的出口。

10-4 离心式水泵的叶轮起什么作用？

答： 离心式水泵的叶轮是起传递和转换能量的作用，通过它把电动机传给泵轴的机械能转化为液体的压力和动能。

10-5 离心式水泵的轴和轴套起什么作用？

答：离心式水泵轴的作用是借助联轴器与电动机连接，将电动机的转矩传给叶轮。轴的材料一般用 45 号碳钢制成，轴的弯曲度一般不超过 0.05mm。轴套的作用是用来保护轴不被磨损和腐蚀并用来固定叶轮的装置，一般用铸铁材料制成，轴套与填料接触处磨损深度不超过 2mm。

10-6 离心式水泵的轴封装置起什么作用？轴封装置主要分为哪三种？

答：离心式水泵的轴封装置起防止被轴送液体流向泵外与外界空气进入泵内的作用。离心式水泵的轴封装置主要有填料密封装置、机械密封装置和浮动环密封装置三种。

10-7 离心式水泵卡圈（或密封环）起什么作用？

答：离心式水泵卡圈（或称密封环）装在叶轮两侧，是用来防止叶轮出口的高压水向吸入侧回流，其轴向间隙为 0.05～1.5mm，径向间隙为 0.10～0.30mm。

10-8 机械密封由哪几部分组成？

答：机械密封由动环、静环、弹簧、动环密封圈、静环密封圈和传动座等组成。

10-9 机械密封是依靠什么来起到密封作用的？

答：机械密封是依靠静环、动环（在弹簧弹力作用下）的端面严密接触，防止密封介质从动、静环的密封摩擦面泄漏而起到密封作用的。其中，动环密封圈与轴（或轴套）严密接触，防止介质从动环与轴之间的间隙泄漏；静环密封圈是防止介质由静环与密封端面之间的间隙泄漏。

10-10 反映离心式水泵性能的指标有哪些？

答：反映离心式水泵性能指标包括流量、扬程、转速、功率、效率、比转数、性能曲线和泵的能量损失等物理量。

10-11 什么是离心式水泵的比转数？

答：在设计制造离心式水泵时，为了将具有各种流量、扬程的泵进行比较，将一台泵的设计参数和实际尺寸几何相似地缩小为标准泵，此标准泵应该满足流量为 $0.075m^3/s$、扬程为 10m。此时，标准泵的转数就是实际离心式水泵的比转数。比转数是从相似理论中引出来的一个数值，是离心式水泵的综合性参数。

10-12 什么是离心式水泵的扬程？

答：离心式水泵的扬程是指单位质量液体流过泵时所获得的能量，单位一般用米表示。

10-13 什么是离心式水泵的轴功率？

答：离心式水泵的轴功率是指泵的叶轮从原动机获得的功率，即泵铭牌上的功率。

10-14 什么是离心式水泵的有效功率？

答：离心式水泵的有效功率是指每秒钟泵对液体所作的净功。

10-15 什么是离心式水泵的原动机功率？

答：离心式水泵的原动机功率是指泵配套电动机的功率。为防止电动机因泵的工况变化而超负荷，一般取电动机的功率为轴功率的 1.1～1.2 倍。

10-16 什么是离心式水泵的效率？

答：离心式水泵的效率是指泵的有效功率与轴功率之比。

10-17 什么是转子找平衡？

答：转子找平衡就是调整转子零部件的重心使其与旋转的中心线相重合，从而消除零部件上的不平衡力的过程。

10-18 什么是机械密封装置？

答：机械密封装置是一种带有缓冲机构，通过与旋转轴垂直并做相对运动的两个密封端面进行密封的装置。

10-19 什么是水锤现象？

答：由于离心式水泵运行中的某种原因（如关阀门、停泵等），造成水流量在单位时间内动量的急剧变化，使管道内部水流产生一个相应的冲击力，其冲击动量变化越大，产生的冲击力也越大，当该作用在管道或水泵的部件上有如锤击，这种现象称为水锤。

10-20 什么是离心式水泵的汽蚀现象？

答：离心式水泵内反复出现液体的汽化与凝聚过程，引起对流道金属表面的机械剥蚀与氧化腐蚀的破坏现象称为离心式水泵的汽蚀现象。

10-21　什么是基轴制？

答：在同一公称尺寸、同一精度等级的轴与孔配合时，轴的极限尺寸不变，只改变孔的极限尺寸，从而获得各种不同配合，称为基轴制，代号为 d。

10-22　什么是基孔制？

答：在同一公称尺寸的配合中，确定孔的极限尺寸不变，改变轴的极限尺寸，得到各种不同的配合称为基孔制。

10-23　什么是过盈？

答：轴的实际尺寸大于孔的实际尺寸，装配后配合表面无空隙，而且相挤压，称为过盈。

10-24　什么是静配合？

答：孔径的实际尺寸小于轴径的实际尺寸，装配后两者不能相对运动，称为静配合。

10-25　什么是动配合？

答：孔径的实际尺寸大于轴径的实际尺寸，轴与孔之间可做相对运动，称为动配合。

10-26　什么是过渡配合？

答：介于静配合与动配合之间的一种配合，或产生间隙、过盈，但其间隙或过盈都是很小的，称为过渡配合。

10-27　离心式水泵的能量损失有哪些？

答：离心式水泵的能量损失有有限叶片的蜗流损失、泵过流部件的损失、偏离设计点的冲击损失和容积损失。

10-28　离心式水泵的工况调节方式有哪几种？

答：离心式水泵的工况调节方式有四种：节流调节、入口导流器调节、汽蚀调节和变速调节。

10-29　离心式水泵转子为什么要测量晃度？

答：测量离心式水泵转子晃度的目的就是及时检查、发现转子组装中的装配误差积累，从而调整转子部件与轴的不同心情况。

10-30　怎样测量泵轴的晃度？

答：测量方法是把轴的两端架在平稳的 V 形铁上，再把百分表的表杆指向转子中心，然后缓缓地盘动泵轴，记录直径两端 4 或 8 数值；当轴有弯曲时，直径两端的两个读数之差就表明轴的弯曲程度，这个差值就是轴的晃度。一般轴的晃度中间不超过 0.05mm，轴颈不超过 0.02mm。

10-31　为什么要规定离心式水泵的允许吸入真空高度？

答：离心式水泵的允许吸入真空高度是指泵入口处的真空允许数值。泵入口的真空过高时（也就是绝对压力过低时），泵入口的液体就会汽化，产生汽蚀。汽蚀对泵的危害很大，应该避免。

10-32　为什么要对新换的叶轮进行静平衡测量？

答：因为离心水泵转子在高转速下工作时，如果质量不平衡，转动时就会产生一个比较大的离心力，使离心式水泵振动，而转子的平衡是由其上各个部件（包括轴、叶轮、轴套、平衡盘等）的质量平衡来达到的，所以新换的叶轮都要进行静平衡测量。

10-33　为什么要测量平衡盘的瓢偏值？

答：因为平衡盘与平衡环之间易出现张口，导致平衡盘磨损、电动机过负荷，所以凡有平衡盘装置的泵都应进行瓢偏值测量。

10-34　装配离心式水泵填料时的注意事项有哪些？

答：（1）填料规格要合适，性能要与工作液体相适应，尺寸大小要符合要求。

（2）填料的接头要相互差开 90°～180°，填料在填料室内应是一个整环。

（3）水封环的位置应正确。

（4）填料被压紧后，压盖四围的间隙应一致，压盖不要压得过紧，防止烧损填料。

10-35　离心式水泵的转子、叶轮套振摆晃动度的检修质量标准是什么？

答：经测量和修理，离心式水泵的转子、叶轮套振摆晃动度的检修质量标准是不超过 0.05mm。

10-36　离心式水泵轴弯曲度的检修质量标准是什么？

答：经测量和修理，离心式水泵轴弯曲度的检修质量标准是不超过 0.04mm。

10-37　离心式水泵叶轮（直径 300mm 以下）径向偏斜检修质量标准是

什么？

答：经测量和修理，离心式水泵叶轮（直径 300mm 以下）径向偏斜检修质量标准是不超过 0.20mm。

10-38　离心式水泵叶轮与轴采用滑配合、对轴颈公差的检修质量标准是什么？

答：经测量和修理，离心式水泵叶轮与轴采用滑配合、对轴颈公差的检修质量标准是在 0.00～0.017mm 的范围内。

10-39　离心式水泵密封环间隙的检修质量标准是什么？

答：离心式水泵密封环间隙的检修质量标准是以不影响泵正常出力为准，径向不超过 0.10～0.30mm，轴向不超过 0.50～1.50mm。

10-40　离心式水泵密封环装配紧力的检修质量标准是什么？

答：离心式水泵密封环装配紧力的检修质量标准是用压铅丝法测量后，经加垫片涂料调整后在 0.03～0.05mm 的范围内。

10-41　离心式水泵叶轮与泵壳间隙的检修质量标准是什么？

答：离心式水泵叶轮与泵壳间隙的检修质量标准是经测量或修整，径向在 2.0～3.5mm 范围内，无密封环在 0.30～0.50mm 范围内。

10-42　离心式水泵的平衡装置间隙的检修质量标准是什么？

答：离心式水泵的平衡装置间隙的检修质量标准是经测量或调整，其间隙保持在 3～5mm 范围内，窜动在 0.10～0.25mm 范围内。

10-43　离心式水泵盘根挡环与轴间隙的检修质量标准是什么？

答：离心式水泵盘根挡环与轴间隙的检修质量标准是经测量或修削，其间隙应在 0.30～0.50mm 范围内。

10-44　离心式水泵压兰与轴及泵体间隙的检修质量标准是什么？

答：离心式水泵压兰与轴及泵体间隙的检修质量标准是经测量车削后，必须与轴同心，轴间隙为 0.40～0.50mm，泵体间隙为 0.10～0.20mm。

10-45　离心式水泵轴承装上轴的检修质量标准是什么？

答：离心式水泵轴承装上轴的检修质量标准如下：

（1）轴承与轴肩要靠紧，用 0.03mm 塞片塞不进去。

（2）轴承外套与轴承座配合紧力间隙不大于 0.02mm。

（3）轴承装上轴，滚珠在滚道内要有足够配合游隙，否则拆下，按照游隙标准重新装配。

10-46 离心式水泵电动机、联轴器间隙的检修质量标准是什么?

答:用塞尺或目测离心式水泵电动机、联轴器间隙轴向:小型泵为2~4mm;大、中型泵为4~8mm。

10-47 离心式水泵联轴器找正偏差的检修质量标准是什么?

答:离心式水泵联轴器找正偏差的检修质量标准是按照联轴器找中心方法及要求,径向不大于0.05mm,端面不大于0.04mm。

10-48 离心式水泵油环的间隙检修质量标准是什么?

答:离心式水泵油环的间隙检修质量标准是圆环光滑,无卡涩。

10-49 离心式水泵盘根的检修质量标准是什么?

答:离心式水泵盘根的检修质量标准是用尺寸合适的、油浸过的棉线编织的,且有弹性的盘根,添加量在运行中有富余的调整量。

10-50 离心式水泵的压力表管、水封管、排汽管的检修质量标准是什么?

答:离心式水泵的压力表管、水封管、排汽管的检修质量标准是有关的考克、开关灵活,无渗漏。

10-51 离心式水泵检修后验收试运行的质量标准是什么?

答:离心式水泵检修后验收试运行质量标准如下:

(1)试运过程中无摩擦噪声及不正常现象。

(2)泵体、轴承、电动机的振动测试不超过0.05~0.08mm。

(3)轴向窜动不超过2~4mm。

(4)压力表指示:没有不稳现象,达到规定压力。

(5)接合面无泄漏现象,压兰处有间断滴水,盘根不发热。

(6)轴承温度正常,不超过70℃。

(7)电动机温度不超过80℃,升温不超过45℃。

(8)开启泵出口增加负荷时,压力应平稳,电流应无明显跳动。

(9)试运验收台账要记录好,以备参考用。

10-52 离心式水泵试运前应具备哪些条件?

答:离心式水泵试运前应具备以下条件:

(1)清扫检修现场。

（2）对水泵各部外观检查，各连接螺栓应完整无缺并牢固。

（3）排放泵内空气，检查所有接合面有无泄漏介质。

（4）各种表计准确、齐全，接头部分不得泄漏。

（5）联轴器保护罩应完好，电动机接地线良好。

（6）填料松紧恰当，以水间断滴出为宜；用手盘动联轴器转动是否灵活，并凭感觉来判断转动时不应有摩擦。

（7）电动机旋转方向应正确。

（8）轴承室内应有规定高度的油位。

（9）检修人员通知电气人员送电，并通知运行人员准备试运设备。

10-53 一般离心式水泵检修前应做哪些准备工作？

答：一般离心式水泵检修前应准备的工作有以下五点：

（1）了解泵的性能和检修工艺，了解泵的原始状况、检修记录和设备缺陷状况。

（2）准备工具、材料和需要的零部件或备件。

（3）起重工具的准备。

（4）做好检修现场的布置和零部件的堆放地点。

（5）办理工作票。停止设备运行，切断电动机电源，挂工作牌，关闭出入口门并放掉泵内存水。

10-54 简述离心式水泵的检修拆卸顺序。

答：（1）拆下联轴器防护罩。拆联轴器连接螺栓，使水泵与电动机脱离。

（2）拧下放油堵头，放尽旧油，松开轴承压盖。

（3）松开压兰螺母。

（4）卸下水泵外壳接合面上所有的螺母，用顶丝把上下两半充分离开，把上盖抬起来，放到指定的地点，垫以木板等，必须注意不得碰伤接合面。

（5）松动密封环，取出盘根，把转子从泵壳中抬出，放在木架上，必须注意不得碰伤水轮和轴颈。

（6）松开保险垫圈，卸下轴头螺母，用专用工具取下联轴器。

（7）轴承室的拆卸，松开轴承端盖螺栓，取下端盖，取出油环。卸下轴头螺母和套筒，用专用工具取下轴承外壳、滚珠轴承，然后取出油挡内端盖（并做好记号，不能搞错，分别放在两个油盘中）。

（8）取下压兰、水封环、填料挡、密封环。

（9）拆下轴套、正反扣两件（视检修情况决定拆否）。

（10）取下水轮和键（视检修情况决定拆否）。

10-55 简述离心式水泵拆卸和清扫的检查内容。

答：离心式水泵拆卸和清扫的检查内容如下：

（1）根据检修工作票切断电源，关闭泵的出入口门，就可以拆联轴器的安全罩，卸下联轴器的连接螺栓，使电动机与水泵的联轴器断开。

（2）对于不同结构、不同形式的水泵采取不同的拆卸方法拆下外壳、转子、轴套、叶轮、卡环（卡圈、平衡装置、轴向密封装滚珠轴承或滑动轴瓦等）零件和部件。

（3）拆卸零部件时，为防止混淆或装配时的方便，要做出标记，分类存放，小件要存放在油盘里，大件应垫以木板。拧下的螺栓用专用清洗液清洗后，要抹上黑铅粉，并配装好螺母。拆卸使用的工具要符合工艺要求，尽可能避免损伤零部件。

（4）在拆卸、清洗、检查过程中，做好各部件检查和测量的原始记录。

10-56 离心式水泵检修时需要清洗哪些零部件？

答：离心式水泵检修时需要清洗的零部件如下：

（1）把叶轮内外卡圈和轴承等处积存的水垢及铁锈等污物刮去，叶轮槽道内必须用铁丝或特制的能够深入内部的刮洗工具清洗干净后，再用水擦洗。

（2）清洗外壳的两个法兰接合面。

（3）清洗外壳的内外面，检查和清洗水封管。

（4）清洗轴瓦和轴承室，油室要用清洗液先洗一遍，硬质油垢必须刮掉，再用清洗液清洗，油圈和油面计也必须清洗，不得积存油垢。如果是滚珠油承，则应把旧油用清洗液洗掉，再用面粉团把内部微小杂物粘出，重新加入新油。

（5）用油清洗所有的螺栓。

10-57 离心式水泵检修时需要检查的要点是什么？

答：离心式水泵检修时需要检查的要点如下：

（1）水泵外壳有无裂纹和损伤。

（2）叶轮有无裂纹和损伤，是否被腐蚀和磨损（检查破损和裂纹的方法，可用敲击听其声响是否清脆或采用清洗液浸过后涂以粉笔层鉴定）。叶轮在轴上是否松动，轴套是否完整。

（3）卡圈间隙是否适当，是否有磨损或变形需要修理更换的。

（4）轴颈是否光滑无痕迹。

（5）轴瓦有无裂纹和斑点，乌金磨损的程度与瓦胎接合是否良好，轴瓦的间隙和接触角是否适当，最后确定是否修理或更换。

（6）滚珠轴承要检查是否破损，内外环有无裂纹，间隙是否合格，在轴上配合过盈是否很牢固。

10-58　一般离心式水泵外壳检查时应注意哪些事项？

答：一般离心式水泵外壳检查时应注意外壳有无裂纹和损伤，卡圈间隙是否适当，有无磨损或变形而需要修理。

10-59　检查离心式水泵叶轮时应注意哪些事项？

答：离心式水泵叶轮检查时应注意：叶轮有无裂纹和损伤（检查破损和裂纹的方法，可用敲击听其声响是清脆或采用煤油浸过后涂粉笔层鉴定）。叶轮在轴上是否松动，轴套是否完整。

10-60　离心式水泵的转子（轴、轴套和叶轮）应如何装配？

答：离心式水泵的转子（轴、轴套和叶轮）的装配方法如下：

转子（轴、轴套和叶轮）清洗后，除了做外部检查外，在安装前应当测量一下各部分的振摆（晃动度），可用千分表测量。

转子轴套处的振摆标准不超过 0.05mm，叶轮外圆振摆的标准不超过 0.05mm，轴弯曲度不超过 0.04mm。如超过标准，可用车镟的方法进行矫正。

10-61　离心式水泵的卡圈（密封环）应如何装配？

答：离心式水泵的卡圈装在叶轮的两侧，用来防止叶轮出水口的高压水向吸入侧回流。如间隙太大会有多量的高压水流回吸入口而形成不断环，使水泵实际出力降低，多消耗功力；间隙太小，又会产生摩擦，引起振动。所以每一形式的离心式水泵，在设计时都规定了卡圈的间隙标准以不影响正常出力。一般可允许径向间隙为 0.10～0.30mm（要求比较严格），轴向间隙为 0.5～1.5mm（要求不太严格），卡圈的装配紧力为 0.03～0.05mm。

10-62　离心式水泵的平衡装置应如何装配？

答：多段式离心式水泵上大都装有推力平衡盘装置，以平衡运转中产生的轴向推力，如软水泵中的平衡盘随轴旋转，它与水泵本体上的平环之间保持着很小的间隙，标准规定为 0.10～0.25mm，运行中各间隙忽大忽小，自动平衡转子的轴向推力，转子的轴向窜动量为 0.1～0.15mm，所以平衡盘与平衡环在运行中常常直接接触而发生摩擦。如果水中含有泥沙杂物，则易损坏。

在安装和检修平衡装置时，要求平衡盘严格平行而没有偏斜现象，如果平衡环偏斜或凸凹不平，运行中就会使水流通过其间的间隙，大量漏掉，平衡室不能保持平衡转子推力所必需的压力，而轴向推力就使平衡环和平衡盘紧密地摩擦，发高热以致损坏。在检修中发现以上情况时，一定要仔细修刮、研磨或调整。

10-63　离心式水泵轴封装置的作用是什么？应如何装配？

答：离心式水泵轴封装置的作用是防止压力水向外流出，也防止外面的空气吸入，影响水泵的正常工作。轴封装置中起密封作用的是盘根，盘根使用一段时间以后会失去弹性和润滑作用，以致水泵大量漏水，严重时会进入空气，使其不能正常工作。所以盘根除在大小修中需更换外，运行中发现不正常的严重泄漏时，应调整或者更换。

在安装和检修盘根盒时，应使盘根盒上的水封引水管保持畅通，还应注意各部的间隙，盘根挡环与轴套或轴的间隙应为 0.30～0.50mm，间隙过大盘根可能被挤出；盘根压兰的外壁与盘根盒内壁之间的径向间隙应为0.10～0.20mm，间隙过大时压环易压偏。盘根压环的内壁一定要与轴保持同心，其间隙应为 0.4～0.5mm，间隙过小易和轴摩擦发热。

以上所有间隙标准要严格遵守，不符合要求时，必须进行修整或更换。

在填盘根时，选用合适的盘根，剪成正好一圈的长度填入盘根盒内，对口处稍留一些间隙，压紧压兰时间隙会消失，每圈盘根的对口要错开120°～180°。水封环要对准水封水管的孔，在填加盘根时把水封环稍露外一些。在压紧压兰时，盘根压缩，水封环就向里移动，恰好和引水管孔对准。压兰螺栓要两边均匀，压兰不能偏斜，不要压得太紧，太紧了盘根失去弹性而无法调整，并可能发热，因此大检修中应先压得松些，投入运行后再适当地调整为好。

10-64　离心式水泵机械密封安装的技术要求有哪些？

答：离心式水泵机械密封安装的技术要求如下：

（1）检查动、静环密封面，应完好、光洁，无裂纹、损伤，并且应特别注意保持端面清洁，防止损坏加工面。

（2）检查动、静环密封面与轴线应垂直，且动、静环内壁光洁无毛刺。

（3）弹簧外形应无变形、裂纹和锈蚀，弹簧两端面光洁平整，端面必须与轴线垂直。

（4）检查轴或轴套表面应完好、光洁，无磨损、划痕等损伤。

（5）装配动环时，应保证其在轴上灵活移动且有一定浮动性。

（6）装配静环时，应使其缺口对准其压盖上的防转销并具有一定浮动性。

（7）安装时不允许用工具敲击动、静环，保证动、静环的密封面不被划伤。

（8）动环密封圈、静环密封圈、密封垫应完好，无损伤。

（9）组装时各连接螺栓的预紧力应均匀，盘动转子转动灵活，无卡阻现象。

（10）做灌水静压试验无渗漏现象。

10-65　简述离心式水泵的组装找正程序。

答：离心式水泵的组装找正程序如下：

（1）经过清洗和检查修理，更换的零部件准备好后，可依照拆卸的逆顺序组装，装配时吊装零部件要小心，防止碰坏。

（2）更换自制的或新叶轮时要先找平衡，新换的轴（或原来的轴）要检查弯曲度，必须符合标准。

（3）组装时要测量各零部件间的间隙，并做好记录，在检修多级泵时要特别注意各级叶轮的出口必须对准导轮的入口。

（4）组装时要测量轴瓦（或滚珠轴承）的间隙，测量后装上，最后装轴承盖并紧固螺栓。

（5）组装时在水泵外壳的接合面上均匀地涂上一层白铅油或干油，然后放上与接合面形状相似的石棉垫或纸垫再涂以白铅油或干黄油后再装水泵的另一外壳部件，打好稳钉，紧固法兰接合面的螺栓，一般是从两端（水平外壳是从靠近压兰处）开始，逐渐地进入中央。在两侧的对称方向同时拧紧螺栓，各螺栓紧力应均匀一致，用力不可过大，最后由一个人重紧一遍。

接合面的纸垫是选用合适厚度的纸（经过测量，压间隙是确定的），压在泵体接合面上，用小手锤在接合面边缘上轻轻敲打，即可得到相似的纸垫。

（6）把新的盘根填入盘根盒，上好压兰（不要拧的过紧），再装好泵外其他附属零部件。

（7）最后进行连接电动机—水泵的联轴器的找中心工作，找完正后装好联轴器安全防护罩。

10-66　安装离心式水泵前对基础有哪些要求？

答：安装离心式水泵前对基础的要求：基础外形尺寸应比水泵底盘的每个周边大100～150mm；基础外观不得有裂缝、蜂窝、空洞等缺陷；放置垫铁处的基础表面应铲平，其水平误差为 2mm/m，垫铁与基础接触要牢固、均匀，垫铁与基础接触面不得小于 70%。

10-67 安装离心式水泵底盘时对地脚螺栓有哪些要求?

答: 安装离心式水泵底盘时对地脚螺栓的要求：地脚螺栓一般用 Q235A 或 35 号钢制成，螺栓直径应小于水泵底盘螺孔直径 2mm，地脚螺栓长度应符合图纸要求，地脚螺栓与预留孔洞底部和孔壁不得接触，螺栓不得歪斜。浇灌时注意螺栓高度，螺栓与底盘螺孔的孔距应相符。

10-68 安装离心式水泵时对垫铁有哪些要求?

答: 安装离心式水泵时对垫铁的要求：垫垫铁时一般采用斜垫铁并配对使用；每条地脚螺栓旁最少应有一组垫铁，垫铁一组最多不得超过 4 块（不低于 2 块），垫铁搭接长度不少于全长的 3/4（相互偏斜角 α 不大于 30°）；用塞尺（厚度 0.05mm）从两侧塞入垫铁间的间隙，间隙总和不得超过垫铁长度（或宽度）的 1/3。最后垫铁的搭接处应在水泵底盘找平和找正后方可焊接，不得把垫铁和水泵底盘焊接。

10-69 整体离心式水泵底座找平时，其水平度的纵向和横向偏差不得超过多少?

答: 整体离心式水泵底座找平时，其水平度的纵向偏差不得超过 0.05mm/m，横向偏差不得超过 0.1mm/m。

10-70 离心式水泵整体安装后，其主要调整工作是泵体的哪三项工作?

答: 离心式水泵整体安装后，其主要调整工作是泵体的中心线找正、调整水平度和测量标高三项工作。

10-71 简述离心式水泵的安装程序。

答: 离心式水泵的安装程序如下：

（1）底盘的安装。底盘安装是较重要的工序，其安装质量将直接影响机组的振动，所以应按下面的步骤进行安装工作。

1）验收混凝土基础要符合图纸要求。

2）按图纸规定的垫板位置，将基础铲平，使垫板与混凝土接触严密，垫板找平后再将底盘放上去，并进行找正、找平，最后将螺母带上拧紧。

3）底盘至混凝土面的距离（垫板厚）40mm 左右，垫板数不能超过 3 块。

4）底盘安装时需检查底盘与垫铁、垫铁与混凝土间、垫铁与垫铁的接触情况，要求有 75% 的接触面。

5）水泵装好以后进行第二次灌浆时，一定要很好地捣固，不能留有空洞、蜂窝。

（2）水泵就位及找正。电动机、水泵在安装前要经过解体检修，组装好进行安装，在安装时先安装水泵，水泵找正及固定好后，再根据水泵轴中心线来找电动机中心，步骤如下：

1）找正水泵纵向中心线。根据图纸指出的标准，允许误差为±5mm。

2）找正水泵横向中心线。水泵横向中心线以出水管中心线为标准，也是±5mm 的误差。

3）找水平。用 0.05mm/m 水平尺，在水泵两端轴承的颈上进行找平，借以调整两端垫铁调整水平，水平的允许误差不能超过 0.1mm/m。

4）调整轴中心标高。轴中心标高用水泵下垫铁来调整，允许误差不能超过图纸规定的±5mm。

（3）电动机就位及进行联轴器找正。

1）水泵、电动机联轴器中间距离可参照下列数值调整：小型水泵为2～4mm，中间水泵为 2～5mm，大型水泵为 4～8mm。

2）水泵、电动机的两联轴器不同心及不平行值一般不能超过 0.05mm。

3）找正完毕后，即可进行灌浆，基础硬化后，再校正一次联轴器中心。

10-72 离心式水泵联轴器找正的基本要求有哪些？

答：离心式水泵联轴器找正的基本要求如下：

（1）固定中心卡或千分表的各个零部件本身都必须有一定的刚性，以免在测量时发生变形影响测量数值的准确性。

（2）中心卡或千分表都要紧紧地固定在联轴器上。

（3）测量用的塞尺需具有较小的薄片（如具有 0.03～0.05mm 的薄片）。

（4）用塞尺测量时，塞入力不应过大。

（5）每次测量间隙前，都要把联轴器推向一边（将两联轴器紧靠到最小距离）再行测量。

（6）每次测量间隙时，都应在地脚螺栓拧紧的情况下进行。

10-73 离心式水泵联轴器找正过程的要点是什么？

答：离心式水泵联轴器找正过程的要点如下：

（1）开始时，先用平尺放在联轴器的相对位置，找出偏差的方向以后，先粗略地调整一下，使联轴器的中心接近对准，两端面接近平行。

（2）从动机通常是先固定位置，再调整电动机，使中心趋于一致。经过调整，按上述的方法测量，直至其中心误差不超过 0.05mm 为止。

（3）调整中心时，不可使轴的水平误差超过 0.1mm/m。

（4）根据经验，找正时先调端面、后调整中心，比较方便迅速，但是找过几次熟练了，端面和中心也可以同时进行调整。

10-74 离心式水泵检修后试运前应具备哪些条件？

答：离心式水泵检修后试运前应具备以下条件：

（1）检修后的水泵周围现场应清扫干净。

（2）对水泵各部外观进行检查，各部连接螺栓应完整无缺。

（3）通知运行值班工打开水泵的入口门灌水和排空气，进行所有接合面的水压试验应不漏水。

（4）各种表计应是经校对好的，并应齐全，接头部分不应漏水。

（5）联轴器保护罩应完好，电动机接地线接好。

（6）填料安装松紧适宜，手盘联轴器较灵活，并见有水间断滴出为宜，转动时不应有摩擦声。

（7）电动机接线的旋转方向应符合要求。

（8）轴承室内应加好规定高度的油位。

（9）检修专责人与运行人员共同检查合格后，通知厂用电值班员恢复电源，进行启动试运的验收工作。

10-75 离心式水泵检修后，试运行前必须检查哪些项目？

答：（1）地脚螺栓及水泵同机座连接螺栓的紧固情况。

（2）水泵、电动机联轴器的连接情况。

（3）轴承内润滑的油量是否足够，对于单独的润滑油系统应全面检查油系统，油压符合规程要求，确保无问题。

（4）轴承盘根是否压紧，通往轴封液压密封圈的水管是否接好通水。

（5）接好轴承水室的冷却水管。

10-76 当离心式水泵启动时，转子会往哪个方向窜动？为什么？

答：当离心式水泵启动时，转子会往后窜动。因为叶轮工作时，两侧所受压力不同，因而产生轴向推力。在叶轮未工作前，叶轮四周的压力都相等，因此不存在轴向推力的问题。但叶轮一经工作，压出室产生了压力，作用在叶轮上，由于叶轮轴两侧存在着吸入侧面积差，因而产生了压力差。在这个压力差的作用下，产生了轴向推力。除上述原因外，还有反冲力引起的轴向推力，即当液体进入叶轮时，方向由轴向变为径向，给叶轮一个反冲力，不过这个方向与上述的方向正好相反，因为这个力较小，故在正常情况下不予考虑。当水泵启动时，还没有因压力差而产生轴向推力时，反冲力往往会使转子产生向后窜的现象。

10-77 离心式水泵常用的轴端密封装置有哪些？哪种比较适合电厂除盐系统水泵？为什么？

答：离心式水泵常用的轴端密封装置有填料密封、机械密封、浮动环密封和迷宫密封等。机械密封比较适合电厂除盐系统水泵。理由如下：

（1）填料密封结构简单、工作可靠，但填料使用寿命不长，轴或轴套容易受损伤，维护量较大。

（2）迷宫密封是利用转子与静子间的间隙进行节流、降压起密封作用，其固定衬套与轴之间的径向间隙较大，所以泄漏量也较大。

（3）浮动环密封由浮动环、支撑环、弹簧等组成，相对机械密封来说，结构简单，但浮动环密封轴向尺寸较长，泄漏量也较大，常用于大、中型水泵。

（4）机械密封结构较复杂，密封性能好，使用寿命长，泄漏量很小，轴或轴套不易受损伤。机械密封对水质的要求较高，有杂质就会损坏动环与静环的密封端面。

因电厂除盐系统水质较好，故机械密封比较适合电厂水处理系统水泵。

10-78 怎样找叶轮的显著不平衡？

答：（1）将叶轮装在假轴并放到已调好水平的静平衡试验台上，假轴可以在试验台的水平轨道上自由滚动。

（2）记下叶轮偏重的一侧。如果叶轮质量不平衡，较重的一处总是自动地转到下方。在偏重的对方（较轻方）加重块（用面贴或用夹子增减铁片），直到叶轮在任何位置都能停止为止。

（3）称出重块质量，即为显著不平衡。

10-79 拆装离心式水泵轴承时应注意哪些事项？

答：拆装离心式水泵轴承时应注意的事项如下：

（1）施力部位要正确，原则是与轴配合打内圈，与外壳配合打外圈。

（2）要对称施力，不可只打一方，否则引起轴承歪斜、啃伤轴颈。

（3）拆装前，轴和轴承要清洁干净，不能有锈垢和毛刺等。

10-80 轴承室油位过高或过低有什么危害？

答：油位过高，会使油环阻力增大而打滑或停脱，油分子相互摩擦会使温度升高，还会增大间隙处的漏油量和油摩擦功率损失；油位过低，会使轴承的滚珠或油环带不起油来，造成轴承得不到润滑而使温度升高，把轴承烧损。

第十一章　柱塞式计量泵的安装与检修

11-1　柱塞式计量泵的特点有哪些？

答：柱塞式计量泵的特点如下：

（1）流量小，其流量是脉动的，但平均流量是恒定的。

（2）有良好的自吸性能。

（3）压力范围较广，能达到较高的压力。

（4）对输送的介质有较强的适应性。

11-2　柱塞式计量泵检修时对吸入阀和排出阀有哪些要求？

答：柱塞式计量泵检修时对吸入阀和排出阀的密封必须可靠严密、灵活；阀座、阀芯不得有凹痕，端面应平整光滑等，否则应进行研磨，严重时应更换新的备件；密封垫片应完好无缺、塑性要良好，否则应更换。

11-3　检修隔膜柱塞式计量泵时隔膜和隔膜限制板不得有哪些缺陷？

答：检修隔膜柱塞式计量泵时隔膜不得有破裂、弹性不良等缺陷；隔膜板不得有裂纹与变形及孔眼不畅通等缺陷，否则应予以更换。

11-4　柱塞式计量泵的日常维护工作有哪些？

答：（1）要经常检查电压表、电流表的读数，当读数值改变较大时，应找出原因排除后方可继续工作。

（2）经常检查各紧固件是否有松动现象。

（3）经常注意泵的工作情况，如噪声、温度（各处温度不超过 60℃）、渗漏等情况，发现异常应立即停止并进行进一步的检查。

（4）经常检查减速箱内的液面高度，并定期换油，新泵每半个月换油一次。当更换两次后，每半年换油一次。

11-5　柱塞式计量泵的维护、保养工作有哪些？

答：柱塞式计量泵的维护、保养工作如下：

（1）传动箱润滑油应保持干净、无杂质及指定的油位量，并适时换油，每年换油两次，每 48h 检查一次油位，因该型泵液压油缸与本体润滑油共用。若油位降低，则会影响液压缸补油，从而影响泵正常工作。

（2）定期清洗过滤器及进出口阀，以免堵塞，影响计量精度，回装时上下阀座、阀套切勿倒装或错装。

（3）隔膜每 6 个月更换一次。

（4）泵若长期停用时，应将泵内介质排放干净，存放期内泵应置于干燥处，并加罩遮盖。

11-6 柱塞式计量泵启动前应做好哪些准备工作？

答：柱塞式计量泵启动前应做好以下工作：

（1）新泵在开车前检查各连接处螺栓是否拧紧，不允许有任何松动，检查管道安装是否正确，进出口管路是否畅通。

（2）箱体内加注 90 号齿轮油，JYM-1 型油位在离油孔孔底 1/3 处，JYM-2 型油位在油尺刻度线外，加油后 30min 再重新检查油位，并确保出口线路畅通。

（3）松开泵头及缸体端部排气螺塞，用手转动电动机使溶液及油液出现，此过程使空气从泵体内排掉，如果气体封闭在润滑油或泵的液力端，则隔膜泵将不能正常工作。

11-7 对柱塞式计量泵的安装有什么要求？

答：对柱塞式计量泵的安装有以下要求：

（1）泵的安装环境温度为 −25～60℃ 范围内，且在通风处。

（2）应水平地安装在高于地面 300～500mm 的基架上，便于操作和检修。

（3）所有与泵连接的管道需有支撑，防止管道压力由泵进口或出口直接承受。管道必须清洁，不能有杂物留在管道内，以防泵工作时对泵造成损伤。

（4）在泵入口处需装一个可拆式 Y 形过滤器，以防杂物进入泵内。泵的进出口管路接头处，应完全密封，不让空气吸入。

（5）在吸入、排出管道上不应有急剧的转变，并应尽量减少管路的弯曲或接头及增加管路阻力的附件。

（6）泵的进口管道尺寸必须大于泵出口接管的尺寸。

（7）为保证泵的安全运转，应将泵内压力释放阀设定在额定压力的约 1.15 倍处，同时在排出管道上设置安全阀，安全阀的开启压力应为泵额定排出压力的 1.1 倍。需减少被输送液体的脉动，可在靠近泵的排出管路上安置空气室（缓冲室）。

11-8   如何启动柱塞式计量泵？

答：柱塞式计量泵启动方法如下：

（1）将流量控制旋钮设定在额定值的 30％～40％处。

（2）在最初启动时，检查电动机正确转向，泵开动 10～20s，停 20～30s，重复几次。在这短暂的工作中听电动机或曲柄的声音，不允许有异常的噪声和振动。

（3）运转泵 30～60min 使油温升高，检查出口流量。

（4）流量调至 70％，工作 10～20min 后，再降至 30％～40％运转数分钟，然后提高至 100％运转 10min，重复几次确保润滑油和液力端的气体被排掉。

（5）在泵工作满第一个 12h 后，将对泵进行检测和校准，以找出在特定的工作状态下的确切的流量。通常，校准点设在流量为 0％、50％、10％处。

11-9   如何调节柱塞式计量泵的行程？

答：柱塞式计量泵的行程可通过行程调节旋钮按要求顺时针升高流量，逆时针降低流量，调节范围为 0％～100％。

第十二章 齿轮油泵的检修

12-1 齿轮油泵的易损件有哪些？

答：齿轮油泵的易损件有主动轴、从动轴、安全阀、安全阀弹簧（弹簧钢）和滚动轴承。

12-2 如何拆卸齿轮油泵？

答：齿轮油泵的拆卸顺序如下：

（1）拆下联轴器防护罩移开电动机。

（2）用专用工具卸下联轴器。

（3）松开压兰取出盘根。

（4）松开前后端盖螺栓，用顶丝把端盖顶开取下。

（5）取出齿轮轴、紧密垫环、挡圈和弹簧。

（6）取下轴头两侧轴承，一般情况下，齿轮不必从轴上取下来。

（7）把安全阀的罩卸掉，把制动螺母和调整螺栓（记住原来位置）拆下来，取出弹簧盘、弹簧瓦柱。

12-3 齿轮油泵零部件清洗和检查的内容有哪些？

答：齿轮油泵零部件清洗和检查的内容如下：

（1）齿轮。用清洗液清洗后，检查齿面磨损情况，用红丹粉相互研磨，如接触不良应用油石打磨，表面不应有裂纹、毛刺、咬痕。如齿面磨损，应更换新的。

（2）主轴。矫正轴的弯曲，查看轴表面磨损情况。

（3）外壳和端盖。彻底清洗油垢，检查表面磨损情况，如有裂纹和磨损严重者应更换，一般情况进行刮削或打磨。

（4）安全阀。清洗弹簧盘、弹簧，如发现凡尔磨损形成沟槽，轻微者可用凡尔砂研磨，严重者应车削再研磨或更换。

12-4 如何组装齿轮油泵？

答：齿轮油泵的组装工序如下：

(1) 将主动轮和从动轮转子装入泵体内。

(2) 将两侧带有轴承凹窝的端盖装上轴承，套进轴头，紧好螺母，接合面垫上 0.1～1.5mm 的纸垫。

(3) 将两侧外端盖接合面加上纸垫后盖好，穿入螺栓，打入稳钉，再紧固所有螺栓。

(4) 用手盘动转子应轻快、灵活。

(5) 填好盘根，紧好压兰。

(6) 把联轴器压入轴上。

(7) 把安全阀的凡尔弹簧盘、弹簧装好，将调整螺栓紧到原来位置，上好罩。

12-5 齿轮油泵的质量标准有哪些？

答： 齿轮油泵的质量标准如下：

(1) 内外部清理干净，各接合面应严密不漏油。

(2) 齿轮应光滑，工作面无裂纹、损伤及咬痕，磨损量不应超过规定值。

(3) 齿轮与外壳径间间隙为 0.25mm；齿顶间隙应大于 0.2mm，一般为 0.5～0.5mm；齿面间隙为 0.15～0.50mm。

(4) 安全阀应严密不漏油，调整螺栓、弹簧均应完整无缺，不弯曲。

(5) 联轴器找正，误差为 0.05mm。

(6) 填料箱的枢轴和衬垫的接触面要光滑而严密。

(7) 安全阀的动作压力应为 $12kPa/cm^2$。

12-6 简述齿轮传动的优缺点。

答： 优点：①传动准确可靠，保证传动比稳定不变；②传动的功率和速度范围大；③传动效率高，使用寿命长；④体积小，结构紧凑。

缺点：①噪声大；②不宜大距离传动，否则齿轮大而笨重；③制造和安装精度要求高；④不如带传动稳定。

12-7 齿轮油泵在启停及运行时有何要求？

答： 齿轮油泵在运行时不允许关闭出口门，在启停时也应保证出口门在开启位置。若需调整或停泵时，操作入口门即可。

12-8 齿轮油泵对输送的介质有哪些要求？

答： 齿轮油泵输送的介质必须是各种油类或其他类似的液体，不得输送水或其他无润滑性和有固体颗粒的介质，以及有腐蚀性的介质。被输送的液体温度不得超过 600℃。

12-9 齿轮油泵按啮合形式可分为几种？分别有哪些优点？

答：齿轮油泵按啮合形式可分为外啮合齿轮油泵和内啮合齿轮油泵两种。

外啮合齿轮油泵的优点：结构简单、制造方便，对冲击波负荷适应性好。

内啮合齿轮油泵的优点：结构紧凑、体积小、零部件少、转速高、噪声小、输油量均匀等，但制造较为复杂。

12-10 齿轮油泵按轮齿形状可分为哪几种类型？

答：齿轮油泵按轮齿形状可分为正齿轮油泵、斜齿轮油泵和人字形齿轮油泵等。

12-11 检修齿轮油泵的安全阀时应注意哪些事项？

答：检修齿轮油泵的安全阀时应注意以下事项：

（1）阀芯与阀座不得有沟槽或密封不严密等情况发生。如有，必须研磨或更换。

（2）调整螺栓、弹簧均应完好无损，不得弯曲。

（3）安全阀压力应调整至设备的安全压力范围内。

12-12 对齿轮油泵的齿轮有哪些要求？

答：对齿轮油泵的齿轮应有如下要求：

（1）齿轮应光滑，不得有裂纹、损伤，其工作面不得有毛刺及咬痕。齿轮磨损量不超过 0.05mm，齿轮与泵壳的径向间隙为 0.25mm。

（2）齿顶间隙应在 0.3～0.5mm 之间，齿面间隙为 0.15～0.5mm。

（3）轮齿的接触面应达到齿长和齿宽的 60%～80%。接触位置应正确。

12-13 试述齿轮油泵的检修工艺。

答：齿轮油泵的主要检修工艺如下：

（1）泵解体时做好主、从动齿轮相互啮合的记号，以免装错。

（2）检查齿轮齿顶与泵壳的间隙，一般为齿轮直径的 2‰～4‰，最小间隙不小于 0.01mm。齿轮轴向间隙与齿轮长度有关，一般为 0.10～0.25mm（两侧总间隙），齿面啮合间隙一般为 0.15～0.25mm，最大不应超过 0.50mm。确定轴承间隙，对轴承合金瓦一般应采取轴颈直径的 1‰～2‰，对铜瓦采取轴颈直径的 1‰～2‰。上述齿顶与泵壳间隙应大于轴承间隙，否则会引起齿轮与泵壳摩擦。在检修中应检查两者的间隙，由于长期工作使轴承磨损后，很容易产生齿顶与泵壳间的摩擦。如发生此类问题，应更换轴承或修复处理。

（3）检查各齿磨损情况，有无裂纹、疲劳、点蚀现象。如损坏严重，可成对更换新齿轮。

（4）组装前对人字形齿轮或从动斜齿轮中应保持一个齿轮的灵活，组装后轴向间隙应合适。如不符，可用两端盖的垫片厚度调整。其余间隙均是加工公差，只在装配中进行校验，不易调整。

（5）用红丹粉检查齿轮的啮合情况。在主动齿轮上涂上薄薄的一层红丹粉，转动泵轴，检查接触情况。要求沿着整个齿长接触 65％以上。假如接触太差，可进行处理，处理方法是在两个齿轮上涂上凡尔砂研磨。在研磨过程中，不断用红丹粉检查接触情况，最后用抛光粉进行抛光，一般情况下不允许用锉刀或刮刀任意修刮，以免损坏牙形。

第十三章 空气压缩机的检修

13-1　空气压缩机的主要部件有哪些？

答：空气压缩机的主要部件有曲轴、连杆、十字头、活塞、气缸、刮油环组件、填料装置、气阀、空气冷却系统、润滑装置、调节装置、安全阀、空气滤清器等。

13-2　空气压缩机的曲轴起什么作用？

答：空气压缩机曲轴的作用是把电动机的旋转运动经连杆、十字头变为活塞的往复运动。

13-3　空气压缩机的连杆起什么作用？

答：空气压缩机连杆的作用是将曲轴的旋转运动转换为活塞的往复运动，同时又把活塞的推力传递给曲轴。

13-4　空气压缩机的十字头起什么作用？

答：空气压缩机的十字头起导向传力的作用，也就是将摆动的连杆和往复的活塞连接并传递动力。

13-5　空气压缩机的活塞组件由什么组成？分别起什么作用？

答：空气压缩机的活塞组件由活塞、活塞杆、活塞环、支撑环、弹力环、固定螺母、调整螺母等组成。活塞的作用是往复做功；活塞杆的作用是传递动力，连接和调整活塞间隙；活塞环起密封的作用；支撑环起支撑导向的作用；弹力环的作用是使活塞环有一定的胀力与气缸壁接触；固定螺母的作用是用来紧固连杆和活塞；调整螺母是用来调整活塞上、下止点间隙并起固定活塞杆的作用。

13-6　空气压缩机的气缸由哪几部分组成？起什么作用？

答：空气压缩机的气缸由缸盖、缸体、缸座等组成。空气压缩机气缸的作用是起安装活塞，使活塞做往复运动压缩气体的作用。

13-7　空气压缩机的刮油环组件起什么作用？

答：空气压缩机刮油环组件的主要作用是将活塞杆上的润滑油刮掉，不使油污进入气缸内，使空气保持清洁，不含油污。

13-8　空气压缩机的填料装置起什么作用？

答：空气压缩机填料装置的作用是防止压缩空气沿活塞杆向外泄漏，起密封的作用。

13-9　空气压缩机的气阀起什么作用？

答：空气压缩机气阀的作用是控制气缸空气的吸入和压缩空气的排出。

13-10　空气压缩机的冷却器起什么作用？

答：空气压缩机冷却器的作用是将气缸排出的气体冷却、降温和分离压缩气体中的水分。

13-11　安装空气压缩机进、排气阀组件时应注意哪些事项？

答：安装空气压缩机进、排气阀组件时应注意以下事项：

（1）气阀所有部件必须干净无污物。

（2）阀片无划痕、裂纹并平整光滑；对有轻微缺陷经研磨修复的可继续使用，无法修复时应更换。

（3）弹簧弹力应一致，弹簧高度和残余变形在自由状态下其误差不超过5％，否则应更换。弹性下降或轴线歪斜时应更换。

（4）阀座不得有裂纹，接触面有缺口时，应更换。

（5）利用煤油检查阀片的严密性，允许有滴状渗漏。

（6）安装进、排气阀时阀座不得超过气缸内表面，排气阀不得装反，否则会造成机组损坏。

13-12　安装空气压缩机的刮油环和活塞杆时应注意哪些事项？

答：安装空气压缩机的刮油环和活塞杆时，应注意首先检查活塞环不得有毛刺、划痕、变形。如有，必须研磨、校正，经修理达不到要求时必须更换。组装刮油环必须按照顺序安装，刮油环切口必须锚位安装，刮油环弹簧必须系紧，并用手推动检验其紧力程度，如过松必须重新调整紧力，以免造成润滑油上窜。

13-13　安装空气压缩机填料装置时应注意哪些事项？

答：安装空气压缩机填料装置时，应注意填料环不得有毛刺、划痕、变形。如有，必须研磨、校正，经修理达不到要求必须更换。填料环切口必须错位安装。铜套、挡环不得有变形、扭曲、损伤等，对无法修理的应更换。

弹簧必须系紧。

13-14　检查空气压缩机气缸套、十字头滑道应注意哪些事项？

答：检查空气压缩机气缸套、十字头滑道时，应注意气缸套和十字头表面粗糙度应达到 0.8，不得有锈迹、划痕及偏磨现象，并用内径千分尺测量气缸和十字头滑道的几何尺寸，尺寸精度及椭圆度应符合要求。如有轻微划痕或锈迹，可用油砂布轻轻打磨；若划痕、偏磨、椭圆度超标，则必须更换。对十字头滑道则应考虑机加工后镶套，注意镶套必须采用过盈配合。

13-15　空气压缩机的曲轴在检查与修理时有哪些注意事项？

答：空气压缩机的曲轴在运行中容易产生磨损或变形，在检查与修理时首先检查曲轴外观是否完好，如发现变形和裂痕即可报废。如外观观察良好，则进一步检查曲轴轴颈是否发生圆锥度（不超过 0.05mm）或椭圆度（小于 0.05mm）；如发生圆锥度或椭圆度，一般采用光磨法或喷镀法修复。光磨轴颈时的尺寸依据是以测量原轴时所得到的最小尺寸来确定，同时还要考虑到装配尺寸。在修复时曲轴应尽量保持原有限度，如果磨损过大，应做报废处理。

13-16　曲轴各轴颈中心线与主轴颈中心线的平行度偏差不超过多少？曲轴轴颈表面对其中心线的径向圆跳动偏差不超过多少？

答：曲轴各轴颈中心线与主轴颈中心线的平行度偏差不超过 0.30mm。若超过其偏差值，则应进行校直处理。曲轴轴颈表面对其中心线的径向圆跳动偏差不超过 0.03mm。若超过，则应在车床上找正后进行车削。

13-17　更换空气压缩机连杆大头瓦时，轴瓦与连杆的配合对调整轴瓦与曲轴和连杆的配合有哪些要求？

答：更换空气压缩机连杆大头瓦时，对调整轴瓦与曲轴和连杆的配合要求：轴瓦瓦背与连杆瓦配合应严密，瓦片分解平面应低于瓦座分解平面 0.05～0.15mm。如过低或过高都不可以，瓦口应与瓦座平行，不得歪斜。曲轴与连杆大端轴瓦经精刮后，配合间隙应达到 0.04～0.08mm。调整过紧会造成润滑不良、烧瓦或抱死的后果，过松容易造成连杆的振动发热直至损坏。瓦口应与曲轴平行并且不得歪斜，其接触面面积经刮研后应达到 70%以上，最后在瓦口上开出润滑油槽。曲轴与连杆轴瓦的配合间隙用调整垫片的方法来调整松紧程度。

13-18　空气压缩机连杆小头轴瓦（铜套）的安装要求和十字头销的安

装要求有哪些？

答：空气压缩机连杆小头轴瓦（铜套）的安装要求和十字头销的安装要求：小头轴瓦与连杆小头孔采用过盈配合，过盈量为 0.05～0.10mm，一般用压入法或敲击法安装，轴瓦安装好后两端面应稍低于瓦座两端平面。轴瓦压入后，内径稍有缩小，应测量其内径是否符合与十字头销的配合间隙（配合间隙为 0.04～0.07mm）。如过紧应进行刮研修理，过松必须更换新套。

13-19　对空气压缩机连杆的技术要求有哪些？

答：对空气压缩机连杆的技术要求：连杆大小头孔中心线不平行度每100mm 不得超过 0.02～0.03mm，连杆大小头的平面不平行度每米不得超过0.05mm；连杆与连杆盖的分解面应呈一直线，并与连杆中心线平行，其偏差不得超过 0.05mm/m。

13-20　空气压缩机连杆弯曲、扭曲变形的检查方法是什么？

答：空气压缩机连杆弯曲、扭曲变形的检查方法：将连杆平置于平板上，用塞尺检测平板与各触点的间隙，各触点间的误差不超过 0.05mm。若三触点与平板接触，可将连杆翻转 180°。若接触良好，则表示正常；若下面有两触点接触或只有一点接触，则表示弯曲；若上下各有一个触点接触，则表示扭曲；若下面只有一个触点接触，则表示既弯曲又扭曲。校正时利用连杆校正器来校正，先校正连杆扭曲，后校正弯曲。

13-21　清洗净化装置的滤网或滤芯时应注意什么？

答：清洗净化装置的滤网或滤芯时应注意：首先用纯净的空气由里向外吹，将滤网或滤芯表面杂质吹走，用清洗液浸泡并清洗干净，最后用干净的压缩空气吹干滤网或滤芯。

13-22　对净化装置内的脱附剂有哪些要求？

答：对净化装置内的脱附剂的要求有：检修时脱附剂应用清洗液将脱附剂表面污物清洗干净，脱附剂不得有破损，回装时脱附剂应干燥，无杂质或污物等。

13-23　净化装置回装后应保证系统达到什么要求？

答：净化装置回装后应保证系统的畅通性、密封性、各阀门的灵活性、压力表计的准确性并确保空气排出后的纯度达到其工艺流程的要求。

13-24　怎么拆卸 1WG 系列空气压缩机？

答：拆卸 1WG 系列空气压缩机的工序如下：

（1）执行了各项安全措施停电后得到许可，便可拆下联轴器罩，移开电动机，用专用工具卸下联轴器、皮带轮和风扇。

（2）打开曲轴箱下部的放油孔，放尽旧机油，打开两侧检查孔。

（3）将气缸盖检查孔打开，用专用工具取出进、排气阀，松开双头螺栓，即可解开阀座、弹簧座、阀片及支撑弹簧。

（4）拆掉进排气管和气缸盖法兰，取下高低压缸和缸盖、平衡铁，拆下连杆瓦的盖，做好标记，保存好瓦口垫。

（5）将曲臂连接的两只平衡铁上的保险垫拧开，松开螺栓取出下平衡铁，拆下连杆瓦的盖，做好标记，保存好瓦口垫。

（6）将高低压气缸活塞同连杆缓慢取出，注意不要碰伤胀圈，放在准备好的木板上。

（7）活塞销为浮动式，取出两端的弹簧挡圈，用铜棒打出销子下连杆。

（8）拆下曲轴箱两端的轴承盖，自曲轴箱内取出曲轴。

（9）各部件的装配按拆卸时的相反顺序进行组装。

13-25　1WG 系列空气压缩机零部件清洗和检查的内容有哪些?

答：1WG 系列空气压缩机零部件清洗和检查的内容如下：

（1）拆下来的零部件应用清洗液清洗，擦干净后检查有无裂纹和损伤，测量零部件的尺寸，做好记录。

（2）检查曲轴轴颈磨损程度，测量轴颈圆锥度和椭圆度，严重者应修补，一般用磨光的方法来消除，磨光时作为依据的尺寸是由测得的最小尺寸来确定，也可以用金属喷镀的方法来修复。

（3）检查连杆有无断裂扭曲等变形，大头瓦片乌金有无磨损和剥落，不能修刮时应重新浇铸，小头套筒损坏严重的应更换新的。

（4）气缸清洗后检查有无沟痕和裂痕，气缸有无裂隙，紧固件和阀座检查磨损的情况。

（5）活塞由于高温摩擦的影响，使活塞环的安装槽沟、活塞销装孔和活塞的侧面发生磨损，活塞环磨损和断裂者更换新的。

13-26　1WG 系列空气压缩机的质量标准有哪些?

答：1WG 系列空气压缩机的质量标准如下：

（1）曲轴轴颈、连杆轴颈应具有光滑的表面，无裂痕、创伤等，曲轴轴颈椭圆度不能超过 0.02mm，圆锥度不得超过 0.03mm。

（2）连杆瓦不许有裂纹、伤痕和脱胎现象，油孔畅通，连杆瓦间不超过 0.03mm。

（3）活塞环全部圆周都应紧密地压在气缸内壁上，在活塞沟槽内自由活动，并具有适合的弹性，气缸内壁表面无刻痕、擦伤黑斑。

（4）活塞销与轴套间隙为 0.02～0.04mm，最大许可间隙不超 0.15～0.20mm。

（5）阀片和阀座间的接触部分应十分光滑平整，气阀关闭时能获得可靠的严密性。

（6）气缸、气缸盖、连接法兰处的密封垫，要涂以漆片后紧固，不能涂黄油，否则容易漏气，影响正常工作。

（7）空气滤清器内、曲轴箱内要注入一定高度的油位。

（8）自动调节阀一定要调在规定的压力下，进行自动调节运转。

（9）油系统不能向外漏油，排油嘴要严密不漏。

（10）所有空气管、法兰垫、接头处都不能漏气。

（11）安全阀保证在额定工作压力超过时能动作。

（12）主要装配间隙见表 13-1。

表 13-1　　　　主 要 装 配 间 隙

序号	间隙名称	公称尺寸（mm）	间隙参考值（mm）
1	主轴与轴承间的轴向间隙		0.1～0.4
2	曲柄销颈与连杆瓦径向间隙	$\phi62$	0.09～0.135
3	曲柄销颈与连杆瓦轴向间隙		0.34～0.98
4	气缸与活塞的径向间隙，一级	$\phi135$	0.028～0.34
5	气缸与活塞的径向间隙，二级	$\phi110$	0.11～0.14
6	活塞环与环槽端面间隙，一级	3	0.04～0.07
7	活塞环与环槽端面间隙，二级	3.5	0.05～0.08
8	活塞环与闭合间隙，一级	$\phi135$	0.54～0.84
9	活塞环与闭合间隙，二级	$\phi110$	0.60～0.75
10	活塞销与连杆铜套径向间隙	$\phi28$	0.018～0.047
11	活塞在上止点时的余隙		1.3～1.5
12	气阀阀片的升程		1.93～2.12
13	排气阀阀座与气缸盖底面的距离		0.2～0.6

13-27 1WG 系列空气压缩机如何进行冷却与润滑？

答： 1WG 系列空气压缩机的冷却是采用列管风冷结构，一级排出的高温气体进入冷却系统，经冷却后送入二级，冷却是用风扇吸风冷却，压缩机使用中应注意保持散热管表面的清洁，不允许有污垢堆集，管内定期清洗。1WG 系列空气压缩机的润滑系统采用飞溅式润滑，借压缩机在运转中连杆下端的油勺拍击油底壳内的润滑油，使之飞溅到曲轴、连杆、活塞和气缸内壁上，润滑各运动部位后又流入油底壳内，循环使用。

压缩机在运转中必须注意，油底壳内的润滑油需保持在油位指示器刻度中间的位置。

压缩机润滑油的要求见表 13-2，允许采用性能接近的其他润滑油代替。

表 13-2　　　　　　　　　压缩机润滑油的要求

牌号 物理化学性能	SYB 1216—60S 或 30 号机油
运动黏度（100℃）	11~4
酸值（mgKOH/g）	不大于 0.15
氧化安全性（沉淀）（%）	不大于 0.30
灰分（%）	不大于 0.015
闪点（开口）（℃）	不低于 215
水溶性酸和碱	无
水分（%）	无
机械杂质（%）	不大于 0.007

13-28 1WG 系列空气压缩机启动前的注意事项有哪些？

答： 1WG 系列空气压缩机启动前的注意事项如下：

（1）进行外部检查，检查机组各组合件是否连接紧固，以免运转中发生振动、漏气或其他故障。

（2）检查压缩机曲轴箱内润滑油面应在油位指示器刻度线中间。

（3）开车前将储气罐、中间冷却器的排污阀打开，排除污油和积水，开机后让压缩空气吹洗 3~5min，彻底排除污物后，关好排污阀。

（4）将储气罐的气路开关开启，使压缩机无负荷启动。

（5）对下列运动部位加注润滑油：

1）压缩机风扇处，在风扇轮的压注黄油嘴处注黄油一次。

2）电动机轴承，按一般电动机使用维护和加油。

13-29 1WG 系列空气压缩机运行中和停备用的注意事项有哪些？

答： 1WG 系列空气压缩机运行中和停备用的注意事项如下：

（1）中间冷却器的排水阀要每天开放两次。第一次在压缩机启动后供气前开放，第二次在将要停车时开放。

（2）压缩机经一段时间运转后，应检查螺栓、螺母有无松动。

（3）压缩机进入正常运转后，应注意仪表的读数是否正常，待压力表（二级）指示到 0.65MPa 时，即可开始供气。

（4）压缩机在严寒冰冻气候中使用，如停车时间较长，需将冷却系统中的排水阀全部打开，放出积水。

（5）停车较久的压缩机，在初运转前应将润滑油全部放出，清洗油池后，注入新的润滑油方可运转。

（6）压缩机每工作 200h 后，应将润滑油全部放出，清洗油池后注入新油，所换下的油经再生处理后可与新油掺用。

（7）在风扇轮的压注黄油嘴处，每月加注黄油一次。

（8）空气滤清器的清洗，滤清器过滤网可用 70～80℃ 的碱水洗涤，再用沸水洗涤、吹干。滤清器清洗次数，需根据工作环境清洁程度来确定，一般正常环境每 200h 清洗一次。

13-30 2Z 系列无油空气压缩机的大修项目有哪些？

答： 2Z 系列无油空气压缩机的大修项目除进行中小修项目外，还要进行如下工作：

（1）解体清洗全部设备。

（2）检查更换气缸套。

（3）修复或更换曲轴。

（4）修复或更换活塞、连杆和活塞杆等。

（5）更换连杆大、小头轴瓦。

（6）更换活塞环、弹力环、支撑环、刮油环、密封环等易损件。

（7）更换冷却器管束，重新胀管。

（8）检修、校验和整定安全阀、减压阀和压力调节器，更换损坏的零部件。

（9）校验温度、压力等各种仪表。

（10）检查机身水平度以及十字头滑道的磨损情况。

（11）检查气缸与十字头滑道的同心度。

（12）检查机身、缸盖、缸体、缸座有无裂缝、渗油、漏水等缺陷，地脚螺栓有无松动，机身有无移位。

（13）检查或更换外部管道及阀门。

13-31 活塞式空气压缩机的工作过程分哪四个阶段？

答：活塞式空气压缩机的工作过程分为膨胀、吸入、压缩和排出四个阶段。

13-32 2Z 系列无油空气压缩机的中修项目有哪些？

答：2Z 系列无油空气压缩机的中修项目除小修项目外还应做如下工作：

（1）检查、调整连杆与轴瓦的间隙。

（2）检查、调整活塞上、下止点的间隙。

（3）检查、调整压缩机与电动机联轴器的同轴度。

（4）检修油泵，更换磨损件。

（5）检查曲轴的各段轴颈的磨损情况。

（6）检查十字头组件，更换磨损件。

（7）检查、调整各部间隙，必要时修复或更换。

（8）检查一、二级冷却器和一、二级气水分离器，清洗结垢并做水压试验。

（9）清洗气缸冷却水套和冷却系统管路。

13-33 2Z 系列无油空气压缩机的小修项目有哪些？

答：2Z 系列无油空气压缩机的小修项目如下：

（1）清洗吸气阀、排气阀，并更换易损件。

（2）检查阀门的严密性，并研磨阀座。

（3）检查所有运动机构的紧固程度。

（4）检查连杆与轴瓦的固定螺栓的紧固程度。

（5）检查清理空气滤清器和润滑油过滤器。

（6）清除跑、冒、滴、漏等缺陷。

（7）检查活塞、活塞环、支撑环和气缸的磨损情况，并更换磨损件。

（8）检查或更换填料箱密封环。

（9）清理润滑油系统并更换油。

（10）检查、调整压力调节器、减压阀、安全阀。

（11）检查压力表、温度计等表计。

13-34 空气压缩机主机的拆卸顺序如何？

答： 空气压缩机主机的拆卸顺序如下：

（1）拆卸附属管道及其零部件：拆下压力调节器、减压阀、安全阀（一、二级）及其调节系统管道；拆下空气滤清器和一、二级空气管道及冷却水管道等；拆下齿轮油泵。

（2）拆下一、二级吸、排气盖及阀组各部件。

（3）拆下气缸盖。

（4）扳平止退垫片，松开十字头与活塞杆的紧固螺母，拧下注塞杆，松开填料装置压盖，由缸体上部将活塞组件取出。

（5）拆下缸体、缸座后取出填料装置和刮油环等组件。

（6）拧下连杆大头轴瓦连杆螺栓的螺母，拆下大头盖，将十字头和连杆体由十字头滑道顶部抽出。

（7）拆下曲轴上的联轴器，松开轴承架油封，取下曲轴。

13-35 简述空气压缩机大修的顺序。

答： 空气压缩机大修的顺序如下：

（1）接到空气压缩机大修停役单后，先切断电源、关煞排气阀，同时挂上有人工作的标示牌。

（2）放尽曲轴箱内的润滑油或放尽水系统中的全部冷却水（指水冷却）。

（3）卸开通主储气罐的输气短管。

（4）卸去通往调节系统的铜管和压力表的铜管。

（5）卸下全部冷却水管路（指水冷却）。

（6）卸下空气过滤器、减压阀、呼吸管。水冷式需拆下仪表板。

（7）卸下中间冷却器，风冷式需拆下风扇。

（8）卸下安全罩。

（9）卸下吸、排气阀的阀室上盖，用专用工具取出吸、排气阀、压紧箍、密封环及密封垫。

（10）卸下气缸盖。

（11）卸下曲轴箱两侧端盖，取下连杆螺母上的开口销，卸下连杆螺母，取下大头轴瓦盖（拆卸时注意做好标记）。转动曲轴将活塞推至上死点，以专用工具自气缸上部取出活塞及连杆，做上标记，将连杆大头轴瓦与连杆体装在一起，防止错乱。

（12）用专用工具取出活塞上的弹簧挡圈，轻轻打出活塞销，取下连杆体。

（13）拧松空气压缩机地脚螺栓和电动机地脚螺栓，同时卸去轴端圆螺母，从曲轴上取下飞轮。

（14）拆开曲轴箱两端轴承盖，从曲轴箱内取出曲轴。如曲轴没有严重磨损，可不必取出曲轴。

（15）各部件的装配按卸下的相反顺序进行。

13-36 简述空气压缩机的检修工艺及其他注意事项。

答：空气压缩机的检修工艺具体如下：

（1）气缸表面有缺陷可镗去一层。如尺寸过大，则可配缸套。配缸套时内径应留有加工余量。

（2）气缸表面有轻度的擦伤、拉毛等现象，可以用半圆油石，沿缸壁圆周方向以手工往复研磨，直到手摸无明显感觉时为止。

（3）曲轴的裂纹多数出现在轴颈上，可用放大镜或漂白粉进行检查。如有轻度的轴向裂纹，可在裂纹处进行研磨，如消除不了则应换新的。

（4）曲轴弯曲和扭转变形，应送修理车间车削、研磨来消除。但轴颈直径的减少量不得大于原来直径的5％。同时必须相应变更轴瓦的尺寸，较大的变形可根据轴校正法的方法来进行校正。

空气压缩机检修的其他注意事项如下：

（1）空气压缩一般使用300h左右需更换新油。

（2）注入新油前应清理机座底的油沉淀污物。

（3）切不可断油或油位过低（指甩油环打不到油）。

（4）空气过滤器需在使用250h后清洗。

（5）储气罐需每两年清洗和检查一次。

（6）应经常（每天）将储气罐放水、放油。

13-37 空气压缩机拆卸的一般规则有哪些？

答：空气压缩机拆卸的一般规则如下：

（1）拆卸零部件时，应严格按照规定的顺序进行。

（2）在拆卸组合件时，应先掌握其内部构造和各零部件间的连接方式。如拆活塞，应考虑到它是和活塞杆、十字头、连杆、曲轴连在一起的。

（3）必须使用合适的拆装工具，以免损坏零部件。

（4）拆卸过程中，要尽量避免敲打。只有在垫有木衬块或软金属衬块时，才允许用锤击法敲打零部件，且不能用力过猛。但活塞在任何情况下都不得敲击。

（5）拆卸下来的零部件，要妥善保管，防止碰伤、损坏和丢失。

（6）拆卸下来的零部件，应立即标上记号，不要互换，以免装配时发生差错，影响装配质量。要特别注意吸、排气阀的区别，以防装反。

（7）拆卸哪些零部件要明确，不要盲目乱拆卸，不需要拆的零部件应尽量不拆。

（8）拆除一、二级吸、排气阀后，用压铅法检测活塞的上、下止点间隙后，才能拆卸缸盖。

（9）卸下十字头销，取出十字头，测量完曲轴的原始窜动量后，才能拆除连杆。

13-38 怎样装配空气压缩机的薄壁瓦？

答：空气压缩机的薄壁瓦装配工序如下：

安装时应测量轴瓦两端剖分面凸出高度值：将轴瓦擦净放入平置轴承座内，再将木垫块放在轴瓦接合面上，用手锤轻轻敲入，合上瓦盖，拧紧连杆螺栓使轴瓦在轴承座内压服贴紧。然后用塞尺在轴瓦两端剖分面处分别测量，若测量的数值等于轴瓦允许余面高度，说明轴瓦的紧力适合。否则应进行修理，修理时，上、下片轴瓦两端剖分面各应磨低或增加垫片调整轴瓦紧力。薄壁轴瓦与曲轴颈的贴合度主要靠机械加工达到，一般不需刮研，接触不良时只能稍稍拂刮。

13-39 简述空气压缩机的检修技术标准。

答：空气压缩机的检修技术标准如下：

（1）各零部件表面不得有碰伤或划痕。

（2）拆下零部件，如不及时安装，应涂上甘油防腐。

（3）各零部件应用柴油清洗，擦洗、晾干后才可装配。

（4）安装曲轴时，应以两端轴承盖处以低垫调整，轴向窜动量在 $0.4 \sim 0.6$mm 范围内。

（5）各级吸、排气阀均装在缸盖内阀的下部，不得凸出缸盖下平面。

（6）气缸应完整无损，不得有裂纹等现象。

（7）气缸壁内不应有凹坑和摩擦痕迹。如痕迹大于 0.5mm，应进行镗缸。

（8）镗缸后的直径不得大于原来尺寸的 2%。

（9）镗缸后的壁厚减少尺寸不得大于原来尺寸的 1/12。

（10）各装配间隙应符合表 13-2 的规定。

表 13-2　　　　　　装　配　间　隙　　　　　　mm

名称	公称尺寸	规定间隙	允许磨损
一级活塞、气缸的配合间隙	φ210	0.15～0.20	1.5
二级活塞、气缸的配合间隙	φ120	0.1～0.5	1.2
曲轴轴颈与连杆瓦的径向间隙	φ65	0.03～0.07	0.25
活塞销连杆衬套的径向间隙	φ40	0.025～0.060	0.3
一级阀片升程		2.312～2.640	
二级阀片升程		1.812～2.140	
活塞上死点时其顶面与气缸盖下平面间隙		0.8～1.2	

（11）连通调节系统与压力表的铜管不应有砂眼、裂缝，安装时应清除管内污油。

（12）安装时各部位的螺栓不应遗漏。

（13）联轴器对中心与离心式水泵对中心相同。

（14）压缩机油应按照冬季采用 13 号油、夏季采用 19 号油的规定加油。

（15）调节阀调整。拧动调节手把即可改变压力，顺时针方向拧动压力增加，逆时针方向拧动压力减小。

第十四章　管道的安装与检修

14-1　管子有哪些种类?

答: 管子的种类很多,如铸铁管、普通钢管、橡胶管、钢筋混凝土管、聚氯乙烯管、聚乙烯管、钢塑复合管、衬胶管、玻璃钢管、紫铜管、合金管等。

铸铁管又分为承插式、法兰式。普通钢管分为有缝钢管、无缝钢管等。橡胶管分为橡胶夹布压力管、普通胶管、高压钢丝编织胶管等。聚氯乙烯管分软、硬两种。钢塑复合管分为钢衬聚氯乙烯复合管、钢衬聚丙烯复合管、钢衬聚四氟乙烯复合管等。

14-2　什么是管道的工作压力?

答: 管道的工作压力是指为了对管路附件工作时的安全,根据介质的各级最高工作温度而规定的一种最大工作压力。

14-3　什么是管道的试验压力?

答: 管道的试验压力是指为了对管路附件进行水压强度试验和严密性试验而规定的一种压力。

14-4　什么是管道的公称压力?

答: 公称压力用以表示管道的压力等级范围。根据管道材料的不同,国家标准中将管道压力分为若干个公称压力等级,同时根据管内介质温度将管道分为若干个温度等级。每一温度等级下的压力数值就是介质相应的允许最大工作压力。

14-5　流动阻力分为哪两类?这两类阻力是如何形成的?

答: 流动阻力分为沿程阻力和局部阻力两类。沿程阻力是由于流体流动是流体层间以及流体与壁面之间的黏性摩擦作用而产生的阻力,且存在于整个流程中。局部阻力是流体在流动的局部区域,由于边界形状的急剧变化(如阀门、弯头、扩散管等)引起旋涡和显著变形,以及流体质点相互碰撞而产生的阻力。

14-6 油管道的清理方法有哪几种？

答： 油管道的清理方法一般有机械清理和化学清理两种方法。

（1）机械清理法。通常采用喷砂法，即利用压缩空气为动力，用砂子的冲击力喷射管子内壁，冲刷掉管内锈皮、焊瘤等杂物，然后用蒸汽吹扫，再用压缩空气吹干，并喷油保护封闭待用。

（2）化学清理法。一般用酸洗后钝化的方法，可在专设的酸液槽及钝化液槽内进行。

14-7 简述管道支吊架的作用。

答： 管道支吊架的作用是固定管子，并承受管道本身及其内的流体质量。此外，支吊架还应满足管道热补偿和位移的要求，以减少管道的振动。

14-8 安装衬胶管道时应注意检查哪几方面？

答： 安装衬胶管道时应注意检查以下几方面：

（1）在组装衬胶管道前，应对所有管段和管件进行外观检查，必要时进行电火花漏电检查，发现缺陷及时修补。

（2）衬胶管及管件受到污染时，不得使用能溶解橡胶的溶剂处理。

（3）设备及管件的法兰接合面在组装前，应检查其是否平整，不得有径向沟槽。

（4）禁止在已安装好的衬胶管道上动用电火焊或钻孔。

14-9 简述检查安全阀弹簧的方法。

答： 检查安全阀弹簧可用小锤敲打，听其声音，以判断有无裂纹。若声音清亮，则说明弹簧没有损坏；若声音嘶哑，则说明有损坏，应仔细检查出损坏的地方，然后再由金属检验人员选1～2点做金相检查。

14-10 衬胶管道的安装有哪些要求？

答： 衬胶管道的安装有以下要求：

（1）组装时检查法兰接合面，法兰接合面应平整，不得有径向沟槽和破损。

（2）法兰接合面间应加软质而干净的耐酸橡胶垫（或耐酸塑料垫），加垫子时不能用坚硬的物体撬顶翻边的衬胶部位。

（3）紧法兰螺栓螺母时，用力均匀，使法兰沿圆周的张口基本一致。

（4）吊装衬胶管道时，应轻起轻落，严禁敲打和猛烈地碰撞。

（5）吊装就位的衬胶管道，严禁动用电火焊或在上面钻孔。

14-11 阀门检修标准是只针对其密封性制定的吗？为什么？阀门检修具体标准有哪些？

答：不是，因为阀门检修标准是针对其整体检修制定的。

阀门检修具体标准如下：

（1）阀体与阀盖表面无裂纹、砂眼等缺陷；阀体与阀盖接合面平整，无凹口和凸口，无损伤，其径向间隙一般为 0.2～0.5mm。

（2）阀瓣与阀座密封面无锈蚀、刻痕、裂纹等缺陷。

（3）阀杆弯曲度不超过相应规定，椭圆度不超过 0.1～0.2mm，阀杆螺纹完好，与螺纹套筒配合灵活。

（4）填料压盖、填料室与阀杆的间隙要适当，一般为 0.1～0.2mm。

（5）各螺栓、螺母的螺纹应完好。

（6）平面轴承的滚珠、滚道应无麻点、腐蚀、剥皮等缺陷。

（7）传动装置动作要灵活，各配合间隙符合要求。

14-12 管子套丝后有哪些质量要求？

答：管子套丝后的质量要求如下：

（1）管子丝面与管子中心线应呈 90°角。

（2）丝扣完整无残缺、歪损。

（3）丝扣松紧应合适。

14-13 为什么在管道系统安装中要设置管道补偿器？什么情况下一般不设置管道补偿器？

答：管道安装中设置补偿器的作用是为了保证管道在热状态下的稳定和安全工作，减小并释放管道受热膨胀时所产生的应力。所以管道在安装中每隔一定的距离就应设置热膨胀的补偿装置。

当管内介质温度不超过 80℃，管道又不长且支点配置正确时，则管道长度的热变化可以使其自身的弹性予以补偿，一般这种情况下不设置补偿器。只有不能满足补偿要求时，再考虑设置补偿器。

14-14 管道热补偿的方式有哪些？适用于什么范围？

答：管道热补偿方式有以下两种：

（1）利用管道几何形状所具有的弹性来吸收热变形。所谓管路的弹性，就是在力的作用下管路产生弹性变形、几何形状改变，在力停止后又恢复原状的能力。由于管路的几何形状是在布置管路自然形成的，所以这种热补偿方法又称管路的自然热补偿，常用的有 L 形和 Z 形弯管。

（2）利用管道补偿器吸收热变形。当管路中的直线管段过长，无法采用自然补偿时，可在直线两端设固定点，在两固定点之间设补偿器来吸收热变形。常用的管道补偿器有以下 3 种：

1）采用专门加工成⊓形的连续弯管（由 4 个 90°弯管组成），来吸收热变形，称为方形补偿器。这种补偿器是以⊓形弯管的弹性变形来吸收热变形的，也属于管道弹性补偿器。

2）利用波形管上波形的弹性变形来吸收热变形，称为波形补偿器。

3）利用可以自由伸缩的套管来吸收热变形，称为套管式补偿器。

管路的自然热补偿和方形补偿器，都是利用弯管的弹性变形来吸收热胀或冷缩，所以又统称为弯管型补偿器，在管道工程中应用最为广泛。

14-15 管道支吊架分几类？选用的原则是什么？

答：管道支架有固定支架和活动支架两种。常用的管道支吊架按用途分为活动支架、固定支架、导向支架及吊架等。每种支吊架又有多种结构形式。

选用管道支吊架时，应遵守下列原则：

（1）在管道上不允许有任何位移的地方，应设置固定支架。支架横梁应牢固地固定在墙、柱子或其他结构物上。

（2）在管道上无垂直位移或垂直位移很小的地方，可装设活动支架或刚性支架。

（3）在水平管道上只允许管道单向水平位移的地方，在铸铁阀件和⊓形补偿器两侧适当距离的地方，应装设导向支架。

14-16 管道支架上敷设管道应考虑哪些问题？

答：管道支架上敷设管道时应考虑管道的合理排列、支架所承受荷重、管道的轴向水平推力和管道侧向水平推力等问题。

14-17 常用管道支吊架间距如何确定？

答：所有管道都应以合理结构的支架或吊架妥善支撑。支架的间距，一般在设计时已经算出，施工时按设计规定采用即可。

14-18 支吊架安装的技术要求有哪些？

答：支吊架安装的技术要求如下：

（1）支吊架横梁应牢固地固定在墙、柱子或混凝土结构的预埋件上，横梁长度方向应水平，顶面应与管子中心线平行。支吊架的吊杆应垂直于管子，吊杆的长度应能调节。两根热膨胀方向相反的管道，不能使用同一个吊架。

（2）固定支架承受着管道内的压力的反力及补偿器的反力，因此固定支架必须安装在设计规定的位置，并使管子牢固地固定在支架上。应保证托架、管箍与管壁紧密接触，并应把管子卡紧，使管子没有转动、窜动的可能，从而起到管道膨胀时死点的作用。

（3）活动支架不应妨碍管道由于热膨胀所引起的移动。所有活动支架的活动部分均应裸露，不得为水泥及保温层覆盖，也不得在管子和支座间填塞垫块。

（4）不得在没有补偿装置的管道直管段上同时装两个及以上的固定支架，即两固定支架必须有补偿器。

（5）支架的受力部件，如横梁、吊杆及螺栓等的规格应符合设计或有关标准的规定。

14-19 管子弯曲有哪些基本要求？

答：管子煨弯一般分为冷煨和热煨两种方法。管子弯曲后，应达到下列三个基本要求：

（1）弯曲角度要准确。

（2）在弯曲处的外表面应平整、圆滑，没有皱纹和裂纹。

（3）在弯曲处的横截面中应设有明显的圆变形。

14-20 简述管子冷弯的方法。

答：管子在不加热的状态下进行弯曲加工称为冷弯。管子冷弯通常用手动弯管机或电动弯管机等机具进行，可以弯制公称通径不超过 150mm 的弯头。由于弯管时不用加热，对弯曲合金钢管、不锈钢管及铜管更为适宜。

冷弯弯头的弯曲半径不应小于管子公称通径的 4 倍。管子的冷弯是不充砂的，外径 38mm 以下的管子可以在手动弯管机上进行弯管。如果要弯制直径大于 38mm 的管子，且数量较多，则应在电动弯管机上进行。

在弯管过程中，管子除产生塑性变形外，还存在着一定的弹性变形。所以，当外力撤除后，弯头将弹回一角度，一般为 3°～5°。因此弯管时要过弯 3°～5°以补偿回弹量。

14-21 弯管的方法有几种？

答：弯管的方法有冷弯法和热弯法两种。冷弯管法又分手工和机器两种。

14-22 简述一般热弯管的工作顺序。

答：一般热弯管的工作顺序如下：

（1）将砂做干燥处理，填装砂子并振紧，加装堵头（堵头用木塞）。

（2）准备样板（用直径 10～15mm 的钢筋制成）。

（3）准备好焦炭（不用煤，因煤含硫，会使管子变脆），把炉加热，炉火调好。

（4）准备弯制平台。

（5）画好管子加热部位，送入炉内加热，并加盖铁板。加热过程中要注意翻动管子，以免烧坏管壁。

（6）管子热至 1000℃（橙黄色）左右，就可抬到弯曲平台上进行弯曲工作。开始弯曲时被弯曲部位的远处两端用水冷却（合金管不可浇水，以免发生裂纹），按照样板的弯曲度来弯制。当温度降到 700℃（黑红色），合金管降到 750℃时，弯曲工作应停止，再去重新加热后再弯。

（7）弯管时不可用力过猛，力量应保持均匀，以防止用力不匀而引起折皱，有发扁象征时要注意浇水或停止弯曲。弯曲过了角度时，可利用局部冷却来调整角度，弯曲成功时，一般多弯3°～5°，因冷却后管子能伸展3°～5°。

（8）管子冷却，倒出砂子，清理内外管壁。

14-23　对弯曲后的管道应检查哪些内容？

答：（1）对弯曲后的管道，应注意检查管子断面的椭圆度不超过 7%～9%（可用球法来检查）。

（2）弯曲半径应符合样板。

（3）弯管外弧部分实测壁厚不得小于设计计算壁厚（壁厚用钻孔法来获取）。

14-24　法兰与管道焊接时应注意哪些事项？

答：法兰与管道焊接时应注意以下事项：

（1）法兰接触面应平整光滑，可允许有环形浅槽，但不得有斑疤、砂眼及辐射向沟槽，两法兰面均匀、严密地接触。

（2）法兰平面中心线应垂直于管子中心线，其偏差不大于 1～2.5mm。

（3）法兰螺孔孔距位置（直线测量）允许误差为 0.5～1.0mm。

（4）法兰孔眼中心线与管子中心线位移允许误差为 1～2mm。

（5）两法兰平面允许偏差为 0.2～0.3mm。

（6）法兰与管道焊接时，应注意焊接应力变形（特别是不锈钢）。

14-25 如何选用法兰?

答:选用法兰时,首先应根据公称压力、管道公称直径、工作温度和介质的性质来选用所需的法兰类型、标准及其材质,然后确定法兰的结构尺寸和螺栓的数目、材质与规格等。用于特殊介质的法兰材质,应与管子的材质相同。

14-26 简述普通碳素钢管热弯的方法和步骤。

答:管子在加热状态下进行弯曲加工称为热弯。普通碳素钢管热弯的步骤可分为充砂、画线、加热、弯曲、检查及冷却和除砂等。

(1) 管子的充砂。管子内充砂的目的是防止管在弯曲时产生椭圆或起皱折,同时,砂在加热时能储蓄大量的热量。管子充砂用的砂子必须清洁、干燥,颗粒均匀适中(直径为 2~3mm)。在充砂前,先将管子的一端塞以木塞,木塞长度为管子直径的 1.5~2 倍,锥度为 1:25,塞子必须用大锤打紧。然后将管子竖直靠在专门的充砂架旁,用漏斗将砂子灌入管内,一般每装 300~400mm 后就要用人工或压缩空气的振动器在管子外壁上敲打或振动一阵,使砂子装得结实,无论采用哪种方式都不要损伤管子表面。充砂完成后在管子的上端也要打入一个木塞,必须使其接触到管中的砂面。

(2) 画线。管子的画线是指在管子待弯曲部分用白粉笔或记号笔做上标记的操作过程。

管子弯曲部分的长度计算公式为

$$L = (\pi \alpha R)/180$$

式中 L——管子弯曲部分中性层的长度,mm;

α——管子弯曲的角度,°;

R——管子弯曲部分中性层的曲率半径,mm;

π——圆周率(3.1416)。

(3) 管子的加热。画完线的管子便可以加热,一般小管径的管子用火焊烤把加热,较大管径的管子用火炉加热。管子加热时,管子加热段应全长置于均匀的火焰中,并且转动管子使四周加热均匀。加热温度:碳钢为 950~1000℃,合金钢为 1000~1050℃。

(4) 管子的弯曲。弯管时,将加热好的管子放在平台上,不需要弯曲的管段少浇点水冷却(对合金钢不能浇水,以免产生裂纹),以提高此部位的刚性,然后弯管。弯管过程应当均匀地进行,弯制过程中要随时用样板检查其弯曲度。

(5) 管子的冷却和除砂。管子弯完后,应使其缓慢冷却,一般都放在空气中冷却。使管子完全冷却后，便可将管内的砂子倒出来。砂子倒空后，应将管子进行锤击，特别是在弯曲的地方应多加锤击。然后用钢丝刷清理，再用压缩空气吹净。最后，检查弯曲的正确性以及其他缺陷。

14-27　影响管子椭圆度的因素有哪些？

答：呈椭圆形截面的管段承受内部介质压力的能力将降低，所以弯管工作中应尽量采取措施，把椭圆度控制在一定范围内。

影响管子椭圆度的因素很多，如管子弯曲角度、弯曲半径、直径 D、壁厚 S 等较为主要。一般说来，弯曲角度越大，弯曲半径越小，直径越大，管壁越薄，弯曲时产生的椭圆度就越大。反之，产生的椭圆度就越小。对一定的管段，管径和壁厚是定值，弯曲角度应按设计要求予以保证，这样，就只有弯曲半径是决定椭圆度的关键性因素了。因此，合理地选用弯曲半径是十分重要的。一般要求冷弯弯头的弯曲半径为公称直径的 4 倍以上；热弯弯头的弯曲半径为公称直径的 3.5 倍以上。

14-28　对金属管道的安装有哪些要求？

答：对金属管道的安装要求如下：

(1) 管道安装时，应对法兰密封面及密封垫片进行外观检查，不得有影响密封性能的缺陷存在。

(2) 法兰连接时应保持平行，其偏差不大于法兰外径的 1.5%，且不大于 2mm，不得用强紧的方法消除歪斜。法兰连接还应保持同轴，其螺孔中心偏差不得超过孔径的 5%，并保证螺栓能自由穿入。

(3) 采用软垫片时，周边应整齐，垫片尺寸应与法兰密封面相符，垫片厚度应合适，垫片材质应符合输送介质的腐蚀性能，垫片两面均涂上黑铅粉。

(4) 管道安装时，如遇下列情况，则所用螺栓、螺母均应涂上二硫化铜润滑剂。

1) 不锈钢、合金钢螺栓和螺母。

2) 管道设计温度高于 100℃或低于 0℃。

3) 露天设有大气腐蚀或腐蚀介质。

(5) 法兰连接应使用同一规格螺栓，安装方向一致。紧固螺栓应对称进行，均匀紧固。螺栓拧紧后，露在螺母外边的螺纹以 2～3 牙为宜。

(6) 管子对口前，应将焊接端的坡口面及内外管壁 20mm 范围内的铁锈、泥土、油脂等脏物清除干净。不圆的管口应进行修整。对口应使两管中心线在一条直线上，也就是说对焊的两个管口必须对准，错口值不应超过管壁厚度的10％，最大不得超过1mm。管子焊接时应垫牢，不得搬动，不得将管子悬空或处于外力作用下施焊。焊接过程中管内不得有穿堂风。凡是可以转动的管子，都应采用转动焊接；应尽量少对固定口，以减小仰焊，这样可提高焊接速度和保证焊接质量。焊缝焊接完毕应自然缓慢冷却，不得用冷水骤冷。

（7）管道连接时，不得用强力对口，应用加热管子、加扁垫或多层垫等方法来消除接口端面的空隙、偏差、错口或不同心等缺陷。

（8）疏排水的支管与主管连接时，宜按介质流向稍有倾斜。不同介质压力的疏排水支管不应接在同一主管上。

（9）管道上仪表接点的开孔和焊接应在管道安装前进行。

（10）管道在穿过隔墙、楼板时，位于隔墙、楼板内的管段不得有接口，一般应加装套管。

（11）埋地钢管安装前应做好防腐绝缘，焊缝部位未经试压不得进行防腐，在运输和安装时应防止损坏绝缘层。

（12）敷设管道时，应使水平管段有一定的同向坡度，以保证排放时将液体介质全部排出。通常蒸汽和药剂管道的坡度大于或等于0.004；水管的坡度不小于0.002；油管道的坡度不小于0.01；气管道的坡度不小于0.002；含泥渣管道的坡度不小于0.005。

14-29 对非金属管道的安装有哪些要求？

答： 对非金属管道的安装要求如下：

（1）不应敷设在走道或容易受到撞击的地面上，应采用管沟或架空敷设。

（2）沿建筑物或构筑物敷设时，管外壁与建（构）筑物净距应不小于150mm；与其他管路平行敷设时，管外壁间净距应不小于200mm；与其他管路交叉时，管外壁间距应大于150mm。

（3）管道架设应牢固可靠，必须用管夹夹住，管夹与管之间应垫以3～5mm厚的橡胶衬垫，且不应将管路夹得过紧，需允许其轴向移动。

（4）架空管水平敷设时，长度为1～1.5mm的管子可设一个管夹；长度为2m及以上的管子需用两个管夹，并装在离管端200～300mm处。垂直敷设时，每根管子都应有固定的管夹支撑。承插式管的管夹支撑在承口下面，法兰式管的管夹支撑在法兰下面。

（5）脆性非金属管不要架设在有强烈振动的建（构）筑物或设备上。当这种管垂直敷设时，在离地面、楼面和操作台面2m高度范围内应加保护罩。

（6）架空敷设时，在人行道上空不应设置法兰、阀门等，避免泄漏时造成事故。

（7）在穿墙或穿楼板时，墙壁或楼板的穿管处应预埋一段钢管。钢管内径应比非金属管外径大 100～130mm，两管间充填弹性填料。钢管两端露出墙壁或楼板约 100mm。

（8）管道与阀门连接时，阀门应固定牢固。在阀门的两端最好装柔性接头，避免在启闭阀门时扭坏管子。

（9）管道安装坡度可取 3/1000，水平偏差为 0.2％～0.3％，垂直偏差为 0.2％～0.5％。

（10）应根据管子材质、操作条件及安装地点等的不同，考虑采取热伸长补偿措施和保温措施。

14-30　对衬里管道的安装有哪些要求？

答：衬里管道有衬胶管、衬塑管、衬玻璃钢管，它们都是带法兰的定型管段，采用法兰连接。

（1）防腐衬里管道的三通、弯头、四通等管件均制成法兰式。预制好的带法兰的管段及阀件均应编号，打上钢印，按图安装。

（2）防腐衬里管道宜在衬里前进行一次试装，并应仔细考虑必须安装在管道上的仪表、取样管等接口的位置。

（3）第一次试装不允许强制对口硬装，否则衬里后有可能安装不上，因此需预留出衬里厚度和垫片厚度，尺寸要计算准确，合理安装。

（4）衬里管段安装时，不得施焊、局部加热、扭曲和敲打。

（5）管道端面法兰应内外两面焊接，焊接后必须用角向砂轮机磨光，不得有凹凸不平、气孔等现象，转角处应有 $y=5mm$ 的圆角。

（6）搬运、堆放和安装衬里管段及管件时，应避免强烈振动或碰撞。

14-31　架空管道的安装顺序及注意事项是什么？

答：架空管道的安装顺序如下：

（1）按设计图纸规定的安装坐标，测出支架上的支座安装位置。

（2）安装支座。

（3）根据吊装条件，在地面上先将管件及附件组成组合管段，再进行吊装。

（4）管子与管件的连接。

（5）试压与保温。

架空管道安装的注意事项如下：

（1）管子焊接时，要注意焊缝不要处在托架和支柱上，一般规定管子间的连接焊缝与托架间的距离应为150~200mm。

（2）根据管子的大小、质量和室内外等不同情况来选用起重机具。

（3）架空安装管道时，吊上去还没有焊接的管子，要绳索牢固地绑在支架上，防止管子从支架上掉下来发生事故。

14-32　试述进行管道水压试验的方法及步骤。

答：进行管道水压试验的方法及步骤如下：

（1）向管内灌清水，此时应打开进水阀和管道各高处的排气阀。

（2）待水灌满后，关闭排气阀和进水阀，接下来用手摇试压泵或电动试压泵加压，使压力逐步升高，到一定数值时，应停下泵对管道进行检查，无问题时再继续加压，一般分2~3次升压到试验压力（一般试验压力为工作压力的1.25倍）。当压力达到试验压力时停止加压，在试验压力下保持5min，如管道未发生异常现象，压力表指针数值未下降，即认为水压试验合格。

（3）再把压力降至工作压力，对管道再进行全面检查，检查完毕后，如压力表指针数值没有下降，且管道焊缝及法兰连接处没有渗漏现象，即可认为严密性试验合格。

14-33　对管道进行水压试验时有哪些要求？

答：对管道进行水压试验时的要求有：管道安装完后，应以1.25倍的工作压力进行试验，并不小于工作压力加5个大气压。然后管道需以水泵全开阀门的最大压力进行试验，保持5min，用1.5kg重的手锤敲击检查焊缝与法兰接合面。如果有泄漏或出汗现象，压力表计无压力下降的指示，则表示试验不合格。地下管道回填后应进行二次强度压力试验。对于有缺陷的，应放水处理后，再进行试验。

14-34　了解水处理钢管的腐蚀和结垢情况时应采用哪几种检查方法？

答：水电厂补给水处理的预处理系统、软化水系统、压缩空气系统、加药系统以及制氢系统等的管道，以采用钢管为主，为了了解水处理钢管的腐蚀和结垢情况应采用下列几种检查方法：

（1）解体检查。在系统或设备大小修时，要相应地拆开法兰，对管道进行解体检查，了解结垢及腐蚀情况，发现结垢、腐蚀严重应及时处理，更换管段；若不严重，可记入检修记录内，为计划检修做好基础管理工作。

（2）割管检查。对多年运行的预处理管道、软化水管道、加药系统管道及地下排水管道等不便于解体检查时，可采取割管检查。对 $D_m \leqslant 100mm$ 的小型管道，可切割一段旧管换上一段新管，之后再检查割下的管段的结垢和腐蚀情况；对 $D_m > 100mm$ 的大型管道，可选择不同部位割下片状管立即鉴定后再补焊好；还可采用钻孔的办法检查泥垢厚度，即用手枪电钻在现场就地钻直径 6～8mm 的孔若干个，检查完泥垢厚度后再补焊好。应将割管检查的结垢和腐蚀情况记在检修台账中，作为计划检修的依据。

（3）用探伤仪检查。在不能采用上述方法进行检查的情况下，也可采用超声波仪器进行管壁厚度等的检查，从而分析判断结垢、腐蚀情况。

14-35　直埋地下的管道为什么要进行防腐？

答：因为埋地钢管外壁直接与土壤接触会产生腐蚀。埋地壤腐蚀是金属与土壤中的盐类和其他物质的溶液相作用而发生的破坏。这种破坏属于电化学腐蚀。土壤系由无机物、有机物和各种盐类组成，它们具有不同的孔隙率和对水、气的渗透性，且土壤中经常含有水分而形成电解液，所以直埋地下的钢管要预先进行防腐，才能将管道埋入地下。

14-36　低压管路的压力不超过多少时可使用有缝钢管作为水系统的管子？

答：低压管路的压力不超过 1.568MPa 时，可使用有缝钢管作为水系统的管子。

14-37　输送腐蚀性介质溶液时应选择什么材质的管子？

答：输送腐蚀性介质溶液时，应选择钢管涂有防腐覆盖层管道、防腐材料喷镀管道、橡胶衬里管道或塑料管道，并架空敷设。

14-38　对蒸汽管道和热水管道必须采取什么措施？

答：对蒸汽管道和热水管道，必须采取在管道适当位置配有热补偿器，以减少管道的膨胀，并对管道做保温措施。

14-39　在管径不大于 60mm 的管道上，什么情况下可采用螺纹连接？

答：在管径不大于 60mm 的管道上，介质工作压力在 1.01MPa（表压）以下，介质温度在 100℃ 以内，且便于检查和修理的水、煤气输送钢管、镀锌钢管可采用管螺纹连接。

14-40　管道对焊装配时应注意哪些事项？

答：管道对焊装配时应注意以下事项：

（1）直径小于 80mm，壁厚不大于 3mm 时，对焊采用氧炔气焊的方法，管壁较厚时应采用电弧焊接。

（2）管壁大于 4mm 对焊时，应采用开 V 形坡口的方法焊接（坡口角度为 60°～70°，钝边为 1～2mm，接口空隙为 1.5～3mm）。

（3）焊接前应将焊缝 10～15mm 范围内除净铁锈、泥垢和油污等，直至露出金属光泽。

（4）管道对焊时其位置差和壁厚差不得超过管壁的 10%，最多不超过 3mm。

14-41 小管径管弯曲时应注意哪些事项？

答：小管径管弯曲时应注意：不用弯管器、不填充砂子时，其弯曲半径不应小于其外径的 4 倍。利用填充砂法或弯管器时，其弯曲最小半径不小于其外径的 2 倍。

第十五章　阀门的安装与检修

15-1　什么是阀门的公称直径？

答：阀门的公称直径是指阀门进出口通道的名义直径，它表示阀门的规格的大小，用 DN 表示，单位为 mm。

15-2　什么是阀门的公称压力？

答：阀门的公称压力是指阀门在基准温度下允许承受的最大工作压力，即阀门的名义压力，用 PN 表示。

15-3　什么是闸阀？

答：闸阀是指闸板在阀杆的带动下，沿阀座密封面做相对运动而达到开闭目的的阀门。

15-4　什么是截止阀？

答：截止阀是指阀瓣在阀杆的带动下，沿阀座密封面的轴线做升降运动而达到开闭目的的阀门。

15-5　什么是蝶阀？

答：蝶阀是指蝶板在阀体内绕固定轴旋转而达到开闭或调节目的的阀门。

15-6　什么是隔膜阀？

答：隔膜阀是指阀杆与介质隔绝，阀瓣在阀杆的带动下，沿阀杆轴线做升降运动而开闭的阀门（阀瓣带动橡胶隔膜）。

15-7　什么是球阀？

答：球阀是指球体绕垂直于通道的轴线旋转而开闭通道的阀门。

15-8　什么是止回阀？

答：止回阀是指阀瓣能靠介质的力量自动防止介质倒流的阀门。

15-9　什么是减压阀？

答：减压阀是指通过阀瓣的节流将介质压力降低，并借助阀后压力的作用调节阀瓣的开度，使阀后的压力自动保持在一定范围内的阀门。

15-10 什么是安全阀？

答：安全阀是指阀瓣在介质压力超过规定值时能自动开启，排放到介质压力低于规定值时又能自动关闭的阀门，它对管道或机器设备起保护作用。

15-11 简述阀门法兰泄漏的原因。

答：（1）螺栓紧力不够或紧偏。

（2）法兰垫片损坏。

（3）法兰接合面不平。

（4）法兰垫材料或尺寸用错。

（5）螺栓材质选择不合理。

15-12 更换阀门法兰垫片时应注意哪些事项？

答：（1）垫片的选择。形式和尺寸应按照接合面的形式和尺寸来确定，材料应与阀门的工况条件相适应。

（2）对选用的垫片，应仔细检查，确认无任何缺陷后方可使用。

（3）对上垫片前，应清理密封面。

（4）垫片安装在接合面上的位置要正确。

（5）垫片只允许上一片。

15-13 简述手动隔膜阀常见故障及其原因。

答：（1）手轮开关不灵活或开关不动。原因：①轴承损坏；②阀杆弯曲；③阀杆螺母或螺纹损坏；④隔膜螺钉脱落。

（2）上阀盖水孔漏水。原因：隔膜片破损。

（3）阀门关不严。原因：阀瓣与阀体的曲线度不同或阀体脱胶，也可能卡住硬东西。

15-14 截止阀的密封原理是什么？主要作用是什么？

答：截止阀是依靠阀杆压力，使阀瓣密封面与阀盖密封面紧密贴合，阻止介质流通的，其主要作用是切断，也可粗略调节流量，不能当截流阀使用。

15-15 蝶阀的动作特点和优点是什么？

答：蝶阀动作的特点：蝶阀的阀芯是圆盘形的，阀芯围绕着轴旋转，旋角的大小便是蝶阀的开度。蝶阀的优点是轻巧、开关省力、结构简单、开关迅速，切断和节流均可使用，流体阻力小，操作方便。

15-16　阀门的装配有哪些要求？

答：(1) 组装条件。所有的阀件经清洗、检查、修复或更换零件，其尺寸精度、相互位置精度、表面粗糙度，以及材料性能和密封性能等，都符合技术要求后方可组装。

(2) 组装原则。一般情况下先拆的后装，后拆的先装，要弄清配合要求和相互位置，切忌猛敲乱打；操作要有顺序，是先里后外，从左至右，自下而上；先零部件、机构，后上盖，最后进行严密性试验。

(3) 装配效果。配合合理，连接正确，阀件齐全，螺栓均匀紧固，开关灵活，指示准确，密封可靠，适应工况。

15-17　简述闸阀和截止阀的拆卸与装配方法。

答：闸阀和截止阀的拆卸方法如下：

(1) 首先用刷子清扫阀门外部的污物，做好阀盖与阀体的位置标记，然后将阀门置于开启状态。

(2) 将阀门平置于地面的橡皮垫上，卸下阀盖螺母，把手轮、阀杆、阀盖、闸板（阀瓣）一并从阀座上取下。

(3) 拆下阀板卡子，使阀板与阀杆脱离，把镶有铜环接触面（阀芯）的一面朝上放好。

(4) 卸下阀盖上的填料压盖螺母，按顺时针方向旋转手轮，阀杆与阀杆螺母脱开。

(5) 将盘根从填料函中取出。

将修理后的阀门部件组装好，其组装一般是拆卸的逆顺序：

(1) 将阀杆穿入填料压盖及阀盖中，并使阀杆上端对住阀杆衬套螺母口，然后按逆时针方向旋转手轮，使阀杆伸出衬套螺母。

(2) 先将闸板平放在工作台上（衬上石棉板等软物），再将阀门顶心（楔铁）和阀杆下端放入闸板中间，然后将另一块闸板扣上，并用不锈钢丝卡子卡住闸板脖子。

(3) 将阀盖与阀体之间的衬垫放好，再把阀盖、阀杆及闸板一并放入阀座内，对好记号，穿入螺栓对称均匀紧固（此时阀门应处于开启位置）。

(4) 填料函中加装填料，填料的尺寸应合适，不得太大或太小，并在填料接口处切成45°斜坡。对接或搭接填料时，应将填料套在阀杆上，使接口吻合，然后轻轻地嵌入填料函中，相邻两圈的接口要错开90°～180°。向填料函装填料时，应每装1～2圈用压盖压紧一次，不要一次装满后再压紧，填料盒不要装满，要留 3～5mm 的距离，并留有热紧余地。旋转阀杆开启阀门，根据用力的大小来调整压盖螺栓的松紧。

15-18 对闸阀、截止阀等常用阀门的安装有哪些要求？

答：对闸阀、截止阀等常用阀门的安装要求如下：

（1）安装前应按设计核对型号，并根据介质流向确定其安装方向。

（2）检查、清理阀门各部分污物、氧化铁屑、砂粒及包装物等，防止污物划伤密封面、污物遗留阀内。

（3）检查填料是否完好，一般安装前要重新装好填料，调整好填料压盖。

（4）检查阀杆是否歪斜，操作机构和传动装置是否灵活，试开关一次，以检查能否关闭严密。

（5）水平管道上的阀门，其阀杆应安装在朝上方向。

（6）安装铸铁、硅铁阀门时，需注意防止强力连接或受力不均而引起损坏。

（7）介质流过截止阀的方向是由下向上流经阀盘，即下进上出。

（8）阀门不宜倒装即手轮朝下，明杆阀门不宜装在地下。

（9）安装止回阀时，应特别注意介质的正确流向，以保证阀盘（瓣）能自动开启。升降式止回阀应水平安装并保证阀盘中心线与水平面互相垂直；对于旋启式止回阀，一般应垂直安装，但在保证旋板的旋转枢轴呈水平的情况下，也可水平安装。

15-19 简述常用气动衬胶隔膜阀拆卸与装配的顺序。

答：常用气动衬胶隔膜阀的拆卸顺序如下：

（1）将手轮螺母、手轮、手动锁母及阀杆螺母拆下。

（2）拆下气缸盖对角的两个螺栓，换上比气缸外壳长 1.5 倍的全丝扣螺栓（指有弹簧的隔膜阀），并拧紧螺母，然后将其余的缸盖螺栓全部拆下。

（3）将两个长螺栓的螺母对称逐个放松，直到使弹簧延伸到自由长度为止，取出螺栓。

（4）将活塞杆与活塞固定螺栓取下，拆下活塞，气缸解体，取出弹簧。

（5）拆缸阀盖与阀体紧固螺栓，阀盖与阀体分解，卸下隔膜。

（6）将拆下的各零部件清洗干净，检查有无损坏和是否需要更换。

隔膜阀的装配按拆卸逆顺序进行。

15-20 简述气动薄膜式衬胶隔膜阀的拆卸与装配顺序。

答：气动薄膜式衬胶隔膜阀的拆卸顺序如下：

（1）由仪表人员拆掉微动开关及进气管路。

（2）逆时针转动调整螺杆，使弹簧处于松弛状态，然后拆卸气缸及气缸盖的连接螺栓（常开式），取下气缸盖上体及弹簧部分。

（3）拆除弹簧罩与气缸盖的连接螺栓，取下弹簧罩，松开连杆螺栓，取出弹簧座及弹簧。

（4）拆下阀体与阀盖、气缸与阀盖的螺栓，取出阀杆、阀瓣与隔膜。

气动薄膜式衬胶隔膜阀装配时按拆卸的逆顺序进行。

15-21　水处理特殊阀门的试压方法是什么？

答：（1）蝶阀。蝶阀的整体密封性试验应从阀门介质流入端（进口侧）引进试压介质，蝶板应开启，另一端封闭。当注入试压介质的压力至规定值，检查填料和其他密封处无渗漏后，关闭蝶板，打开另一端盲板，继续打压进行蝶板的严密性试验，检查蝶板密合处无渗漏为合格。

（2）隔膜阀。隔膜阀严密性试验可从阀门任一端引入试压介质。试验时先开启阀瓣，另一端封闭做整体密封性试验。压力达到规定值后，检查阀体和阀盖无渗漏现象，关闭阀瓣，打开另一端盲板进行关闭件的严密性试验，检查隔膜密封处无渗漏为合格。气动隔膜阀应通气关闭阀瓣试压。

15-22　阀门试压的一般规定和注意事项是什么？

答：阀门试压的一般规定和注意事项如下：

（1）阀门的强度和严密性试验应符合产品说明书的规定。修补过的阀体、阀盖或受到腐蚀损伤的阀门应做强度试验，一般情况下，阀门不做强度试验。

（2）试压时压力要求逐步增高，不允许急剧地、突然地增加压力。

（3）中低压阀门修好后，阀门入口处朝上，关闭阀门注入水或煤油，经几小时后，检查不渗水或不渗油，即可认为严密性初步合格。

（4）阀门密封性试验的压力为工作压力的 1.25 倍，持续 5min 无渗透，则认为严密性试验合格。

（5）试压中，当阀门手轮的直径小于 320mm 时，阀门的关闭力为一个人的正常体力，只得由 1 人来关闭，不得借助杠杆之类的工具加力；手轮直径大于或等于 320mm 时，允许 2 人共同关闭。

（6）凡具有驱动装置的阀门，做密封性试验时，应用驱动装置关闭阀门。

（7）进行密封性试验时，除旋塞阀有规定允许密封面涂油外，其他阀门不得在密封面上涂油。

15-23　试述截止阀的检修方法。

答：截止阀的检修方法如下：

（1）从系统中拆下阀门，管道敞口用法兰套封住。

（2）清除阀门外部的灰垢，在阀体及阀盖上做好记号（防止装配时错位），然后将阀门处于开启状态。

（3）拆下手轮、填料压盖螺母，退出填料压盖。

（4）拆下阀盖与阀体连接螺母，取下阀盖，铲除垫片。

（5）旋出阀杆，取下阀瓣，妥善保管（置于橡皮上，并用布盖好），清除填料盒中旧填料。

（6）较小的阀门，通常夹在虎钳上进行拆卸，但注意不要夹持在法兰接合面上。

（7）检查阀体与阀盖表面有无裂纹、砂眼等缺陷，阀体与阀盖接合面是否平整，凹口和凸口有无损伤；检查阀瓣与阀座的密封面有无锈蚀、刻痕、裂纹等缺陷；检查阀杆是否弯曲、表面锈蚀和磨损情况以及阀杆螺纹是否完好等。

（8）在阀体或阀盖上发现裂纹或砂眼时，应加工好坡口进行补焊，对合金钢制成的阀体与阀盖，补焊前要进行 250～300℃ 的预热，焊后进行保温使其慢慢冷却。如法兰经过补焊，焊缝高出原平面，必须车制削平焊缝，以保证凹凸口的配合平整。

（9）阀瓣、阀座密封面出现的磨点、刻痕，若深度超过 0.5mm，应先在车床上光一刀再研磨。为了提高工效，阀瓣可直接在车床上光出，再用抛光砂皮磨光。通常研磨可采用砂皮进行（也可用研磨砂）。

（10）砂皮研磨可先用粗砂皮把磨坑、刻痕等磨平，再用细砂皮把粗砂皮研磨时造成的纹痕磨掉，然后用抛光砂皮磨一遍即可。如阀门有很轻的缺陷，可直接用 0 号或 00 号砂布研磨（用砂皮研磨阀座时，工具和阀门间隙要小，一般每边间隙为 0.2mm 左右。如间隙过大易磨偏，在用电动研磨机研磨时要用力轻而均匀）。

（11）截止阀的组装：

1）把阀瓣装在阀杆上，使其能自由转动，但锁紧螺母不可松动，止退垫片不要漏装。

2）将阀杆穿入阀盖的填料盒，再套上填料压盖，旋入螺纹套筒中至开足位置。

3）将阀瓣、阀座擦干净，并用石墨垫片装入阀体与阀盖的法兰之间，将阀盖装在阀体上，对称拧紧连接螺栓，并使法兰四周间隙一致。

4）阀门处于关闭位置，向填料盒中加装填料，每装 1～2 圈用压盖压紧一次，不要一次装满后压紧一次，填料盒不要装满，要留 3～5mm 的距离，旋转阀杆开启阀门，根据用力大小来调整压盖螺栓的松紧。

（12）阀门打压。

（13）装入系统。

15-24 试述截止阀的技术要求。

答：截止阀的技术要求如下：

（1）阀体与阀盖无裂纹、砂眼等缺陷；阀体与阀盖接合面平整，凹口和凸口无损伤，其径向间隙为 0.2～0.5mm。

（2）阀瓣与阀座的密封面无锈蚀、刻痕、裂纹、磨损等缺陷。

（3）阀杆弯曲度为 0.1～0.25mm，表面锈蚀和磨损深度不超过 0.1～0.2mm，阀杆螺纹应完好，与螺纹套筒配合要灵活。不符合上述要求的要换新，所用材料与原材料相同。

（4）填料压盖、填料盒与阀杆的间隙要适当、均匀，一般为 0.1～0.2mm。

（5）各螺栓、螺母的螺纹应完好，配合适当。

（6）用砂皮研磨阀座时，工具和阀门的间隙要小，每边间隙为 0.2mm 左右。研磨时应顺时针方向转动，以防螺栓松动脱落。

（7）填料应采用开口定型石墨填料（根据压力等级不同选用，压力等级高的阀门应选用含镍丝的石墨填料），相隔两圈的接口要错开 $90°\sim180°$。填料盒不要装满，留 3～5mm 的距离。

（8）阀门启闭松紧合适，且无卡阻现象。

（9）阀门水压试验无渗漏现象。

15-25 试述气动衬胶隔膜阀的检修方法。

答：气动衬胶隔膜阀的检修方法如下：

（1）联系热控人员拆去阀门气管及反馈装置。

（2）从系统中拆去阀门阀体与阀盖的连接螺栓，吊下阀门（对阀体衬里检查后，用法兰套封好）。

（3）将手轮螺母、手轮、锁母拆下。

（4）拆去气缸与气缸盖对角的 2 个连接螺栓，换成 2 个全丝扣螺栓，并拧上螺母。

（5）从阀瓣上旋下隔膜，将手轮盘至开启位置（可利用临时压缩空气软管轻松开启，使弹簧处于压缩状态），然后拆除其余气缸与气盖的连接螺栓，再盘动手轮逐渐关闭（同时松开对角 2 个螺母），使气缸和气缸盖因弹簧的放松（伸长）而逐渐脱开。

（6）取下手轮，旋出气缸盖，取出弹簧上座、弹簧，拆下阀杆与活塞杆连接螺栓，取下阀杆，用细铜棒填入活塞杆螺孔内，从阀盖内敲出活塞杆连同阀瓣，从气缸内取出活塞。

（7）将拆下的各零部件清洗干净，O 形橡胶密封圈调新，隔膜调新。

（8）按拆下的逆顺序进行装复操作，并对气缸、活塞、活塞杆、阀杆加入适量润滑脂。（注：借助于压缩空气气源可使拆卸与装复更为方便、快捷。）

（9）联系热控人员恢复气管及反馈（阀门处于开启状态，与阀体连接）。

15-26　试述气动衬胶隔膜阀的技术要求。

答： 气动衬胶隔膜阀的技术要求如下：

（1）阀瓣完好，阀瓣上反馈连接件完好（注意与阀盖孔配合）。

（2）O 形密封圈及隔膜换新。

（3）阀杆无损伤，应平直，螺纹无裂纹、毛刺等缺陷。

（4）弹簧完好，无腐蚀、裂纹、变形等。

（5）活塞、气缸光滑无锈蚀、麻点、凹痕等。

（6）阀杆与活塞杆连接螺栓锁母紧固可靠。

（7）气缸内清洁，润滑良好（加适量钙基润滑脂）。

（8）阀体阀盖衬胶部分无裂纹、脱壳、鼓泡。

（9）隔膜上的密封筋应与阀瓣上的密封凸线保持一致。

（10）投运后，气缸不漏气，启闭灵活，关闭严密。

15-27　试述夹式气动蝶阀的检修方法。

答： 夹式气动蝶阀的检修方法如下：

（1）联系热控人员拆去阀门气管及反馈装置。

（2）拆去阀门连接螺栓，取下气动阀门（拆去气动阀门在管路夹紧的部分螺栓，只要能取下阀门即可，其余螺栓松开）。

（3）拆除气动装置（执行器）与阀体法兰连接螺栓，拆出气动装置，从转轴上取下半圆键。

（4）解体气动装置（解体前做好必要的记号）。

（5）清理、检查零部件并视情况处理或更换备件。

（6）按拆卸反步骤装复气动装置，并在各运动配合部件装复阀门，联系热控恢复气管、反馈装置。

（7）用临时气管校验气动执行器，启闭动作灵活后装复在蝶阀上，均匀紧固螺栓（气动执行器输出轴端部套筒与阀门转轴用半圆键连接）。

（8）校验蝶阀，启闭旋转时不得有卡阻现象并能关到位。

（9）装复阀门，联系热控恢复气管、反馈装置。

（10）复校阀门，启闭灵活。

15-28 试述夹式气动蝶阀的技术要求。

答：夹式气动蝶阀的技术要求如下：

（1）蝶板密封面、阀座密封面完好、清洁。

（2）阀座橡胶衬圈完好，无老化、龟裂等现象。

（3）气缸表面无拉毛、划痕、磨损，表面光滑、清洁。

（4）气缸、活塞等各相对运动部件加注清洁的钙基润滑脂。

（5）O形密封圈橡胶无老化，完好无磨损，视情况更换。

（6）蝶阀装复后启闭应灵活、不漏，阀杆处不渗漏，气缸不可串气、漏气；加注适量钙基润滑脂（组装气动装置时要注意保持各零部件及油质的清洁）。

第十六章　澄清池的检修

16-1　机械搅拌澄清池中导流板的作用是什么？

答： 机械搅拌澄清池在第二反应室上部四周设有导流板，其作用是缓和叶轮提升水流时产生的旋流现象，减轻对分离室中的水流扰动，有利于泥渣和水的分离。

16-2　试述机械搅拌澄清池搅拌机的作用。

答： 搅拌机在机械搅拌澄清池中起着搅拌和提升的作用。由于搅拌机叶轮的旋转，形成一定的负压，它一方面通过叶轮的下部叶片搅动使进水和几倍（最大5倍）于原水的活性泥渣进行充分地混合和初步反应，另一方面通过叶轮提升到第二反应室继续反应，结成较大的絮绒体。搅拌机的提升能力除了与转速（配备调速电动机）有关外，还可以用改变叶轮高低的办法来调整。

16-3　机械搅拌澄清池的大修项目有哪些？

答： 机械搅拌澄清池的大修项目如下：

（1）解体、检查、修理搅拌机和刮泥机的变速箱等设备的机械部分。

（2）冲洗斜管，清理排泥斗、配水槽及池体内的积泥、青苔等杂物。

（3）检修机械加速澄清池和加药系统的管道、阀门。

（4）冲洗、清理取样管内的积泥，检修取样阀门。

（5）检修加药设备，检查清理空气分离器。

（6）清理检修排泥斗、搅拌器叶轮以及刮泥机耙架、刮板等金属部件。

（7）检查清理润滑轴承的润滑水系统。

16-4　试述机械搅拌澄清池的检修工艺顺序。

答： 机械搅拌澄清池在检修前，应先打开排泥斗阀门，把排泥斗里的泥渣全部排出，然后打开澄清池底部放空阀，把池体内的剩水和泥渣全部排至地沟。待池内水排空后，可开始检修工作，其检修顺序如下：

（1）从池顶开始，由上到下将斜管和上部池壁冲洗干净。

（2）在安全措施全部做好后方可对搅拌机和刮泥机进行拆卸、起吊和解体检修。对装刮泥机的澄清池，应先进入第一反应室，拆卸刮泥耙后再起吊。

（3）对装有斜管的澄清池，应先将斜管格栅上人孔处的斜管掀起，下至池底将第一反应室的人孔打开，进入第一反应室，将室底清洗干净。

（4）池体的检修应按下列顺序从上到下分步进行：

1）检查清理环形集水槽和斜管（板）。

2）检查清理第二反应室的导流板，使之牢固可靠。

3）检查清理分离室排污斗及其插板装置。

4）检查清理环形集水槽和辐射槽的孔眼。

5）检查清理加药管和取样管。

6）检查清理空气分离器。

7）检查修理排污阀、放空阀以及其他阀门。

16-5 机械搅拌澄清池第一反应室的大修内容及方法有哪些？

答：机械搅拌澄清池第一反应室的大修内容及方法如下：

（1）用压力水冲洗第一反应室，将泥渣冲洗干净，并清除杂物。

（2）检查刮泥耙组件应完好无损坏，紧固螺栓检查无松动。

（3）检查刮泥机底部轴承润滑水管应完好、无腐蚀，接口严密无渗漏。

（4）水下部分金属构件涂耐腐蚀材料防腐。

（5）检查刮泥板底边距池底间隙为 50^{+30}_{-20} mm，如间隙不符合要求，可操作刮泥机主轴手轮进行调整或调节刮泥耙臂的拉杆进行调整。

16-6 机械搅拌澄清池机械设备中单向推力球轴承装配时应注意哪些事项？

答：机械搅拌澄清池机械设备中单向推力球轴承装配时应注意如下事项：

（1）单向推力球轴承（俗称平面轴承）有一只紧圈和一只松圈，紧圈（也称轴圈，内圈较小）应与转动部件配合，松圈（也称座圈，内圈较大）应与静止部件配合，不得装错。否则，在轴承与零部件之间要产生滑动摩擦，滚珠丧失了作用，从而将失去承受推力的作用。

（2）双向推力球轴承，有一只紧圈（轴圈）和两只松圈（座圈），轴圈位于中间与轴颈配合，用来承受双向轴向荷载。

16-7 机械搅拌澄清池的检修工作全部结束后应做哪些工作？

答：机械搅拌澄清池的检修工作全部结束后，可由运行人员操作向池内进水至满，并进行静压试验。此时应全面检查池体、管道、阀门有无渗漏现象。接着启动搅拌机、刮泥装置及加药设备进行全面地试转，运行正常后方可交付运行。需要注意的是，搅拌机、刮泥装置必须在空负荷运行 24h 合格后，可带负荷试转。

16-8 机械搅拌澄清池检修的技术要求有哪些？

答：机械搅拌澄清池检修的技术要求如下：

（1）机械加速澄清池池体内外要完整，无损坏。池体进满水做静压试验无渗漏。平台、栏杆、扶梯完好。

（2）蜂窝状塑料斜管干净，管口完整无卷边，无严重变形和破损。复装时应排列整齐，疏密适度。

（3）金属部件完整牢固，油漆完好。

（4）混凝土构件完整，无裂纹，安装牢固。

（5）集水槽水平良好，出水小孔干净，流水畅通，水平误差不超过 ±2mm。

（6）取样管畅通，取样点位置正确。

（7）加药系统的管道畅通，加药泵出力正常，转动机械无异常情况。

（8）机械加速澄清池的所属阀门开关灵活，盘根无渗漏，关闭密封良好。

（9）排泥斗斗壁完整，防腐层良好，活动插板动作灵活，严密不漏。

（10）澄清池搅拌机、刮泥机的检修应符合设计要求和质量标准。试运转中电流稳定，各密封处不得有明显的漏油现象。搅拌机运转平稳，啮合正常，无异常振动和噪声，减速器温度升高，不超过 50℃，调整叶轮开启高度，应严格控制在标尺上下停止线范围内，调整后锁紧螺母必须锁紧。刮泥机转动各部正常，不得有卡涩、不正常的声响和跳动现象，轴承温度不应超过 65℃。底部水润滑轴承的来水系统畅通。叶轮升降调节器动作灵活，无卡涩现象。

（11）机械搅拌装置的主轴中心线与第二反应室中心线偏离误差，不应大于第二反应室直径的 0.5%。

（12）刮泥板与池底的距离不得小于 50mm，误差为 ±10mm。

16-9 简述 600t/h 机械搅拌澄清池大修的技术要求及注意事项。

答：600t/h 机械搅拌澄清池大修的技术要求及注意事项如下：

（1）检查清理各零部件完好、无损伤。

（2）减速器内及各零部件应清洗干净，各轴套（滑动轴承）与蜗轮轴等配合表面应光洁、无毛刺。

（3）蜗轮、蜗杆啮合、脱开灵活无卡阻，齿面应光洁，齿轮工作表面接触面积沿齿高不小于 50%，沿齿长不小于 50%。

（4）刮泥机减速器蜗杆各滚动轴承、蜗轮轴推力球轴承、手轮推力球轴承皆采用 ZG-3 润滑脂润滑，搅拌机的蜗轮轴推力球轴承采用 ZG-3 润滑脂润滑。

（5）刮泥机、搅拌机减速器蜗轮轴的滑动轴承采用 ZG-3 润滑脂润滑。

（6）各润滑油路应畅通、清洁，确保润滑油的加入和补充。

（7）刮泥机、搅拌机蜗轮减速器的润滑剂为 46 号机械油，油质应清洁，油位位于油位刻度中线。

（8）搅拌机减速器蜗杆滚动轴承间隙为 0.08～0.15mm。

（9）减速器所有连接件和密封处不得漏油或渗油。

（10）各滚动轴承、油封、三角皮带等易损件按原型号及规格换新。

（11）检查刮泥耙组件完好，各拉杆松紧合适，连接螺栓牢固无缺损。

（12）刮泥板底边与池底间隙为 50^{+30}_{-20} mm。

（13）设备在水上部分涂灰色调和漆 2 层，水下部分涂过氯乙烯漆 4 层。

（14）皮带轮找正误差小于或等于 1mm，三角皮带松紧合适。

（15）套筒滚子链找正误差小于或等于 1mm，滚子链松紧合适并采用适量 3 号锂基脂润滑油润滑。

（16）摆线针轮减速器检修后，转动灵活无卡阻现象。

（17）环形出水槽、出水孔清洁无杂物。第一反应室清洁无杂物。

（18）刮泥机底部轴承润滑水管完好，接头连接严密无渗漏现象。

（19）搅拌机主轴旋转方向按规定方向旋转（逆时针旋转）。

（20）刮泥机主轴旋转方向按规定方向旋转（顺时针旋转）。

（21）试运转，电流应正常，减速器无异常、噪声和较大振动，各运转部分应运转平稳，不得有不正常的声响和跳动现象。

16-10　通过什么方法来调整水力加速澄清池悬浮泥渣的回流量？

答：通过调节喷嘴与混合室的距离来达到调整水力加速澄清池的悬浮泥渣最佳回流量。

16-11　水力加速澄清池的喷嘴流速达不到设计要求会产生什么现象？设计流速为多少？

答：喷嘴流速达不到设计要求就不能产生足够的浮压，使之不能有效地将沉降到池体下部的泥渣抽吸进混合室，使泥渣不能有效地与原水中的悬浮杂质碰撞、吸附及黏合，从而影响杂质的凝聚沉降，即影响出水水质。设计流速为 7～8m/s。

16-12 水力加速澄清池的大修项目有哪些？

答：水力加速澄清池的大修项目如下：

（1）清除斜管、排泥斗及池体内的积泥、青苔等杂物。

（2）检修喷嘴、混合室及喉管、第一反应室、第二反应室及集水槽。

（3）检修调节装置和混合室的导向杆。

（4）冲洗、清除取样管内的积泥，检修取样阀门。

（5）检修混凝剂溶解槽及混凝剂溶液槽。

（6）检修柱塞式计量泵。

（7）检修转子流量计及加药管道、阀门。

（8）检修水力加速澄清池其他阀门（如排泥阀、进水阀、放水阀及出水阀等）。

16-13 试述水力加速澄清池池体及斜管的检修方法。

答：水力加速澄清池停用后可用压力水冲洗池体及斜管，以清除内部污泥及杂物。冲洗时放水阀门应仍在开启状态，待斜管冲净后即可吊出池体，起吊及放下时应注意防止损坏。然后再用压力水逐个冲洗斜管的蜂窝状管孔内的污物。池体冲净后，检修池壁的完整情况，如有裂缝和钢筋裸露缺陷，应进行修理和抹面。清理检查支撑斜管的格栅和爬梯，如腐蚀严重和残缺不齐，必须修补完整。

16-14 试述水力加速澄清池喷嘴的检修方法。

答：检修喷嘴前，操作调节装置把混合室提升到最高位置，然后进入池体，拆掉喷嘴法兰螺栓，取出喷嘴。检查喷嘴腐蚀情况，测量和记录喷嘴的内径，如喷嘴内径尺寸因冲刷和腐蚀超过 1mm 时要用备件更换。进水管道连接喷嘴的法兰要校正水平，如法兰平面有水平偏差要修正。

16-15 如何检修混合室、喉管、第一反应室、第二反应室及集水槽？

答：水力加速澄清池的混合室、喉管、第一反应室、第二反应室长期浸在水中会产生锈蚀，大修中必须彻底铲除锈垢，然后检查其腐蚀情况。如腐蚀严重，壁厚明显减薄或穿孔者，要修补完整。集水槽小孔应逐个清理疏通。检修完好后交付油漆。检修时要测量和记录喷嘴、喉管中心的偏差数值。

16-16 滤池中滤料铺垫的平整度是怎样获得的?

答:滤池中的滤料是按照不同的粒径分层配置的,在每层的滤料装填完毕后,检修施工人员均应通过目测,利用铁锹、钉钯及长木条等工具对滤料进行平整,从而保证滤池中的整个滤料层有较好的平整度。

16-17 在安装过程中怎样保证澄清池的环形集水槽的水平?

答:在环形集水槽的安装过程中,为了保证出水均匀,环形集水槽必须在同一水平面上,一般是通过控制环形集水槽上部平面的水平来获得的,即在吊装环形集水槽过程中,用水平仪对环形集水槽上部进行多点监测,同时调整环形集水槽下部的楔形钢制垫衬,得到良好的水平后,用混凝土浇筑固定即可。

16-18 如何检修澄清池的调节装置?

答:检修调节装置时首先操作调节装置,把混合室降到最低位置,并在混合室下部垫好木块。然后把手轮退出调节螺杆。拆去轴承座及支座,卸去梯形螺纹传动杆与喉管连杆的管式联轴器,拆下传动杆。解体后必须用煤油清洗零部件。检查单列向心推力球轴承的滚珠、弹夹有无腐蚀及磨损,如有缺陷要更换轴承。检查梯形螺纹有无拉毛和腐蚀,如拉毛和腐蚀严重影响传动需调换备件。传动杆弯曲变形时要校直。装配轴承时应添加清洁的润滑油。

16-19 水力加速澄清池的检修有哪些要求?

答:水力加速澄清池的检修要求如下:

(1)池体内外要完整无损坏,池体盛水静压试验无渗漏,平台、扶梯、栏杆完好。

(2)斜管清理干净,无严重变形、破碎;装复时排列整齐,疏密适度。

(3)金属部件完整牢固,油漆完好。

(4)喷嘴喷口完好无缺,喷口内径允差为± 0.5mm。

(5)喉管调节装置升降轻便、灵活,无卡滞现象,喉管与喷嘴的中心允差为± 3mm。

(6)集水槽水平良好,槽壁无腐蚀穿孔现象,集水小孔清理干净,流水畅通。

(7)取样管阀畅通,取样测点在池内位置正确。

(8)混凝剂溶解槽及溶液槽防腐层完好,无脱壳及龟裂,槽内清理干净。

(9) 加药管道畅通。转子流量计浮子完整,浮子上下无卡滞现象,流量计玻璃管清晰无渗漏。

(10) 柱塞计量泵出力正常,转动机械无异常情况,轴承温升不超限。

(11) 水力加速澄清池所属阀门开启、关闭灵活,盘根不渗漏,关闭密封良好。

16-20 涡流反应池及吸水池的大修项目有哪些?

答:涡流反应池及吸水池的大修项目如下:

(1) 检查配水直管、溢流管及其他管道,同时拆修全部阀门。

(2) 检查及冲洗集水槽,清除缺陷。

(3) 检查、冲洗、清理反应池及吸水池内外壁并消除缺陷。

16-21 涡流反应池及吸水池的大修质量标准有哪些?

答:涡流反应池及吸水池的大修质量标准如下:

(1) 塑料配水直管应完整、无裂缝,否则应修补或换新。

(2) 反应池、吸水池内外壁及集水槽应完整,损坏部分应予以修补。

(3) 外露金属管道(包括栏杆)及阀门,应将铁锈铲清后油漆。

(4) 所有阀门应无泄漏。

(5) 检修完毕,反应池及吸水池内应冲洗干净,无任何杂物。

16-22 涡流反应池的小修项目有哪些?

答:涡流反应池的小修项目如下:

(1) 检查溢流管,同时拆修有缺陷的管道和阀门。

(2) 冲洗集水槽、反应池及吸水池。

16-23 涡流反应池的小修质量标准是什么?

答:涡流反应池的小修质量标准如下:

(1) 外露金属管道铁锈铲清后油漆。

(2) 反应池、吸水池内外壁及集水槽应完整,损坏部分应予以修补。

(3) 所有阀门应无泄漏。

(4) 检修完毕,反应池及吸水池内应冲洗干净,无任何杂物。

16-24 斜管斜板沉淀池的大修项目有哪些?

答:斜管斜板沉淀池的大修项目如下:

(1) 检查、清洗斜管及支撑架(包括支撑架的各支座)。

(2) 检查、冲洗穿孔集水管及集水管托架和集水槽。

（3）检查、冲洗所有排泥管道及支撑架、套管。

（4）拆修所有排泥阀及压缩空气管路和其他阀门管道。

（5）检查、冲洗、清理沉淀池内外壁。

16-25　斜管斜板沉淀池的大修质量标准是什么？

答：斜管斜板沉淀池的大修质量标准如下：

（1）塑料斜管应完整、无损坏，否则应予以换新，斜管堆放角度应为 $60°$。

（2）斜管支撑架及各支座应完整，腐蚀深度不应超过原材料的 20%，否则应予以修补或换新。

（3）集水管及其托架和集水槽应完整无损坏，否则应予以修补或换新。

（4）所有排污管及其支座、套管应完好无损，否则应予以修补或换新。

（5）所有气动排污阀应动作灵敏。

（6）外露金属管道（包括栏杆）及阀门，应将铁锈铲清后油漆。

（7）检修完毕，沉淀池内应冲洗干净，无任何杂物。

16-26　澄清池（UHNN 型）大修的主要工作内容有哪些？

答：澄清器（UHNN 型）大修的主要工作内容如下：

（1）检查、清除器内所有装置表面积结的污垢，其中包括泥渣浓缩器内的泥渣。

（2）检查、清理所有采样管、加药管、进水管及其喷嘴内的污垢，并进行通流试验。

（3）检查、校验出水水平孔板和环形槽的水平度，并清理其表面和孔眼污垢。

（4）检查和清理排泥装置和调节罩。

（5）检查绞车钢丝绳的腐蚀情况。

（6）检查清理空气隔离器的格栅。

（7）检查各部件的腐蚀和变形情况，特别要注意爬梯的完整情况。

（8）检查和清理分离水槽和出水明槽。

（9）拆卸和检查所有阀门，并进行严密性试验。

（10）检查所有构架的完整情况。

16-27　澄清器检修时对采样系统有哪些要求？

答：澄清器检修时，对于采样系统的污垢较轻时，可用压力水从下往上逆向冲洗，边冲边敲，直至清理干净。如结垢较重，应进行酸洗或拆下采样管，进行分段清理。采样管不得有腐蚀深坑，更不可有孔洞，否则必须更换或补焊。检修结束后采样管必须畅通。

16-28　对澄清器环形集水槽和水平孔板有哪些要求？

答： 对澄清器环形集水槽和水平孔板的要求如下：

（1）水槽的边缘应平整，并保持水平，槽壁和底板上不得有孔洞或腐蚀不得超过原厚度的 1/2，否则应更换。

（2）水平孔板应光滑、无杂物或结垢，水平孔板中心线应在同一水平线上，其误差不超过 ±2mm；水平孔板应平整，孔板的腐蚀程度不得超过原厚度的 1/2，也不应有腐蚀孔洞，否则应更换。

（3）水平孔板水平误差不超过 ±5mm。

16-29　对 LIHHH 型澄清器壳体、环形集水槽和泥渣浓缩器三者之间有哪些要求？对壳体有哪些要求？

答： LIHHH 型澄清器壳体、环形集水槽和泥渣浓缩器三者之间的中心线应重合，其误差不超过澄清器直径的 0.3%。对壳体的要求是，垂直度不超过其高度的 0.25%，椭圆度不大于其直径的 2%。

16-30　对 LIHHH 型澄清器的空气分离器有哪些要求？

答： 对 LIHHH 型澄清器的空气分离器的要求有，垂直度不应超过其高度的 0.4%，其进水管、分水盘应与壳体同心，偏差不大于 5mm。

16-31　机械加速澄清池的特点有哪些？

答： 机械加速澄清池的特点是利用机械搅拌叶轮的提升作用来完成泥渣的回流与原水和药品的充分搅拌，使其接触反应迅速，然后经叶轮提升至第一反应室继续反应，凝聚成较大的絮粒，再经过导流室进入分离区以完成沉淀和分离任务，清水经集水槽送至下道工艺。泥渣除定期从底部排出外，大部分仍参加回流。

16-32　检查机械加速澄清池的搅拌叶轮时应注意哪些事项？

答： 检查机械加速澄清池的搅拌叶轮时，应注意叶轮不得有偏磨、裂缝、变形，叶轮应与搅拌叶轮保持同心并相互垂直，连接牢固。搅拌叶轮与底板间隙小于 3mm。叶轮调整杆不得松动和腐蚀，如出现松动，则应查明原因并紧固，腐蚀严重应更换。

16-33　对机械加速澄清池的刮泥轴与搅拌轴有哪些要求？

答： 因刮泥轴与搅拌轴为同心套轴，要求实心轴与空心轴要有良好的同心度和垂直度，联轴器、底部轴瓦支撑钢架应牢固并与轴保持同心。所有连接件和稳固件应连接牢固不得松动或有腐蚀和裂缝与变形，否则更换或调整。齿轮啮合应正常，链传动与弹性保持良好的状态，部分轴承与轴为紧配合，轴承应运转良好，无任何杂声和损坏。

16-34　检修机械加速澄清池的刮泥组件时应注意哪些事项？

答：检修机械加速澄清池的刮泥组件时，应注意刮泥臂，如有变形、裂缝，应进矫正、补焊；如出现一臂高一臂低，则应用角度调整夹来调整。角度调整夹不得出现腐蚀或松动现象，如出现松动应加以紧固，腐蚀严重时应更换。刮泥刀与池底间隙不超过15mm，刮泥刀与固定螺栓出现腐蚀与磨损严重的应更换。泥浆桨不得有扭曲变形、焊缝开裂和腐蚀严重等情况，否则应更换。

16-35　机械加速澄清池安全销（剪力销）的作用是什么？不得有哪些缺陷？

答：机械加速澄清池安全销用来传递动力和起保护作用。安全销不允许有任何裂伤、弯曲、配合过松缺陷。如有，必须予以更换。

第十七章 过滤器(池)的检修

17-1 机械过滤器的作用如何?

答:机械过滤器的作用是除去水中的悬浮物和胶体物质,主要是用粒状滤料(石英砂、无烟煤)进行过滤,这种过滤过程主要有两个作用:一种是机械筛分;一种是吸附凝聚。

17-2 机械过滤器检修时,石英砂应符合哪些要求?

答:机械过滤器检修时,石英砂应符合以下两点要求:

(1)化学性质稳定,SiO_2含量在99%以上,新装填的石英砂应在10%盐酸液中浸泡8h以上,冲洗干净后才可使用。

(2)石英砂的装填以不乱层、不漏砂、没有偏流为标准。

17-3 什么是重力沉降?

答:依靠地球引力的作用而发生的沉降过程称为重力沉降。

17-4 什么是离心分离?

答:依靠惯性离心力的作用而实现分离的过程称为离心分离。

17-5 什么是管式过滤器?

答:管式过滤器是利用过滤介质的微孔,把凝结水中的悬浮物和氧化铁微粒截留下来的精滤设备。

17-6 检修变孔隙滤池时对空气擦洗系统有哪些要求?

答:(1)滤帽不得有破裂、堵塞,如滤帽破裂应更换新滤帽,滤帽缝隙出现堵塞应用与缝隙相同厚度的铁片来清理堵塞物。

(2)母管和支管不得堵塞、破裂或管道表面的锈蚀程度超过管单壁厚的1/2,否则更换新管道。

(3)牢固地固定母管和支管,并且支管和母管都必须处于水平状态,支管保持互相平行,以保证反洗时布气的均匀性。

17-7 200、300t空气擦洗重力滤池的检修顺序及技术要求是怎样的?

答：空气擦洗重力滤池的检修顺序如下：

（1）拆开滤池侧人孔及上人孔法兰盖。

（2）将滤料清出池体。

（3）滤水室内部清理干净。

（4）逐一检查水帽完好情况，有无松动并视情况处理。

（5）仔细检查清水室与滤水室之间钢板制成的隔板与四周混凝土结构结合严密情况并处理。

（6）仔细检查滤水室多孔板（钢板制成）与四周混凝土结构结合严密性并进行处理。

（7）金属构件清理并油漆（防腐漆）。

（8）内部检修工作结束并检查合格后，在滤水室四周用记号笔标明滤层的层高。

（9）先加粗石英砂（粒径为2～4mm，高度为200mm），刮平后再加细石英砂（粒径为0.5～1mm，高度小于500mm）并刮平。

（10）检查、清理人孔法兰平面，放好床垫，关闭侧人孔及上人孔，螺栓对称紧固。

空气擦洗重力滤池的技术要求如下：

（1）中罩钢板、多孔钢板与混凝土结合处应严密无渗漏，并采取防腐措施。

（2）混凝土构件完好、平整，无腐蚀、裂纹等损坏现象。

（3）金属构件完好，无腐蚀、磨损或裂纹现象。

（4）金属构件涂防腐漆。

（5）石英砂规格及层高按设计要求填装。

（6）投运后人孔门及管道法兰严密不漏。

（7）投运后出水水质符合设计要求（出水浊度小于5mg/L）。

17-8　单、双流过滤器的大修项目有哪些？

答：单、双流过滤器每年应大、小修各一次。大修项目主要有：

（1）检查滤层高度和滤料污脏情况，卸出滤料进行清洗或筛选，并补足损耗，污染严重者应予以更换。

（2）检查进水装置的腐蚀情况，清理双流式过滤器底部进水支管孔眼和管内的滤料及污泥等夹杂物。

（3）检查集配水装置的腐蚀情况，检查清理滤水帽以及支管上的滤水帽的丝头。

（4）检查清理压缩空气吹洗装置及其腐蚀情况。

（5）检查清理空气管、监视管。

（6）检查清理过滤器内壁和内部零部件表面结积的污垢及腐蚀产物，并进行腐蚀状况的检查鉴定工作。

（7）检查修理所有阀门，并加填盘根。

（8）检查清理流量表夹环，并校验出入口压力表和流量表。

（9）补涂或补衬防腐层，用油漆刷过滤器外壁和进出水管道等。

（10）检查处理石英砂滤料和卵石垫层。

17-9 单、双流过滤器的检修顺序如何？

答：过滤器的检修工作应待反洗后再进行，以便检查滤层，便于进行检修工作，其检修顺序如下：

（1）检查滤层。

1）排除过滤器内的积水，打开人孔门，观察滤层表面集积泥渣的情况和平整程度，有无坑陷和凸起部分。

2）测定滤层高度，确定滤料的消耗。

3）测定滤层表层和一定深度各点滤料中的污泥含量和结块情况，以便衡量反洗强度是否足够、配水方式是否均匀。

4）检查滤料中有无黏结死区及其分布状况。检查滤层的方法是打开过滤器上部人孔门，直观检查表层情况，并利用铁铲和专用工具取样。

（2）卸出滤料。检查完滤料层后，关闭过滤器人孔门，通过滤料装卸系统，用冲洗水泵或另一台运行过滤器出口的压力水作为水源，以逆进水的方法把滤料压到滤料装卸槽或另一台备用过滤器中。该项卸料操作最好正、逆反复数次，必要时还可以用压缩空气翻松滤料，以便全部卸出。当卸出水中含滤料很少时（从出滤料管外听不到滤料摩擦声音时），即可停止卸料工作，并将器内存水排空，然后打开过滤器上下人孔门，用人工方法将器底残留的滤料清理干净。清理出的滤料如放在过滤器的附近，则其周围应设遮栏，以免损失和混入杂物。

（3）拆卸内部装置。

1）对双流式过滤器，先用手或辅以小扳手拧下中部集水装置的滤水帽（或只拧下水帽头），接着拆下固定集水支管的 U 形卡子和支架，然后用大扳手松开紧固螺母，并用管子钳拆下集水支管。对于单流式过滤器，可直接进行下一项拆除工作。

2）按上述顺序拆下压缩空气吹洗的支管和母管。

3) 仿照前述顺序拆下底部进水装置的支管（指双流式过滤器）。当拆卸外包塑料网的支管时，应用专用的软质工具，以免损坏滤网（组装顺序为拆卸的逆顺序）。

（4）检查修理零部件。内部装置拆除后，即可按照检修项目进行全面的检查和修理工作。

17-10　简述单、双流过滤器壳体的检修方法和技术要求。

答：单、双流过滤器壳体的检修方法和技术要求：过滤器内壁结积的污垢应用特制小铁铲清理干净。清理时注意保护防腐涂层，并防止污物和锈皮进入集配水管。过滤器内壁的防腐层应完整，起泡和剥落部分应修补，其外表面的油漆也应完整，必要时重新漆刷。过滤器的壳体应垂直，垂直度的误差不得超过其高度的 0.25%。

17-11　如何检修单、双流过滤器上部进水装置？

答：单、双流过滤器上部进水装置的检修方法：上部漏斗形进水装置清理干净后，应检查腐蚀情况。如腐蚀穿孔或明显减薄，应予以更换。漏斗形进水装置的边沿应平整，并保持水平，要求水平偏差不超过 4mm，其检查方法可用溢水法（往外溢）和水平法或十字形拉线测高的方法。固定配水漏斗的吊杆和吊耳应牢固，螺母和螺杆的丝扣应完整。漏斗应与过滤器壳体同心，偏差不得超过 ±5mm。

17-12　简述单、双流过滤器集配水支管的检修方法和技术要求。

答：过滤器集配水支管的检修方法和技术要求：集配水支管与母管的连接应牢固。母管上的管子箍应用专用工具垂直地焊在母管两侧，并使各管子箍和母管的轴向中心线在同一平面内，以保证支管与母管相互垂直，使其偏差不超过 3mm，支管的水平偏差为 ±2mm，相邻支管的中心距偏差不得超过 ±2mm。支管在组装前应保持平直，否则应在平板上或压力机上校直。

支管的丝头应旋入母管管子箍内 25～30mm 相对位置处安放好后，最后用紧固螺母紧固在母管上，再用烤把加热支管，以校正其水平度和不平行度。所有支吊架和 U 形卡子，不得有松动现象。管卡子的丝扣应完整，不配套的应重新套扣或更换，装配时应涂黑铅粉。

支管固定前必须先把相对位置调整好，保证滤水帽处于垂直位置（指双流式过滤器中部集配水支管），以防滤层上下移动时将滤水帽撞下。支管孔眼轴向中心线与水平面的夹角应在规定的范围内（指双流式过滤器底部集配水支管），以达到配水均匀的目的。

支管上的孔眼应用绞锥或其他工具一一绞过，保持干净畅通，其边沿光滑，不得有毛刺。对外包塑料网的支管，其孔眼必须扩孔，将锐角削除，以免割破滤网。

17-13　单、双流过滤器滤水帽的检修方法和技术要求如何？

答：单、双流过滤器滤水帽的检修方法和技术要求：滤水帽应均匀排列。当焊接配水支管上的滤水帽丝头时，应用专用工具将其固定，然后焊在支管上，以保证丝头既和排管垂直，又相互平行。当采用焊接时，要注意保护丝扣，以免放电时电弧烧毁丝扣和黏上焊渣。

双流式过滤器中部集配水支管上的滤水帽丝头，应用专用机具垂直焊在支管的两侧，相互间交错排列，两侧丝头的中心线应在同一平面内，并互相平行。

滤水帽丝头的丝扣应完整，丝头的高度应保持在 (25 ± 2)mm，丝扣部分的长度应保持在 (15 ± 2)mm。丝扣应规范，可采用圆锥管螺纹板牙过一下扣，以保证与滤水帽的连接可靠。对滤水帽的要求如下：

（1）滤水帽的缝隙不得过大或过小，以 $0.35\sim0.4$mm 为宜，其偏差值不得超过 0.1mm。

（2）滤水帽应结实可靠，不得有裂缝、断齿和过度冲刷等缺陷。

（3）滤水帽头的丝扣应完整，与水帽底座的配合要紧密，旋进去的丝头扣数不得少于 4 扣。

（4）滤水帽底座的丝扣应完整，与支管上的丝头配合要适宜，旋进丝头的扣数不得少于 5 扣，且不能乱扣。

（5）安装后的滤水帽高度应一致，其偏差不应超过 ±5mm。滤水帽与支管应保持垂直状态。

安装滤水帽要用手直接拧，必要时也可用轻便的专用工具小心地拧紧，但用力不得过猛、过大。支管上的丝头如结有污垢或附有腐蚀产物，就应用圆锥管螺纹板牙固定在特制的板牙架上，一一过扣，然后再安装滤水帽。拆下的旧滤水帽可先用 3‰～5‰ 的稀盐酸在耐酸容器中清洗干净，并用水洗至中性。然后用 0.25mm 厚的薄钢片或小刀清除缝隙中残留的滤料和其他污物。

17-14　如何筛选过滤器滤料？滤料如何装入过滤器？

答：新滤料（无烟煤、石英砂、白云石）的粒径和适用范围，按对滤料的要求选用。滤料中的结块和其他夹杂物应彻底筛净。新旧滤料符合要求后方可从过滤器顶部的检查孔装入过滤器。装入的方法是用水力装卸箱（箱内装有水力喷射器)输送或人力吊装。装滤料前先将过滤器上下部人孔门关闭，并打开顶部检查孔；装料时应进行排水，排水的方式随过滤器的类型而异。若是单流式的，可由底部集配水装置排水；若是双流式的，可由水帽式压缩空气吹洗装置或中部集配水装置排水。当滤料中夹有泥渣或装用新滤料而致排水很慢时，则可改用溢水法从进水分配漏斗往地沟溢流。

滤料也可从过滤器上部人孔处装入，但只适用于人工装料方式，且底部或中部排水速度应当很快，否则将因等待排水而导致装料时间延长。当采用人工方法装新滤料时，可先从底部或中部进水 1/2 高度，然后再开始装料工作。

滤料装入高度应以距监视管 100mm 为准，但在装新滤料或夹有泥渣的旧滤料时，可适当多装一些，以便将细碎滤料或泥渣经反洗排除后滤层表面距监视管的高度仍能维持 100mm 左右。当滤料将要装到预定高度时(单流式过滤器为 1.2m，双流式过滤器为 2.4m)，可暂停装入工作，转入由底部进水，以便将滤料冲洗平整，准确计量装入高度。此项进水操作必须缓慢进行，控制流速在 5m/h 以下，以免损坏集配水装置和滤水帽。滤料冲洗平整后，将水排至滤层表面以下，准确测量其高度。若滤料高度不够，则应继续装入；若超高较多，则应卸出一部分，直到滤料表面距监视管的距离略比正常高度小一点为止。此时即可关闭检查孔，进行反洗。反洗操作必须缓慢进行，要使流量逐步增大到 12～15L/(m^2・s)，直到粉末和污泥彻底冲洗干净，排水透明时为止。反洗强度以不冲出有效粒径(d_{10})为限，然后再打开顶部手孔，复核滤层高度，直到符合要求为止。

滤料装好后，先从反洗管小流量缓慢灌水至满(空气门出水)，然后按系统可能达到的压力(不超过工作压力的 1.5 倍)进行水压试验，各处严密不漏，则水压试验合格。

17-15 重力式空气擦洗滤池在反洗前通入压缩空气的作用是什么?

答：重力式空气擦洗滤池在反洗前通入压缩空气的作用是松动滤层，使滤料颗粒间发生摩擦，以提高反洗效果。空气擦洗时，滤池中水位一般在滤层上面 200mm 的地方，这样可以增加擦洗效果。空气擦洗强度一般为 10～20L/(m^2・s)。

17-16 如何检修机械过滤器?

答：机械过滤器的检修方法如下：

(1) 确认床体内泄剩水已放尽(可拆下筒体底部水管的堵头放掉剩水，无水后及时恢复)。

（2）拆下活性炭法兰堵板，装上不锈钢球阀，用短管法兰连接球阀和PVC喷射器。喷射器出口法兰接聚氯乙烯增强软管至储存塔上人孔并固定软管；喷射器进口法兰接压力水，临时管接好后，通知运行班，将活性炭水力输送至储存塔。

（3）打开上、下人孔门卸出石英砂，筒体内部搭好脚手架（要做好防止内部衬胶损伤的措施）。

（4）检修进水装置：

1）进水装置支管开孔方向应为Y形，即两排孔朝上，一排孔垂直朝下。如孔方向不正确，可松开六角锁紧螺母，用管子钳将支管旋转调整到正确位置后将锁紧螺母旋紧。

2）支管开孔无阻塞，应疏通。

3）各连接紧固螺栓若有松动、缺损，应复紧、补齐。

4）检查进水装置支架有无变形、损坏，视情况校正、加固或更换。

（5）检修压缩空气装置：

1）检查喷嘴方向是否正确，如不正确可松开支管锁紧螺母，用管子钳将支管调整到正确位置后锁紧。

2）检查支管及支撑（角钢）固定螺栓、母管法兰螺栓是否松动，应复紧。

3）活性炭卸出法兰螺栓若松动，应复紧。

（6）检修集配水装置：

1）拆下集水装置拉紧螺栓（M20双头螺栓6根）。

2）取下叠片法兰及调整垫圈。

3）检查法兰及垫圈有无损坏、缺少，视情况补焊或加工。

4）按拆下顺序反之装复集配水装置。

（7）全面检查本体内壁衬胶层，应无鼓泡、脱壳、龟裂等现象。

（8）窥视孔检查、清洁。

（9）待筒体内部检修工作全部装毕，确认无杂物情况下，方可装入石英砂填料，填料各层高度预先测量并用记号笔在本体内壁四周明显标注。

（10）装入粗、中、细石英砂，每装一种规格均需铺平。

（11）关闭人孔门，通知试验班会同运行对新石英砂进行酸洗处理。

（12）打开上人孔门，利用输送活性炭临时管加入活性炭。

（13）关闭人孔门，压水。

17-17　机械过滤器检修的质量标准是什么？

答：机械过滤器检修的质量标准如下：

（1）临时管内清洁，接头不漏，喷射器安装方向正确，连接法兰严密不漏。

（2）内部衬胶完好，无鼓泡、脱壳、龟裂等现象。

（3）进水支管各锁紧螺母旋紧，支管开孔方向为 Y 形，支管小孔无堵，U 形螺栓及其他固定螺栓紧固、齐全。

（4）压缩空气装置完好，喷嘴方向垂直向下，紧固件齐全、紧固。

（5）集配水装置完好，叠片法兰间隙为 4mm，拉紧螺栓均匀紧固。

（6）内部所有螺栓、螺母、金属结构件材质均为 1Cr18Ni9Ti 不锈钢，不得用其他材质代替。

（7）窥视孔完好，有机玻璃无裂纹、老化，视镜清晰。

（8）使用 12V 行灯应符合安全规程的有关要求。

（9）石英砂颗粒 $d=12\sim20\text{mm}$，加装高度为 500mm；石英砂颗粒 $d=6\sim12\text{mm}$，加装高度为 200mm；石英砂颗粒 $d=1\sim6\text{mm}$，加装高度为 200mm。

（10）活性炭颗粒 $d=0.5\sim1.0\text{mm}$，加装高度为 2500mm。

（11）额定工作压力下不渗漏。

17-18 反渗透系统中的立式可反洗滤元式保安过滤器的检修拆装顺序是怎样的?

答：反渗透系统中的立式可反洗滤元式保安过滤器的检修拆装顺序如下：

（1）确认容器内部无压力、无水后方可进行拆卸工作，并在容器上部设脚手架。

（2）拆去顶部人孔（下部手孔视情况拆除），在拆卸滤元固定装置时，用蜡线将拆卸工具结好，以免小工具落入筒体内。

（3）将先后拆下的开口销、定位套圈（套圈上有一只内六角固定螺栓 1/8in）、三角板、固定钩、固定扁钢放在油盘内，经清点妥善保管。如果定位套圈一时拆不下，可将旋入滤元上部的长六角螺母和定位套圈一同拆下。

（4）将滤元转动并垂直向上提，即可使滤元脱扣拔出。拆时先拆筒体中心部分的滤元，再拆外部周围的滤元，即由内往外拆。

（5）检查筒体内部，应无杂物。

（6）检查拆下的滤元，有无腐蚀、污染以及绕线松散等情况。

（7）将滤元上的两端配件拆下，装在新的滤元上。

（8）滤元的装复由外向里进行，即从滤元外围一行开始装复，逐步向容器中心安装。将滤元垂直插下直到卡环进入锁环槽（将滤元垂直上提不脱扣即正确，应随装随查），并及时参照装配图将滤元上部固定，以免滤元交叉错位。最后检查滤元固定装置位置是否正确，无误后关闭人孔门。

17-19 反渗透系统中的立式可反洗滤元式保安过滤器的质量标准是什么？

答：反渗透系统中的立式可反洗滤元式保安过滤器的质量标准如下：

（1）筒体内所有金属材质均为 316L 不锈钢。

（2）滤元绕线材料为聚丙烯。

（3）滤元不得弯曲或绕线松动。

（4）滤元管芯小孔不得有外露，滤元应保持清洁。

（5）筒体内应清洁无杂物（如无烟煤、活性炭等颗粒）。

（6）滤元应随装随查，逐根检查无脱扣现象。

（7）滤元固定装置的位置符合组装要求。

（8）额定工作压力下不渗漏。

17-20 简述反渗透系统中卧式五仓型精密过滤器的 PVC 滤元（支管）损坏的检修处理方法。

答：PVC 管损坏需调换，方法如下：

（1）将出水装置（母管支管型，通过母管固定在 PVC 多孔板内）吊起。

（2）旋下连接母管上的六角螺母，即可取下滤元。

（3）将母管（三通形式）一端（支管损坏的一侧）内径上车床加工（需与支管外径相配合）。

（4）用专用 PVC 密封剂将支管与母管黏接，并满足固化时间。黏接时要旋转进行，以便黏接连续、完整。

17-21 如何检修和处理反渗透系统中卧式五仓型精密过滤器出水装置框架上螺栓及混凝土预埋螺栓的腐蚀和脆断？

答：出水装置框架上螺栓及混凝土预埋螺栓腐蚀、脆断需调换，方法如下：

（1）将框架上需调换的螺栓，用手提式切割机切除，并用角向磨光机打磨。

（2）框架上重新焊接新的不锈钢螺栓并找正，要防止焊渣飞溅至螺纹上以及注意处理焊缝与 PVC 塑料板孔眼相碰的问题（可适当打磨焊缝及对塑料孔板锪孔)。

(3)原预埋螺栓可用不锈钢膨胀螺栓代替,用电锤或冲击钻操作。

17-22 覆盖过滤器爆膜不干净的处理方法是什么?

答:覆盖过滤器爆膜不干净的处理方法如下:

(1)将滤元装置吊出,用压力水将滤元冲洗干净,滤元管外无挂纸粉,滤元管内无积纸粉,必要时应将滤元拆下清理、冲洗。

(2)滤元及绕丝表面粗糙、凹凸不平整严重的应更换。

17-23 覆盖过滤器不锈钢滤元绕丝脱落的原因及检修方法是什么?

答:滤元绕丝脱落的可能原因是,不锈钢梯形绕丝与滤元撑筋骨架点焊质量不佳,在覆盖过滤器长期运行和爆膜操作的交变应力作用下,使点焊质量较差的绕丝脱焊而脱落。

检修处理的方法如下:

(1)将滤元装置吊出至专用检修架上。

(2)将损坏的滤元的止退垫圈翅从滤元圆螺母缺口中退出。

(3)用一把专用扳手固定滤元的缺口(以防拆圆螺母时转动),用另一把专用扳手旋下滤元螺母(由于滤元和螺母均为不锈钢,拆卸时易咬住,可采用手锤敲击圆螺母外圆的方法,逐渐拆下,不得硬拆,以免损伤螺纹)。

(4)依次取下止退垫圈、多孔板上面密封垫、滤元(滤元从多孔板下取出)、多孔板下面密封垫(多孔板上、下密封垫皆套在滤元上)。

(5)将合格的备品滤元放上橡皮密封垫,从多孔板内穿上,放上橡皮密封垫、止退垫圈,旋紧滤元螺母并将止退垫圈翅翻入圆螺母缺口内锁住。

17-24 覆盖过滤器的大修项目有哪些?

答:覆盖过滤器的大修项目如下:

(1)过滤器、封头、本体及进水装置的检查修理。

(2)本体内壁防腐材料的检查修理。

(3)滤元装置的检查修理。

(4)覆盖过滤器窥视孔及取样管道阀门的检查修理。

(5)覆盖过滤器管道及所属阀门的检查修理。

(6)铺料箱、搅拌装置及铺料泵的检查修理。

17-25 试述覆盖过滤器大修的检修顺序。

答:覆盖过滤器大修的检修顺序如下:

(1)拆去覆盖过滤器大法兰螺栓(可采用 SB-5 型风板机拆卸大法兰)。

（2）拆去上封头出水短管法兰螺栓及取样管道接头。

（3）把上封头吊到检修场地，妥善安放。

（4）把滤元装置吊出覆盖过滤器，安放到专用检修架上检查修理。滤元装置吊装时注意不得撞坏滤元管及擦伤滤元不锈钢丝。

（5）检查修理覆盖过滤器内壁衬贴防腐材料及检查修理窥视孔。

（6）检查修理取样管道阀门，进出水压力表有由垫工车间校验。

（7）检查修理覆盖过滤器所属管道阀门及铺料箱等设备。

17-26　如何绕制覆盖过滤器滤元的不锈钢丝？

答：滤元绕丝前，可在齿棱上按不锈钢丝绕制间距，在车床上车制螺距为 0.8mm 的丝槽，滤元绕丝也在车床上进行。在绕制不锈钢丝时需先用拉紧装置将钢丝拉直，使绕丝间隙均匀（0.3mm）绕制后的滤元管钢丝表面光滑、平整，不锈钢丝两端用 M4 螺钉固定在滤元管上。

17-27　如何检修窥视孔及取样阀？

答：窥视孔有机玻璃板需定期更换，其厚度原为 15mm，但以 18mm 为宜。装配窥视孔时有机玻璃板两侧的胶皮垫需垫妥，四周固定螺栓紧力要均匀。覆盖过滤器的取样管阀检修时注意不要堵塞，尤其是进水取样阀，其取样口在滤元铺料时容易使纸粉沾积在里面。在检修时可用压缩空气或压力水冲洗，必要时将取样阀解体清理。

17-28　如何进行新绕丝后滤元装置的除油处理？

答：新绕丝的滤元装置因加工过程中会被油类污染，所以在使用前必须进行除油处理。滤元装置就位前，在覆盖过滤器的本体中加入 60L 洗涤剂（或油酸皂）4kg，磷酸三钠，洗涤液的含量约为 0.5%，然后将滤元装置装入覆盖过滤器，装上封头，连接管座。待组装完毕后，向覆盖过滤器内加水至滤元上部，再用压缩空气搅拌 3～4h，搅拌结束排掉洗涤液，并用除盐水反复冲洗，直到进出水的导电率相等，冲洗结束，覆盖过滤器即可随时铺膜投运。

17-29　覆盖过滤器检修的技术要求有哪些？

答：覆盖过滤器检修的技术要求如下：

（1）覆盖过滤器内壁防腐层完好，无气泡、脱壳、龟裂现象，修补防腐涂料层时必须满足固化条件，充分固化后才能使用。

（2）覆盖过滤器大法兰的接合平面完好，无腐蚀凹坑及纵向沟槽。大法兰垫衬接口平整，组装时垫衬垫妥。螺栓紧力均匀，额定水压下不渗漏。

（3）窥视孔有机玻璃板无变形和裂纹现象，清洗清晰，水压下不渗漏。

（4）进水装置固定螺栓扳紧。

（5）滤元装置冲洗检查完好，滤元管外无挂纸粉，滤元管内无积纸粉。外圈滤元管断裂如更换备用滤元管有困难，则应在滤元管出水端加盖堵死。

（6）新装配的滤元装置，在装配前要逐根检查滤元管的绕丝，要求绕丝平整，间隙均匀。装配时螺母应旋紧，孔板吊环螺母应锁住。新装滤元除油处理后必须冲洗合格。

（7）取样管阀畅通，取样阀开关灵活不泄漏，压力表指示正常。

（8）覆盖过滤器的所属阀门检修后启闭灵活，密封良好无渗漏。

17-30　覆盖过滤器滤元装置多孔板弯曲的原因及处理方法是什么？

答：覆盖过滤器滤元装置多孔板弯曲的原因可能是：

（1）覆盖过滤器长期运行使滤元多孔板受交变应力而疲劳弯曲。

（2）爆膜运行操作不当，进气压力偏高（应使覆盖过滤器内气压为0.4MPa），致使覆盖滤元多孔板上下压差偏大造成弯曲。

处理方法：

（1）在允许的情况下，适当增加多孔板钢板（锰钢）厚度，以增加其强度。

（2）按运行操作规程，不随意提高气压，控制覆盖过滤器内气压为0.4MPa。

（3）当滤元多孔板发生弯曲，会使滤元之间的间距减少甚至相碰擦，严重影响覆盖过滤器的运行，为此必须更换滤元多孔板。

第十八章 离子交换器的检修

18-1 什么是固定离子交换器?

答:固定离子交换器是指水在离子交换器内不停地流动,而离子交换剂则静止不动。按照水和再生剂流过交换器的方向不同,固定式离子交换器可分为顺流式和逆流式两种。

18-2 何谓混床?

答:所谓混床,就是在同一个离子交换器内按一定比例装入阴、阳两种树脂的离子设备。运行时,阴、阳树脂混在一起。再生时,阴、阳树脂分层后分别再生。

18-3 混床装阴、阳树脂时有哪些要求?

答:混床装阴、阳树脂时的要求有:阳树脂先装入高度 500mm,阴树脂再装入高度 1000mm,两者比例为 1:2,装入顺序为先装阳树脂,后装阴树脂。

18-4 何谓浮床?

答:所谓浮床,就是进水装置在底部,集水装置(也是再生液分配装置)在顶部的装置。在顶部树脂基本充满交换器时运行或再生,床内树脂呈托起或压实状态,树脂好像活塞柱做上下少许起落,每个周期树脂起落一次,以完成制水和再生。

18-5 离子交换器的检修项目主要有哪些?

答:离子交换器的检修项目主要有:

(1)清扫离子交换器内部的积垢和杂物。

(2)检查、修补内部的防腐涂层。

(3)离子交换器内部的设施检查、修理和更换。

(4)离子交换器所属阀门管道检修。

18-6 对离子交换器的防腐层有哪些要求?

答：对离子交换器防腐层的要求：防腐层应完整，没有龟裂、鼓包、脱层和气孔缺陷。电火花检验无漏电现象。

18-7　对离子交换器窥视孔有机玻璃板的厚度有什么要求？

答：交换器窥视孔有机玻璃板必须有足够的强度，通常用在承压部件上，其厚度不小于 12mm；用于非承压部件上，其厚度不小于 8mm。

18-8　试述离子交换器滤水帽检修的一般工艺质量要求。

答：离子交换器滤水帽检修的一般工艺质量要求如下：

（1）滤水帽应以直观和轻敲听声的方法检查其完整情况，不得有裂纹和变形缺陷，手感应有刚性和韧性。

（2）滤水帽的出水缝隙宽度应在 0.3～0.35mm 之间，其误差不超过 0.1mm。

（3）滤水帽的丝扣应完整，底座不得过紧、过松，帽与底座应拧紧，旋进去的丝扣不应小于 4 扣。

18-9　顺流式再生床集水装置的作用是什么？

答：顺流式再生床集水装置的作用：均匀收集交换后的水；阻留交换剂，防止漏到水中；反洗时，均匀配水。

18-10　对离子交换器使用的石英砂质量有何要求？

答：对离子交换器使用的石英砂质量的要求：外观应洁白，所有二氧化硅含量大于或等于 99％；化学性能稳定，石英砂的级配必须符合规定并分层装入；对混杂的石英砂要筛分清楚，并将所有杂物彻底清除干净。

18-11　顺流式再生离子交换器的集水装置有哪几种形式？

答：顺流式再生离子交换器的集水装置一般有如下几种形式：

（1）穹形多孔板上平铺石英砂垫层式。

（2）平板水帽式。

（3）鱼刺形支母管式。

18-12　移动床和浮动床各选用何种树脂？

答：由于移动床和浮动床的流速高，压降大，树脂磨损、破碎的几率大，因此要求树脂具有耐磨损、高温和大粒度的性能。最好选用 16～30 目的大孔型树脂。

18-13　石英砂装入交换器前应进行哪些工作？

答：石英砂装入交换器前，要充分用水冲洗干净，并在交换器内画上各层顶高的水平线。装时要轻轻倒入，以免损坏胶板。

18-14 逆流式再生离子交换器中排管的作用是什么？

答：逆流式再生离子交换器中排管的作用：为使顶部空气和再生液体不在交换器内"堆积"，必须保证再生液以及顶部空气从中排管排出，方可顺利再生，不发生树脂乱层。

18-15 对离子交换器中排管开孔面积有什么要求？

答：一般离子交换器中排管开孔面积是进水管截面积的 2.2～2.5 倍，这也是白球压实逆流再生不会乱层的重要原因。

18-16 离子交换器树脂再生的方式有几种？

答：离子交换器树脂再生的方式有两种：一种是体内再生，另一种是体外再生。

18-17 常用的塑料滤网有哪几种？分别适用于什么场合？

答：常用的塑料滤网有涤纶网、锦纶网（又名尼龙"6"网）、尼龙"66"网和聚乙烯网等多种。涤纶网的耐酸性能好，耐碱性能稍差；锦纶网的耐碱性能较好，耐酸性能差，能耐弱酸。聚乙烯网的耐酸性能较好。

18-18 对离子交换器中穹形多孔板的技术要求有哪些？

答：对离子交换器中穹形多孔板的技术要求有：多孔板的直径通常为 500～700mm（一般交换器直径的 1/4～1/3），孔板除中部位（略大于出水口面积）不开孔外，其余部分均钻小孔（孔径为 20～25mm），总横截面积为出水管横截面积的 2～3 倍。

穹形孔板一般用不锈钢板（厚度为 10～12mm）或聚氯乙烯板（厚度为 20～25mm）制作，也可用衬胶钢板（厚度为 15～20mm）制作。用聚氯乙烯板制作时，应焊上加强筋来加强它的硬度。穹形孔板扣装在出水口上方的中心，并与交换器壳体保持同心，以便均匀集水。

18-19 对挡板式进（或出）水分配（或收集）装置有哪些要求？

答：对挡板式进（或出）水分配（或收集）装置的要求：将挡板固定在进水口上方（或出口下方），要求挡板保持水平，并与交换器壳体保持同心，以防偏流；其材质采用不锈钢板（厚度为 10～12mm）、衬胶钢板（厚度为 12～15mm）或聚氯乙烯等耐磨蚀材料。

18-20　对十字支管式配水装置有哪些要求？

答：对十字支管式配水装置的要求是将进水管扩大成管接头，采用法兰连接支管，将支管装成水平十字形。支管上布孔应均匀（孔径为 10～12mm），开孔总面积略大于进水管截面积，材质最好采用不锈钢，其次为ABS 工程塑料。

18-21　对漏斗式配水装置有哪些要求？

答：对漏斗式配水装置的要求是边沿应光滑平整，安装时与交换器壳体保持同心并保持水平，以防偏流；其材质一般为不锈钢板、衬胶钢板或聚氯乙烯板等耐蚀材料。

18-22　如何安装逆流式再生离子交换器十字支管式进水分配装置？

答：逆流式再生离子交换器十字支管式进水分配装置是将进水管扩大成管接头，采用管子箍或法兰连接的方式，将 4 根支管装在其上，使之成十字形。支管上均布有小孔，其孔径为 10～14mm，开孔总截面面积约为进水管截面面积的 10 倍。

18-23　逆流式再生离子交换器挡板式进水分配装置的检修安装要求是什么？

答：逆流式再生离子交换器挡板式进水分配装置是最简单的一种进水分配装置，是将一块圆板用不锈钢螺栓固定在进水口的下方。挡板的直径比进水口略大。安装时，要求整个挡板保持水平，并与交换器壳体同心，以防偏流。挡板的材质为硬聚氯乙烯或不锈钢板等耐蚀材料，以免腐蚀。

18-24　如何安装逆流式再生离子交换器穹形板式进水装置？

答：逆流式再生离子交换器穹形板式进水装置是用不锈钢螺栓和卡子固定在交换器顶部进水口的下方，其上均布有直径为 14～20mm 的小孔，孔眼总截面面积约为进水管截面面积的 10 倍。穹形板的材质为厚 10mm 以上的不锈钢板或衬胶碳钢板，也可以为厚 16mm 左右的硬聚氯乙烯板。穹形板直径是交换器直径的 1/4～1/3，其外形和安装方法可参照穹形孔板式集水装置，只是将穹形板由下封头移到上封头而已。

18-25　如何安装逆流式再生离子交换器漏斗式进水分配装置？

答：逆流式再生离子交换器漏斗式进水分配装置是一种通用的、最简单的进水分配装置。对它的要求是边沿光滑平整，安装时要做到与交换器壳体同心并保持水平，以防偏流。漏斗需用不锈钢螺栓吊装在顶部。漏斗和管段的材质最好为不锈钢板，铁质衬胶钢板也可以，最起码也要用聚氯乙烯耐蚀材料。

18-26 如何安装逆流式再生离子交换器穹形孔板式集水装置？

答：逆流式再生离子交换器底部设有集水装置，以便运行时能均匀地收集离子交换后的水，并阻留离子交换树脂，防止漏到水中。反洗时能均匀配水，充分清洗离子交换树脂。

穹形孔板式集水装置的安装方法：将穹形多孔板固定在底部出水口的上方。多孔板的直径通常为 500～700mm(一般为交换器直径的 1/4～1/3)。孔板除中心部位(略大于出水口的面积)不开孔外，其余部分均钻有小孔，总横截面面积(孔径为 20～25mm)为出水管横截面面积的 2～3 倍。打孔的方法有同心圆法、正方形法和三角形法三种，其中以三角形法的打孔率最高。因穹形孔板承受的压力较大，故应用 10～12mm 厚的不锈钢板或 20～25mm 厚的聚氯乙烯板制作，且后者还应焊上加强筋，也可用衬胶钢板制作。若在旧的交换器上改用穹形孔板结构，则应考虑到交换器人孔直径的限制，不锈钢或塑料材质的穹形孔板做好后，可割成两块，放入交换器内后再焊成一体。穹形孔板扣装在下封头中心的出水口上方，并与交换器壳体保持同心，以使均匀集水。

18-27 逆流式再生离子交换器的大修项目有哪些？

答：逆流式再生离子交换器的大修项目如下：

(1) 打开人孔门，检查进水装置，包括各固定支点。

(2) 检查树脂破碎情况，同时卸出树脂及石英砂，检查体内衬胶损坏情况和监视孔。

(3) 检查中间排水装置及其网套、窗纱、支撑架、夹马、螺栓、取样器等。同时调换排水装置的网套、窗纱。

(4) 检查、清洗底部排水装置。

(5) 检查、清洗酸（碱）喷射器。

(6) 拆修全部阀门及检查所有管道。

(7) 检查交换器外壁及管道、阀门的油漆。

(8) 压力表、流量计表管、流量表的校验及清理。

(9) 水质监测表计的检查和校验。

18-28 逆流式再生离子交换器的检修顺序如何？

答：逆流式再生离子交换器的检修一般应在运行周期终了（失效）并反洗后进行。检修前，首先要检查树脂的表层情况，必要时取样化验，并记录树脂层的高度。然后按下列顺序开工检修：

（1）打开上部人孔门，拆下中间排水装置的母支管和支架，然后再合上上部人孔门（拆前可在树脂表层铺上塑料布）。

（2）将离子交换器内的树脂以逆流进水方式卸到擦洗器或其他容器中。

（3）清理残留的树脂，掏出石英砂垫层或拆下滤水帽。

（4）拆下压力表，送热工室校验。

（5）检查清理流量计表管和孔板夹环。

（6）拆检阀门。

（7）拆检各种水质监测表计。

18-29　逆流式再生离子交换器中石英砂垫层的处理和装入方法如何？

答：（1）石英砂应严格按级配分层铺撒，已混杂的旧石英砂要经过筛分，并需将可能混入的砖、瓦、石、土和混凝土小块等杂物彻底清除干净。

（2）石英砂在装入前，要充分用水冲洗干净，并在交换器下封头内画上各层顶高的水平线。装入时要用小桶轻轻倒入，以免碰坏胶板。

（3）石英砂分层铺好并注意铺平整后，合上下部人孔门，注入8%左右的盐酸，浸泡24h后将酸排出，再用水冲洗至中性。若是新石英砂，应用8%～15%的盐酸浸泡一昼夜，然后再用水冲洗干净。

18-30　逆流式再生离子交换器内滤水帽的检查和修理方法如何？

答：（1）滤水帽应以直观和轻敲听声的方法检查其完整情况，不得有裂纹和变形缺陷，手感应有刚性和韧性。

（2）滤水帽的出水缝隙宽度应在0.3～0.35mm之间，其误差不超过0.1mm。

（3）滤水帽的丝扣应完整，底座不得过紧、过松，帽与底座应拧紧，旋进去的丝扣不应小于4扣。

（4）滤水帽装在多孔板上时，多孔板下方的螺母应采用2个并拧紧，以防松动或脱落。滤水帽的底座装在管子丝头上时，要采取手拧的方法旋紧，并不得歪斜和乱扯，旋进去的丝扣不应少于5扣。

（5）旧的滤水帽拆下后，用3%～5%的盐酸浸泡清洗，并用厚0.2mm的金属片逐个清理其缝隙中的杂物，可继续使用。

（6）滤水帽全部装好后，用反洗水进行喷水试验，要求达到无堵塞、无破裂、无脱落、配水均匀。

18-31　逆流式再生离子交换器的大修质量标准是什么？

答：逆流式再生离子交换器的大修质量标准如下：

（1）进水配水装置应保持水平，其偏差应小于或等于 4mm，并与交换器同心，其偏差应小于或等于 5mm。当用溢水法检验漏斗的水平度时，四周应均匀溢水。

（2）集水装置和中间排水装置应校直，并进行喷水试验，喷水应均匀。支管和多孔板应保持水平，其偏差不得超过 4mm。支管与母管的垂直偏差应小于或等于 3mm。相邻支管的中心距偏差应小于或等于 ±2mm。

（3）交换器筒体应垂直，偏差不超过其高度的 0.25%。

（4）母支管上的卡子和支架必须固定好。支架两端的螺栓、垫圈齐全，规格应符合要求。它们与塑料套网接触的部位应垫上耐酸胶皮。

（5）塑料滤网的耐酸性和目数应符合要求。套网完整、缝线针眼距离均匀，且无小孔，绑线扎紧，带要捆紧。

（6）气动阀门开关灵活，密封隔膜严密不漏，阀门指示正常。

（7）树脂应干净，无结块和碎粒，粒度不少于 50 目，交换容量无明显下降。

（8）防腐层完整，没有龟裂、鼓包、脱层和气孔等缺陷。电火花检验无漏电现象。

（9）检修后的交换器应表计准确、漆色完整、标志齐全。

18-32 逆流式再生离子交换器的小修项目有哪些？

答：逆流式再生离子交换器的小修项目如下：

（1）打开人孔门，检查进水装置，包括各固定支点。

（2）检查酸碱喷射器。

（3）检查、消除设备上的缺陷（包括管道阀门、取样器）。

18-33 逆流式再生离子交换器的小修质量标准是什么？

答：逆流式再生离子交换器的小修质量标准如下：

（1）进出水管系应畅通无阻。

（2）酸碱喷射器应完整，否则应予以修补或调换。

（3）所有阀门应无泄漏。

（4）树脂如有破碎或损失，则应按规定高度予以补充。

18-34 浮动床填充树脂时应注意哪些事项？

答：浮动床填充树脂时应注意以下事项：

（1）新的强型树脂，应自然充满。

（2）失效的强型树脂应留 100～200mm 的膨胀高度，以免树脂被挤压损坏。

18-35　浮动床集水装置的作用是什么？一般有哪几种形式？

答：浮动床集水装置的作用：阻留树脂、均匀地收集交换后的水流和作再生液分配装置。

浮动床集水装置的形式有平板滤网式、水平孔管式、弧形多孔管式、穹形多孔板式（适用于盐酸再生的阳浮床）。

18-36　浮动床壳体如何进行检修？

答：浮动床壳体的检修主要是检查防腐层的完整情况，若有裂缝、鼓包和气孔等缺陷，则应进行修补。同时还要检查窥视孔的有机玻璃板，若有变形和裂缝等，应予以更换。此外，还应检查壳体的垂直度，若偏差超过标准时就应在支脚处加垫调整。

18-37　浮动床下部进水分配装置的作用是什么？常用的有哪几种形式？

答：浮动床下部进水分配装置的作用：①运行时均匀分配水流；②排水落床时防止泄漏树脂。

进水分配装置的形式有穹形孔板加石英砂垫层式、平板滤网式和平板水帽式三种。其中，平板滤网式的结构比较复杂，因此采用得不多。

18-38　浮动床顶部集水装置的作用是什么？有几种形式？

答：浮动床顶部集水装置的作用是除阻留树脂和均匀地收集交换后的水流外，还大都兼作再生液分配装置。

浮动床顶部集水装置有平板滤网式（多孔板式）、平板水帽式、水平多孔管式（包括鱼刺形多孔管）、立插多孔管式、弧形多孔管式和环形多孔管式等多种形式。直径在 1500mm 及其以下的浮动床，多采用平板滤网式和单管立插多孔管式的集水装置。直径在 1500mm 以上的浮动床，多采用后 4 种集水装置。

18-39　简述浮动床的检修顺序。

答：浮动床检修时，应待树脂失效后进行。解体前应首先记录树脂层的高度，以掌握树脂的消耗情况。然后按下述顺序进行检修：

（1）用底部进水的浮动方法，将床内的树脂卸到擦洗器中。

（2）打开正洗和顺洗排水阀，放尽床内存水。

（3）拆开气动阀门的气源管缆，并挂上标签。

（4）打开床体上下人孔门，并用胶皮管通水，将集水装置和床体内壁冲洗干净。

（5）用胶皮和麻袋等物盖住石英砂垫层，并搭内部脚手架。

（6）拆下集水装置多孔管的固定卡子和螺栓，小心地取下多孔管（对于立插多孔管，应先拆下弯头，再取出插管）。

（7）取出垫层上的遮盖物，清理垫层表面残留的树脂，并装袋存放。

（8）掏出石英砂垫层（如干净、完整，可不进行此项工作），并分级存放，或在床内酸洗。

（9）拆检外部阀门和表计。

18-40 浮动床检修的技术要求和质量标准是什么？

答：浮动床检修的技术要求和质量标准是除执行逆流式再生床和移动床的有关要求外，还应特别注意下列几点：

（1）集水装置的支架和卡子，必须牢固、可靠。

（2）多孔管滤网的底网应架起，其材质最好采用 14～16 目的不锈钢网。

（3）穹形孔板应放正，并用不锈钢螺栓固定结实。

（4）集水装置的支管与封头间要衬上软物，以保护滤网和防腐层。

（5）泵的扬程宜在 40m 以下，并选用大孔型树脂。

18-41 浮动床的大修项目有哪些？

答：浮动床的大修项目如下：

（1）打开人孔门，同时拆除上法兰，调换涤纶丝网，检查进酸碱装置。

（2）检查树脂破碎情况，同时卸出树脂及石英砂，检查体内衬胶及监视孔。

（3）检查、清洗底部装置。

（4）检查、清洗酸（碱）喷射器及流量计。

（5）拆卸全部阀门及检修所有管道。

（6）交换器外壁及管道、阀门油漆。

18-42 浮动床的小修项目有哪些？

答：浮动床的小修项目如下：

（1）打开人孔门，检查上部装置及树脂破碎情况。

（2）检查、清洗喷射器及流量计。

（3）检查、消除设备上的缺陷（管道、阀门、取样器）。

（4）树脂体外反洗。

18-43 体内再生混床与体外再生混床有何区别？

答：所谓混床即混合离子交换塔，即在同一交换器中装入阴、阳树脂，并在运行前将它们混合均匀，这样就在交换器内形成由许许多多阴、阳离子交换树脂交错排列的多极复床，同时完成许多级阴、阳离子交换过程，制出更纯的水。在混床中，由于阴、阳离子交换树脂是互相混匀的，其阴、阳离子交换几乎同时进行，基本上消除了反离子的影响，使交换反应进行得十分彻底，所以出水水质很高。混床中的树脂失效后应先进行分离，然后再进行再生和清洗。

再生分体内再生和体外再生。体内再生是树脂失效后，在水反洗时将树脂利用其密度差而分层，使阳树脂在下、阴树脂在上，然后在体内分别由进酸、碱装置进酸、碱，进行再生和置换，树脂不用输送至体外专用的再生设备中进行再生和清洗。交换器内结构较复杂，有再生装置（进酸碱装置）。

体外再生是树脂失效后，利用水力将树脂输送到体外专用的阴阳树脂再生罐当中进行再生和清洗，再生后的树脂再输回交换器体内进行混合和投运，因而其体内无再生装置，设备简单可靠，可允许采用较高的流速（60～120m/h）。

18-44 体内再生混床的下部集水装置有哪些类型？各有何特点？

答：体内再生混床的下部集水装置的类型和特点如下：

（1）滤水帽式。它是由带有缝隙的塑料滤水帽安装在集水管上而制成的，出水由缝隙进入滤水帽，使支管汇集到集水总管而流出交换器。这种集水装置常因滤水帽损坏、脱落而泄漏树脂，也常因滤水帽的缝隙被树脂颗粒堵塞而增大阻力，造成树脂层偏流，影响再生效果，使出水水质恶化。

（2）支管开缝式。它是在集水支管上开有缝隙，其宽度视树脂颗粒大小而定，一般比树脂平均粒径小 0.4mm。支管的材料一般用不锈钢或性能优良的工程塑料。出水由缝隙进入支管汇集到集水总管流出交换器。此装置可避免漏树脂，但仍无法消除缝隙被树脂颗粒堵塞而带来的问题。

（3）支管开孔式。它是在排水支管上打孔，孔间夹角为 $90°$，斜上方开直径为 2～3mm 的孔两排，孔数视通水量和阻力而定，管外套尼龙网作骨架，外包涤纶布，出水经涤纶布进入支管汇集到集水总管流出交换器。此类装置结构较复杂，但可避免树脂外漏和集水装置堵塞问题。此外，还有用底板开孔代替集水支管与母管的形式，即在不锈钢板衬胶碳钢板制作的底板上开孔装上滤水帽（衬上胶垫后用锁母固定）或在两层底板打孔后中间夹尼龙布，排水经滤水帽或尼龙布进入座板下空间，再经集水母管流出交换器。底板所起的作用与集水支管相似。

18-45 体内再生混床中间排水装置的形式如何？

答：体内再生混床中间排水装置形式常采用支管开孔式（开孔方向为斜下方，两排孔的夹角也为90°），外包尼龙网或涤纶布。再生废液与冲洗水由此排出。

18-46　体内再生混床的酸碱液分配装置有哪几种形式？

答：体内再生混床的酸碱液分配装置的形式如下：

（1）辐射型。它是由末端压扁、焊有圆形挡板的4根长管（长度为交换器半径的3/4）与4根短管（长度为交换器半径的1/2）相间排列成辐射型。再生液由中心母管进入辐射管，均匀分布在树脂上层。

（2）圆环形。它是由不锈钢管弯成环形管而制成的，圆环直径约为交换器直径的2/3，其上均匀分布着小孔，再生液由环的一端进入后经小孔流出，均匀分布在树脂层上。

（3）支管型。它与支管型集水装置相同。

上述三种类型酸碱液分配装置如用于进碱装置，则布置在交换器的上部，只有支管型适用于进酸装置，但要布置在交换器的下部。也有用中间排水装置兼作进碱管的。

18-47　体内再生混床有哪些检修项目？其检修质量要求有哪些？

答：体内再生混床的检修项目和质量要求如下：

（1）混床失效后，进水反冲洗分层，退出运行，开出混床检修工作票，办理检修手续后排水检修。

（2）做好检修前混床的技术记录。

（3）观察排水中有无树脂，检查排水装置有无损坏。

（4）观察阴、阳树脂的界面是否在中间排水装置处，如不合适应做好记录，以便据此调整、补充树脂。检查树脂层高度是否符合要求。

（5）打开人孔门，检查交换器内壁防腐层，如有剥离、鼓泡、脱落等情况，需将此部位挖去、修补或重新补防腐层。

（6）检查进水装置、进酸碱装置以及排水装置，如有堵塞、脱落、松动等，应予以清理修复。

（7）检查压缩空气管，如有锈垢、堵塞等情况，应吹洗清扫干净。

（8）各阀门应根据阀门检修工艺要求进行清理，并做严密性试验，以保证阀门正常工作。

（9）检修工作完成后，检修人员会同运行人员及其他有关人员共同检查验收，合格后方可封上人孔门。混床进水检查确无泄漏，一切正常后，方可结束检修工作，交付运行人员，再生合格后投入运行。

（10）整理检修技术记录，做出检修技术总结。

18-48　体外再生混床的顶部进水装置形式如何？

答：体外再生混床的顶部进水装置为圆形配水器，采用衬胶或衬环氧玻璃钢防腐层。在进水分配器前有粗、细两层不锈钢丝网，用以防止凝结水前置过滤器的覆盖物进入混床。

18-49　体外再生混床底部排水装置的形式如何？

答：体外再生混床底部排水装置为鱼刺形结构，由 1 根母管与两侧各 10 根支管连上，在支管上缠绕断面为梯形的不锈钢丝，以形成缝隙，水由此缝隙进入支管再汇集到母管流出交换器外。

18-50　体外再生混床有哪些检修项目？体外再生混床检修的质量要求有哪些？

答：体外再生混床的检修项目与质量要求基本上和体内再生的相同，其不同之处在于体外再生混床无再生装置，检修内容较简单，体外再生罐与再生系统是混床的公用设备，可与混床错开时间分别检修，其检修项目与检修要求与一般罐体及系统的相同。

18-51　锅炉补给水处理混床出水装置漏树脂的原因及检修方法如何？

答：锅炉补给水处理混床出水装置漏树脂的原因是出水装置衬胶多孔板（每只孔上装有 PVC 出水水帽）上的衬胶不平整，造成水帽装复后水帽与衬胶孔板接触平面间隙超标（间隙大于 0.30mm 以上），这是可能的原因之一。另一原因可能是出水水帽损坏。

上述原因造成出水装置漏树脂，检修时都必须将混床下人孔门和底人孔门打开，具体处理如下：

（1）将树脂移出体外并放尽简体内剩水。

（2）拆开下人孔门及底人孔门。

（3）由下人孔进入用 0.25mm 塞尺逐个测量水帽与衬胶多孔板接触间隙，并在超标的部位做好清晰的记号。

（4）进入底人孔将要处理的衬胶部位的水帽锁母旋下，取出水帽（孔板上、下人员要配合好）。

（5）将孔周围约厚 70mm 不平整的衬胶用锉刀仔细锉平，将水帽重新装复后仍要检验其接触间隙是否符合标准（必要时可在水帽与孔板衬胶之间垫以 1～2mm 厚的耐酸橡胶，以增强其密封性）。

18-52 树脂捕捉器的检修内容有哪些?

答:树脂捕捉器的检修内容如下:

(1) 树脂捕捉器内部不锈钢梯形绕丝的清理、检查。

(2) 树脂捕捉器内部的清理、检查。

(3) 各密封垫片视情况更换。

18-53 简述中压树脂捕捉器的检修工艺流程。

答:中压树脂捕捉器的检修工艺流程如下:

(1) 拆卸捕捉器上盖法兰螺栓。

(2) 吊出捕捉器上盖(有 2 只吊攀)。

(3) 拆卸捕捉器装置法兰螺栓。

(4) 吊出捕捉器装置(有 2 只吊攀)。

(5) 捕捉器装置清理检查。

(6) 捕捉器本体内部检查、清理。

(7) 装复捕捉器装置。

(8) 装复捕捉器上盖。

18-54 简述中压树脂捕捉器的检修步骤及内容。

答:中压树脂捕捉器的检修步骤及内容如下:

(1) 办理工作票,确认筒体内无压、无水。

(2) 拆下树脂捕捉器空气管。

(3) 用大榔头(呆扳手 41 号)拆除捕捉器上盖法兰螺栓(双头螺栓 M27×210,40 只),吊下上盖,妥善放置。

(4) 拆除筒体内滤元板法兰与捕捉器本体法兰连接螺栓(不锈钢螺栓 M16×60,24 只),取出螺栓及垫圈。

(5) 吊出滤元板连同滤元,并小心放置在橡皮床上。

(6) 冲洗捕捉器筒体,检查筒体内部衬胶及筒体内法兰平面平整情况、螺纹完好情况。

(7) 检查捕捉器污堵情况,特别注意是否有树脂。

(8) 清理捕捉器滤元,并检查完好情况,视情况处理。

(9) 滤元板法兰床(满床)视情况更换,并用少量百得胶固定几点。

(10) 装复滤元板装置,并均匀对称紧固螺栓。

(11) 调换捕捉器上盖法兰床,装复上盖,并均匀旋紧螺栓。

(12) 恢复空气管。

18-55　简述中压树脂捕捉器检修的质量要求。

答：中压树脂捕捉器检修的质量要求如下：

（1）螺栓应完好，与螺母或本体法兰螺纹配合松紧应合适。

（2）吊出滤元板连同滤元时，起吊应平稳，不损伤滤元及滤元板。

（3）筒体内清洁无杂物，法兰接合面完好、平整。螺纹完好。内部衬胶完好，无鼓泡、脱壳、龟裂等现象。

（4）滤元及筒体基本无残留树脂。

（5）捕捉器滤元完好、清洁，滤元绕丝间隙为 0.20～0.30mm。

（6）滤元板法兰床为耐酸橡皮垫（满床），橡皮床完好无老化现象。

（7）装复滤元板装置时，起吊平稳，不得损伤零部件，螺栓均匀紧固。

（8）上盖法兰床为高压石棉橡胶垫片，投运后上盖不渗漏，法兰平整。

18-56　简述喷射器检修的技术质量标准。

答：喷射器检修的技术质量标准如下：

（1）喷射器出口内径无损伤，安装后与喉管中心线允许误差不大于 1mm，喷嘴内径边缘整齐，中心线与喉管对中是喷射器检修质量的关键。

（2）喷嘴混合室与喉管的表面粗糙度达 3.2 以下，内涂层不许有悬挂、脱落等缺陷，内涂层损坏应及时修补。

（3）法兰连接的喷射器，紧力配合以无漏水现象为宜，法兰强度应满足出入口法兰连接要求。

（4）吸入侧短管与壳体连接必须严密。

18-57　凝结水处理设备有哪几种连接方式？各有何优缺点？

答：凝结水处理设备因树脂使用时温度不允许超过 60℃，所以其大都安装在凝结水泵出口及低压加热器之前的管路系统中，其连接方式一般有以下两种。

（1）凝结水处理设备连接在凝结水泵与凝结水升压泵之间。这种连接方式适用于低压凝结水系统。为了便于调节凝汽器热井和除氧器中的水位，每台机组设密封式补给水箱 1～2 台。除盐水先进入补给水箱，再进入凝汽器。当除氧器的水位过高时，部分凝结水可返回补给水箱。该方式的优点是起到了调节水位的作用，经低压凝结水处理设备净化后的凝结水，由升压泵升压后进入低压加热器。此种连接方式的缺点是系统中安装二级凝结水泵，运行中存在二级凝结水泵的同步控制问题，还需要设计安装压力、流量的自控装置。

（2）凝结水处理设备连接在凝结水泵与低压加热器之间。这种连接方式取消了凝结水升压泵，经凝结水处理设备净化后的凝结水直接进入低压加热器系统。该方式的优点是省去了一级凝结水泵，因而减小了设备占地面积，简化了系统，有利于在主厂房内布置，节省了投资，在运行操作上也较为简便，易于实现自动控制，使运行安全可靠性增强。该方式的缺点是对设备及树脂的耐压有较高的要求。

18-58　如何选择凝结水除盐用树脂？

答：凝结水除盐用树脂的选择是一个比较复杂的问题，应把凝结水含盐量低、流量大和采用的冷却水质等因素作为考虑选择的基本出发点。

（1）由于凝结水除盐采用高速运行混床（流速可达 140m/h），因此必须选用机械强度大（以减小除盐设备运行压降）、颗粒均匀（直径为 0.45～0.65mm）的树脂。为此一般选用大孔树脂。

（2）由于弱酸性、弱碱性树脂都有一定的溶解度，而且弱酸性树脂不能除掉水中的硅，羧酸型弱酸性树脂交换速度慢，所以必须选用强酸性、强碱性树脂。

（3）考虑到给水的加氨处理，凝结水中含有较多的 $NH_3 \cdot H_2O$，为保证混床的阳树脂不先于阴树脂失效，所以阳阴树脂比例一般选为 1：（0.5～1.5)，而普通除盐混床为 1：2。具体可分为下列几种情况：

1）冷却水含盐量低、凝汽器泄漏又轻时，阳、阴树脂比可采用 1：0.5～1：1。但在以海水作冷却水或凝汽器严重泄漏时，应增加阴树脂量，阳、阴树脂比可采用 1：1.5。

2）应根据树脂交换容量确定阳、阴树脂比，对大孔型树脂，当阳、阴树脂体积比为 1：1.5 时，两种树脂实际交换容量为 1：1。

3）当凝结水温度高时，运行中容易漏硅，因此温度高时，应增加阴树脂的比例。

18-59　对空冷机组凝结水处理用的离子交换树脂有什么特殊要求？会出现什么问题？

答：对于空冷机组凝结水处理用的离子交换树脂还应满足耐高温的要求。海勒式空冷机组的凝结水温度高达 60％～70％，而直接空冷机组，凝结水最高温度高达 80℃。因此，对凝结水处理所用树脂提出了更高的要求。各国的强酸性大孔型阳树脂的允许温度在 100℃ 以上，没有出现问题，而一般的强碱性Ⅰ型大孔阴树脂 OH 型的最高允许温度仅为 60℃。有资料介绍，当凝结水温度高于 49℃ 时，运行中 SiO_2 的泄漏量要增加。另外，高温凝结水还会使阴树脂分解率提高，致使阴树脂交换容量减小，溶于水中的分解产物增加。因此，国内树脂厂提出实际使用温度不要超过 50℃。

18-60　精处理高速混床使用的树脂应具备哪些条件？

答：（1）机械强度高。因高速混床运行流速一般为 70～90m/h，有的甚至高达 100～140m/h。此外，再生时要利用空气擦洗，所以树脂磨损、破碎相当严重，因而要求树脂有良好的机械强度。

（2）粒度均匀。因混床内装有阴、阳两种树脂，再生时要将阴、阳树脂彻底进行分离。若粒度不均，易造成树脂因再生分离不好而引起交叉污染。

（3）采用强酸、强碱型树脂。弱型树脂具有一定的水解度，且弱碱型树脂不能除去水中的硅，弱酸型树脂交换速度较慢。因此，高速混床一般均使用强酸、强碱型树脂。

（4）按照水质情况及树脂的工作交换容量，选择好阴、阳树脂的比例。一般对于碱性水工况的锅炉，阴、阳树脂比为 2∶1，在中性水工况系统，阴、阳树脂比为 1∶1，当冷却水选用海水时，阴、阳树脂比为 1.5∶1。

18-61　凝结水除盐的混床为什么要氨化？混床氨化有什么缺点？

答：为了防止热力设备的腐蚀，在凝结水系统中要加入一定量的 $NH_3 \cdot H_2O$，以维持系统中的 pH 值。这样在正常运行情况下，凝结水中 $NH_3 \cdot H_2O$ 的含量往往比其他杂质含量大得多，结果会使混床中的 H 型阳树脂很快被 NH_4^+ 所耗尽，并把 H 型树脂转化为 NH_4 型阳树脂，此时混床将发生"NH_4^+ 穿透"现象，混床出口水的电导率会立刻升高，同时 Na^+ 的含量也会增加。其后果之一是 H—OH 型混床周期会很短。另外，由于氢型混床除去了不应除去的 $NH_3 \cdot H_2O$，所以不利于热力设备的防腐保护，而且增加了给水系统中 $NH_3 \cdot H_2O$ 的补充量。为了克服氢型混床的弱点，在严格控制 Na^+ 泄漏量的条件下，可把混床中阳树脂"就地"氨化，并作为 NH_4—OH 型混床继续运行。

在 NH_4—OH 型混床中，阳、阴树脂的初始型分别为 NH_4 型和 OH 型。阳树脂通过离子交换基团 NH_4 与水中杂质阳离子进行交换。

混床氨化的缺点：由于 NH_4—OH 型混床与 H—OH 型混床相比，在化学平衡方面有很大的差异，在工艺上也有很大的不同，现以净化含 NaCl 的水为例，进行分析说明。

H—OH 型混床的离子交换反应为

$$RH + ROH + NaCl = RNa + RCl + H_2O$$

NH_4—OH 型混床离子交换反应为

$$RNH_4 + ROH + NaCl \longequals RNa + RCl + NH_4OH$$

对以上两式进行比较，可明显看出：虽然 NH_4OH 也属弱电解质，但比 H_2O 相差甚远，所以其逆反应倾向较大。另外，根据离子交换选择顺序，NH_4 型阳树脂对 Na^+ 的交换能力要低于 H 型树脂。显然，对 $NN_4—OH$ 型混床不采取相应的措施，运行中很容易发生 Na^+、Cl^-、SiO_2 的泄漏，而严重影响出水质量，以致失去实用价值。为克服 $NN_4—OH$ 型混床存在的问题，可以提高混床中阳、阴树脂的再生度，以尽量减少再生后残余的 Na 型树脂和 Cl 型树脂。

18-62　凝结水精处理混床的大修项目有哪些？

答：凝结水精处理混床（以 HN-2200-120 型为例）的大修项目如下：

（1）检查混床进水装置、出水装置、进脂装置、反洗及进气装置有无损坏及变形情况，梯形绕丝水帽有无断丝及间隙不均的跑树脂现象，如有应进行修理。

（2）检查混床内壁胶板有无脱壳、鼓泡及龟裂现象，特别要注意混床底部混凝土与胶板贴衬质量有无问题。如有上述现象，则应补衬橡胶或玻璃钢。混凝土上的胶皮损坏后，可贴衬抛光花岗岩板。

（3）检查树脂的输送是否干净彻底，梯形绕丝水帽是否有树脂粉堵塞现象。

（4）检查床体内各种支架和管卡的完整情况，并进行支架的校直和管卡的整修工作。

（5）检查修理与混床配套的管道、阀门、窥视孔和取样管。

（6）检查校验压力表、流量表、在线水质监测仪表。

18-63　简述凝结水精处理混床的拆卸和检修顺序。

答：凝结水精处理混床（以 HN-2200-120 型为例）的拆卸和检修顺序如下：

（1）将混床内的树脂用下部进水法全部压送到阳树脂再生罐内，排除床内存水。

（2）拆下人孔门螺栓，将人孔门打开。

（3）拆下混床内的进脂装置。

（4）拆下混床内冲洗进水及进气装置的立管和喷头，并妥善保管。拆卸时要注意不要碰撞周围的其他梯形绕丝水帽。

（5）拆下混床出水装置，拆卸时先拆其梯形绕丝水帽，再拆支管。拆下的水帽要保管好，防止碰撞损坏。

（6）检查混床内壁胶板的完整情况，发现问题要进行补衬。

（7）拆检窥视孔及在线监测仪表。

（8）拆下压力表，送热工车间进行校验，并清理检查流量表孔板夹环。

（9）检查修理与混床配套的阀门、管道等有关设备。

18-64　简述凝结水精处理混床的检修方法。

答：凝结水精处理混床的检修方法如下：

（1）拆卸反洗装置时，应用专用工具先拆支管，再拆母管，要注意保护支管上的绦纶网切勿碰撞。清洗时，支管应放在塑料水槽中，先用 3％～5％的盐酸浸洗，再用水洗到中性，然后仔细检查涤纶网的完整情况。若有个别小孔，应缝补好再用；若破坏处较多，或老化强度降低时，应更换新涤纶网。涤纶网下料时，应用电烙铁烫剪，切记不能用剪刀裁剪，以防缝线处脱线。

（2）拆卸进脂装置时，应先将十字进脂头拆下，然后再拆下支架和法兰螺栓，取下进脂母管。

（3）进气装置的喷头和出水装置的梯形绕丝水帽，应用专用工具拆装。拆下的喷头和水帽应在塑料洗槽中放入 2％～3％的盐酸用毛刷轻轻刷洗，再用水洗净，然后检查水帽绕丝分布是否均匀，有无变形损坏，有无堵塞情况（若水帽污堵可用 0.2mm 左右的薄钢片插通）。混床内壁的胶板除直观检查外，还应用电火花检测仪器检查其绝缘情况，发现鼓泡裂纹等缺陷时，应补衬环氧玻璃钢或衬橡胶板，并在常温下固化。

18-65　凝结水精处理混床的检修技术要求有哪些？

答：凝结水精处理混床的检修技术要求如下：

（1）检查出水装置、水帽是否有损坏，要求水帽绕丝缝隙均匀，缝宽为 0.25±0.05mm，无堵塞，无变形。

（2）检修完工后，要对压缩空气喷头进行喷水试验，验证喷头开孔方向有无问题，以保证树脂能全部卸出。若卸不干净可能是进水进气装置喷头开孔方向设置有问题，不能喷到边缘部分，或喷淋范围较小，应重新安装，需使喷头的孔眼以切线方向朝向床壁，使树脂能够旋流。

（3）内壁衬胶防腐层完整，没有脱壳、鼓泡、裂纹等缺陷，用电火花检验绝缘合格，否则应重新补衬防腐层。

（4）混床内部各种装置要求支排管水平，距离正确，固定螺栓无松动现象。

（5）若发现混床底部混凝土与橡胶板黏结不好，则可对底部衬里进行改造，即将橡胶板剔除，使花岗岩板与底部混凝土用环氧胶泥黏结，板与板之间的缝隙用环氧胶泥钩缝。

18-66 简述树脂再生设备的检修项目和检修顺序。

答：树脂再生设备的检修项目如下：

（1）检查阳树脂再生罐、阴树脂再生罐、储脂罐和混合分离罐内所有的内部装置有无损坏变形和污堵现象，固定支架及螺栓是否牢靠，涤纶网和不锈钢网有无破损，各种装置安装是否水平。

（2）检查罐内壁衬胶板有无脱层、鼓泡及裂纹现象。

（3）检查和修理有关的管道、阀门及冲洗输脂泵等设备。

树脂再生设备的检修顺序如下：

（1）卸出罐内树脂，排除存水。

（2）打开人孔门，采用软梯进入内部工作。

（3）由上而下地将各种罐内的装置拆下，并妥善放好，防止碰撞、丢失。

（4）检查内壁衬胶板。

（5）检查所有内部装置并进行清理、修复。

（6）检查配套管路、阀门及泵类设备，有问题的进行修复。

18-67 试速中压凝结水处理混床的检修步骤及技术要求。

答：中压凝结水处理混床的检修步骤及技术要求如下：

（1）办理工作票，移出筒体内树脂。

（2）确认筒体内无压、无水，树脂已移出。

（3）搭设开人孔脚手架并确认合格（每次上脚手架前需检查确认）。

（4）用大榔头（55号呆扳手）拆除混床人孔门螺栓（双头螺栓 M36×215，20只），打开人孔门。

（5）内部挂好一只12V行灯，检查筒体内部是否还有少量残留树脂，如有则接临时冲洗软管进行冲洗干净（冲洗前将底排阀拆除，装入蛇皮带并扎紧，使残留树脂进入蛇皮带内）。

（6）检查进水装置完好情况、有无变形、支管锁紧螺母有否松动，并处理。

（7）检查进脂装置完好情况、螺栓是否松动，并处理。

（8）检查排气装置是否完好，将混床顶部法兰与空气管连接法兰拆开并移开空气管，取出滤元，检查滤元是否损伤。

18-68　机组设置凝结水精处理装置的原则是什么？

答： 机组设置凝结水精处理设备取决于下述因素：

（1）发电机组的参数和容量。

（2）锅炉的形式（直流炉或汽包炉）及燃料类别（燃油或燃煤）。

（3）凝汽器管材及冷却水水质。

（4）机组的运行特性。

（5）锅内水处理方式。

目前，是否需要设置凝结水处理设备，较一致的看法如下：

（1）直流锅炉机组（任何参数和容量）的凝结水要进行100％处理。

（2）冷却水为海水时，对凝结水要进行100％处理。

（3）冷却水为苦咸水时，一般对凝结水要进行处理，其处理量为25％～100％。

（4）锅内采用加氧处理方式时，由于对水质要求高，一般对凝结水要进行100％处理。

（5）冷却水为淡水的高压或高压以上机组，目前都认为应对凝结水进行100％处理。

18-69　目前对凝结水进行处理的方法有哪些？

答： 目前，对凝结水进行处理的方法主要有凝结水的过滤和凝结水的除盐。

18-70　凝结水过滤的目的是什么？目前使用较多的凝结水过滤设备有哪些？

答： 凝结水水过滤的目的是除去凝结水中的金属腐蚀产物及油类等杂质。这些杂质通常以悬浮态、胶体形式存在于凝结水中。如果不首先将这些杂质滤除，就会在后面凝结水的除盐过程中污染离子交换树脂，缩短除盐设备的运行周期。特别是机组启动阶段，这些杂质往往更多。利用凝结水过滤设备，可以使凝结水系统中的水很快达到正常，大大缩短由启动到正常运行的时间。因而其在机组启、停时，水汽系统中铜、铁含量大，有大量疏水需要回收时，前置过滤器可将水中悬浮杂质清除85％～90％，在系统中发挥着很大的作用。

通常将位于凝结水除盐系统前的过滤设备称为前置过滤。有些机组在凝结水除盐系统后还设有后置过滤设备，用来截留除盐设备漏出的树脂或树脂碎粒等杂物，防止它们随给水进入锅炉。目前使用较多的过滤设备有覆盖过滤器、微孔过滤器、磁力过滤器以及粉末树脂覆盖等类型的过滤器。

18-71　精处理氢型混床有哪些优缺点？

答：精处理氢型混床的优点：凝结水水质很高，其电导率可在 $0.1\mu m/cm$ 以下，Na^+ 含量小于 $2\mu g/L$，SiO_2 含量小于 $15\mu g/L$。

该混床的缺点：在用氨调整给水 pH 值的系统中，凝结水中氨的含量往往比其他杂质大得多，结果使混床中的阳树脂吸收氨而耗尽了交换容量，此时混床将发生氨漏过现象，使混床出口水的电导率升高，钠的含量也会有所增加。运行周期较短，再生次数频繁，酸、碱耗大。

18-72　高速混床的体外再生有哪些优点？

答：高速混床的体外再生有以下优点：

（1）再生系统与运行系统彻底分离，避免再生液渗透到水、汽系统。

（2）体外再生罐不受现场限制，可以充分满足树脂清洗和分离，保证再生效果。

（3）缩短混床的停运时间，保证凝结水进行 100% 处理。

（4）混床内部结构简化，更适合于高速运行。

18-73　高速混床树脂的清洗有哪些方法？

答：高速混床树脂的清洗方法如下：

（1）空气擦洗。空气擦洗是利用压缩空气在树脂颗粒间造成瞬间膨胀，使树脂间产生撞击摩擦而使树脂表面的杂质松脱，然后再用水冲洗，将杂质排出。具体步骤是首先将清洗管中的水排放至树脂层上部 200mm 处，然后从清洗罐底部通压缩空气擦洗 1min，再从清洗罐顶部进水 2min，将正洗水从底部排出。反复重复上述操作，直至排水澄清为止。

（2）反洗。反洗的目的是彻底清除树脂中截留的杂质，同时对树脂进行分离。反洗时要掌握好反洗流速，既要保证反洗效果，同时又不能造成大颗粒树脂跑掉。反复反洗 3～5 次，至排水澄清为止。

第十九章 离子交换树脂

19-1 什么是树脂的交联度？

答：树脂的交联度是指在聚合树脂的过程中所加入的交联剂质量占整个单体质量的百分含量。

19-2 什么是树脂的有效粒径？

答：树脂的有效粒径是指能使10%的树脂颗粒通过、90%的树脂颗粒截留的筛孔直径。

19-3 什么是树脂的湿真密度？

答：树脂的湿真密度是指树脂在水中充分膨胀后的真密度，单位为g/mL。

19-4 什么是树脂的湿视密度？

答：树脂的湿视密度是指树脂在水中充分膨胀后的堆积密度，单位为g/mL。

19-5 什么是树脂的溶胀？

答：树脂的溶胀是指树脂遇水或遇溶剂后，会因溶剂化作用而引起体积的膨胀。

19-6 什么是树脂的全交换容量？

答：树脂的全交换容量是指树脂单位体积中所含活性基团的总量。

19-7 怎样进行离子交换器中树脂的检查与验收？

答：对于装填在离子交换器里的各种树脂，必须作全面检查和验收工作。应该核对树脂上标出的产品名称、型号、规格和性能。由于各种离子交换树脂里都含有一定量的水分，因此无论在运输中，还是在保管中，均应维持树脂温度在5℃以上，以防冻坏。

19-8 离子交换树脂按作用和用途可分为哪几类？

答：离子交换树脂按作用和用途可分为阳离子交换树脂、阴离子交换树脂、吸附树脂、浸渍树脂和惰性树脂。

19-9 离子交换树脂保存时应注意哪些事项？

答：离子交换树脂保存时应注意以下事项：

（1）防止离子交换树脂失水干燥。

（2）防止离子交换树脂冻裂。

（3）离子交换树脂转型保存。

（4）阴、阳树脂应贴签隔离存放，以防混乱。

第二十章　脱碳器及各种水箱的检修

20-1　脱碳器的大修项目有哪些?

答: 脱碳器的大修项目如下:

(1) 打开人孔门,吊出瓷环或多面球,进行检查。

(2) 检查进出水管系,包括布水装置及瓷环或多面球。

(3) 检查筒体内腔衬胶和多孔板老化、损坏的情况。

(4) 检查水箱内壁环氧玻璃钢或油漆是否脱落,否则应予以修补。

(5) 拆修全部阀门。

(6) 脱碳器及水箱外壁拷铲油漆。

(7) 风机解体检修。

20-2　脱碳器的大修质量标准是什么?

答: 脱碳器的大修质量标准如下:

(1) 瓷环或多面球如有破坏应按规定补充或调换。

(2) 多孔板应完整无损,否则应予以修补。

(3) 水箱内壁防腐层应完整无损,否则应予以修补。

(4) 脱碳器及水箱外层应拷铲油漆。

20-3　脱碳器的小修项目有哪些?

答: 脱碳器的小修项目如下:

(1) 打开人孔门,检查布水装置及表面瓷环损坏情况。

(2) 检查进出水管系及筒体内壁衬胶老化、损坏的情况。

(3) 检查水箱内壁环氧玻璃钢或油漆是否有裂纹、脱落,否则应予以修复。

(4) 检修有缺陷的管系与阀门。

20-4　脱碳器的小修质量标准是什么?

答: 脱碳器的小修质量标准如下:

(1) 瓷环或多面球如有破损应按规定补充或调换。

（2）布水装置应完好，否则应予以修补或调换。

（3）消除设备缺陷，保证设备完好。

（4）水箱内部防腐层应完整无损，否则应予以修补。

20-5　除盐水箱的大修质量标准是什么？

答：除盐水箱的大修质量标准如下：

（1）水箱内壁防腐层应完整无损，否则应予以重新修补。

（2）水箱外壁及管阀应拷铲油漆。

（3）进出水管系及阀门应完好。

20-6　非密封水箱各部件的结构和作用是什么？

答：非密封水箱箱体按断面分有方形（矩形）、圆柱形等，目前广泛使用的是圆柱形的。水箱通常用普通碳钢钢板焊接而成，内壁涂防腐漆或环氧树脂若干层，外壁除保温层外再涂防锈漆。箱体是储存凝结水或锅炉补给水的主体。各部件具体结构和作用如下：

（1）爬梯。在水箱外壁（有的在内壁）设有爬梯以供检查维修用。

（2）人孔。在箱顶部一般设有人孔，对于容量较大的水箱，侧壁下部也设有圆形人孔，供检查维修水箱用。

（3）进出水管道及阀门。在水箱侧壁下部连接有进出水管道，并在管道上各装有阀门，用以控制进水及排出存水。

（4）排污管及排污阀。在水箱底板最低处连有排污管和阀门。打开阀门可将箱底沉积的污水及检修清洗箱体的污水排出箱外。

（5）溢流管。水箱侧壁顶部连有溢流管，当水箱进水过多，水箱水位超过溢流管时，进水可由溢流管排出，以防水箱冒顶。溢流管的管径通常大于入口一个规范级。

（6）仪表附件。水箱配有水位指示装置（水位计）、水位报警装置等。有的水箱还装有温度指示仪表，并将水位信号引到值班室的控制盘上。

（7）基础。水箱箱体下有大于箱底的坚实可靠的基础，以承受水箱全部重量。

20-7　非密封水箱的检修项目和顺序如何？

答：非密封水箱每年应排出存水，打开人孔门检查一次，检查项目和顺序如下：

（1）解列水箱做好隔断措施。

（2）排尽箱内存水。

（3）隔断措施落实后打开人孔门，进入箱内检查与修理。

（4）水箱内部防腐衬里的检查和修补。

（5）水箱外部保温、涂层的检查和修补、涂刷。

（6）水箱外部管道、阀门的检查与修理。爬梯的检查与修理。

（7）水箱水位指示浮标及仪表附件、报警信号装置的检查、修理与校对。

（8）水箱内部清洗冲刷。

（9）检查水箱内部，封人孔，撤除隔离措施，投入运行。

20-8 除盐水箱的检修方法和技术要求是什么？

答：除盐水箱的检修方法如下：

（1）打开水箱上、下人孔门。

（2）检查内部油漆是否完好，有无脱层、鼓泡，视情况补漆或重新涂防腐层。

（3）浮动式液位装置轴承架拆下清理、装复（轴承104视情况调换）。

（4）液位计导绳（尼龙绳 $\phi6 \sim \phi8mm$）位指示正确。检查、加干油后调新，并调整液位。

（5）液位装置浮筒（材质硬PVC）是否完好、严密，并进行处理。

（6）清理水箱内部杂物。

（7）各阀门检修完好，启闭正常。

（8）箱内确无杂物，关闭上、下人孔门。

（9）做静压试验。

除盐水箱的检修技术要求如下：

（1）水箱内壁漆酚树脂漆完好，无脱落、鼓泡等现象。

（2）浮动液位装置完好，滑动灵活，液位计导绳完好，浮筒完好严密不漏，液位计指示正确。

（3）箱内清洁无杂物。

（4）底部排水阀开关正常，不渗漏。

（5）静压检漏不渗水。

第二十一章 加热器设备的检修

21-1 混合式加热器的工作特点有哪些？适用于什么地方？

答：混合式加热器的工作特点：在混合式加热器内，加热工质和工作工质直接混合，全部成为工作工质，因而在加热器内传热和传质同时进行，能充分利用加热工质的热量。

混合式加热器在电厂中常用作锅炉给水的除氧器、喷水减温器，以及水处理系统的生水加热器、碱液加热器等。

21-2 表面式加热器的工作特点有哪些？适用于什么地方？

答：表面式加热器的工作特点：在表面式加热器中，加热工质与工作工质分别通过加热器列管管壁的两侧，两者之间通过列管管壁进行热量交换。在两个工质间没有直接的热量交换，因此其不能充分利用加热蒸汽的热能。

表面式加热器在电厂中得到广泛应用，用于给水回热系统、燃油加热器、水处理生水加热器、汽轮机凝汽器和蒸汽取样冷却器等。

21-3 具有卧式管板水室和直管管束的表面加热器，其结构是怎样的？

答：在电厂水处理中，具有卧式管板水室和直管管束的表面式加热器，其结构主要由水室、管板、筒体、管束、安全阀、疏水器、蒸汽流量调节阀等组成。

21-4 试述表面式加热器的检修项目。

答：表面式加热器的检修项目如下：

（1）检修前要进行水压试验。按压力容器水压试验的要求进行，并做好记录。

（2）检查加热器内管束有无泄漏，做好记录。

（3）捅刷或酸洗管束。

（4）更换泄漏的管子。

21-5 试述表面式加热器的检修顺序。

答：表面式加热器的检修顺序如下：

（1）检修前要进行水压试验。按压力容器水压试验的要求进行，并做好记录。

（2）检查加热器内管束有无泄漏，做好记录。

（3）捅刷或酸洗管束。

（4）更换泄漏的管子。

（5）水室检查、清理。

（6）阀门管道的检查和修理。

（7）仪表与控制设备的检查和修理、校验。

（8）安全阀、疏水器等附件的检查和修理。

（9）检修后要进行水压试验。

（10）整理检修记录及做出技术总结。

21-6　试述表面式加热器的拆卸和组装顺序。

答：表面式加热器的拆卸顺序如下：

（1）拆卸蒸汽侧、水侧的进出口压力表、玻璃水位计及与其连接的管子等。

（2）松开法兰螺栓，拆下进出口水侧弯头。

（3）搭好人字架（或用行车也可以），拴好钢丝绳的吊索，挂好倒链，松开前端盖（水侧封头）与外壳相连接的螺栓，卸下端盖，并按上述顺序拆卸后端盖（汽侧封头）及芯子的小端盖（水侧小封头）。一般不必吊出芯子，若需更换新管子时才将芯子吊出。

表面式加热器的组装顺序如下：

（1）将水侧的小端盖与芯子对正，穿上螺栓、套好衬垫、均匀旋紧螺母固定。

（2）吊起后端盖与同一端的外壳对正，穿上螺栓、套上衬垫，均匀用力旋紧螺母固定。

（3）再将另一端前端盖吊起来，与外壳对正，穿上螺栓、套上衬垫，均匀用力旋紧螺母固定。

（4）装好进出口截止阀及蒸汽入口阀。

（5）装加热器的出入口弯头，套上衬垫，然后旋紧连接螺栓固定。

（6）装复压力表、水位计、温度计。

（7）装好疏水出口阀及疏水器。

21-7　试述表面式加热器本体部分的检查内容和方法。

答：表面式加热器本体部分的检查主要是检查管子及管板胀口、外壳有无泄漏、结垢等。检漏的方法可用水压法，即揭开水室端盖，将管板用螺栓紧固在外壳法兰上，再以压力水充满蒸汽室的空间，检查管板上各管口即可找出泄漏的管子和胀口；也可用真空抽气法，当加热系统的汽侧与抽真空系统相连时，可采用此法。具体方法是：关好蒸汽室侧阀门，抽气使蒸汽室内形成真空，然后用点燃的蜡烛在管板面上移动或用烟雾在管板面上检查，就可检查出泄漏的管子与胀口。对具有 U 形管束的加热器，还可采取吊出芯子进行水压试验的方法来检查管束是否泄漏。

21-8 如何更换表面式加热器泄漏的管子？

答：表面式加热器发现有泄漏的管子，应更换新管。更换前要先打上记号，对直管式管束，应查对泄漏管两端的胀口，用尖凿将胀口处管端破开，砸小、砸扁成 Y 形，用榔头砸管头，管子即可由一端抽出。对于 U 形管束，则需吊出管束，将其立放在专用铁架上。将管隔板拉筋锯开，隔板移到管板附近，再将所有破裂管子与有碍锯管的管子用木条分开，在尽量靠近管板处将 U 形管下部锯掉，最后用凸缘铁棍向胀口侧打击，就可将管头打下。

在抽取泄漏管子时，如管子在管板上胀得过紧，则可用比管口稍小的铰刀将胀管部分管头铰去一些，注意不要伤及管板，然后打出余下的管头。管头打出后，将管板管孔用砂布打磨干净，然后把备好的管子穿入，用胀管器胀好，再进行翻边。

由于加热器更换单根管子比较困难，因此个别管子破裂渗漏时可以用木塞或特制金属塞塞住，但塞住的管子最多不能超过总管数的 10%。

21-9 试述表面式加热器水室的检查项目和方法。

答：表面式加热器水室的检查项目是检查室壁有无污垢，如有就必须清理干净；当结垢过厚时，应将管束吊出，放到专用酸洗槽内用稀盐酸浸泡酸洗，再用清水洗至 pH 值达到要求后回装。

21-10 如何清理表面式加热器的管板接合面？

答：清理表面式加热器的管板接合面的方法如下：用刮刀将管板接合面清理干净并检查不得有径向沟痕，在回装时需加厚为 1.5~3mm 的高压石棉垫片，并均匀涂上一层密封胶，以保证接合面接合紧密。垫片最好用整张石棉纸板制作或用定型的缠绕石棉垫圈，如用接起来的石棉纸板制作，则要用燕尾式接头连接。

21-11 检修后的加热器应符合哪些质量标准？

答：检修后的加热器有如下质量标准：

（1）本体、水室及管子内壁无水垢等附着物，清理工作干净彻底。

（2）蒸汽压力表、玻璃水位计、温度计安装齐全，表计指示准确。

（3）所有阀门应严密，安全阀灵活可靠。

（4）加热器水压试验合格。

21-12 加热器铜管应力检查不合格应如何处理？

答： 如加热器的管束为铜管，则换管前应对铜管进行应力检查。应力不合格时应进行退火处理，即将铜管小心地放入专用蒸汽退火炉中，在260～300℃的温度下，保持1.5～2h，使其自然冷却后再取出使用。为防止铜管应力损伤，在搬运和加工铜管的过程中，切勿碰撞摔跌铜管，以免受到振动，产生应力损伤而泄漏，也不要使其弯曲变形，为此应装箱搬运。

21-13 简述表面式加热器的翻边胀管法。

答： 表面式加热器的翻边胀管法如下：

（1）选择合适的胀管器，备好足够的胀珠。

（2）将管板、管孔、管头内外表面用细砂布打磨干净，不得在纵向上有0.10mm以上的沟痕，但表面也不要求十分光滑，打磨后擦拭干净。

（3）将管头穿入管板管孔摆好，管子在管板上应各露出1.5～2mm备胀。

（4）在管口内涂上少许黄油，放入胀管器，要求其与管子之间有一定的间隙，然后用扳手或转动机械转动胀管器胀杆，将管口胀大。

（5）待管口胀大到与管板孔壁完全接合时，检查胀管器外壳上的止推盘是否靠着管头。如此时靠着管头，即管子未被胀住，则说明原来的管子与管板管孔壁的间隙过大，胀管器的装置距离不够，必须更换胀管器重新胀管。在胀管过程中，管子未胀大到与管板管孔壁接合，管子就不能动了，并感到胀杆有劲，但此时管子并未胀牢，还需把胀杆转2～3圈即认为已胀好。胀管前管板管孔与管子的许可间隙：ϕ19的管子为0.20～0.30mm；ϕ24的管子为0.25～0.40mm。

（6）管子胀好后，即可进行翻边，翻边可增加胀管强度。翻边后，管子的弯曲部分应稍进入管板管孔，不能离管孔太远。翻边可利用专用翻边工具来完成。

21-14 胀管的质量标准是什么？

答： 胀管的质量标准如下：

（1）胀管的管壁表面应没有蹭皮的痕迹和剥起的薄片、疤斑、凹坑和裂纹，若有这些缺陷必须换管重胀。产生这种缺陷的原因是铜管退火不够或翻边角度太大。

（2）胀管应牢固。若因胀管结束太早，或因胀杆细、胀珠短造成胀管不牢，则必须重胀。

（3）管口要端正，松紧要均匀。

（4）无过胀现象。过胀表现在管子胀紧部分的尺寸太大，或有明显的圈槽，产生的原因是胀管器的装置距离太大或胀杆的锥度太大、胀管时间太长等。过胀严重则必须换管重胀。

（5）做水压试验时应无渗漏。

第二十二章　超滤设备的检修

22-1　超滤系统启动前的检查项目有哪些?

答：超滤系统启动前的检查项目如下：

(1) 生水箱保持高水位，生水箱、超滤水箱出、入口阀保持开启状态，生水泵、超滤水泵出口阀保持开启状态。

(2) 超滤装置入口温度计、压力表正常。

(3) 运行中的自清洗过滤器出水保持正常。

22-2　超滤系统投运时应注意哪些事项?

答：(1) 定时检查来水温度、浊度，确保来水合格。

(2) 投运后确保超滤装置及时反洗。

(3) 保证设备的运行压力不超标。

(4) 停运时要将超滤装置反洗，确保将膜元件污物冲洗干净，长期停运要对超滤膜进行保护，确保不长细菌。

22-3　为什么要对超滤装置进行化学清洗? 其清洗依据是什么?

答：在设备长时间运行后，由于膜表面杂质沉淀较多，要求对设备进行化学清洗。每组单独进行，从而保证整套设备的运行要求。化学清洗的依据是超滤出水量下降 $10\% \sim 15\%$ 或压力上升 $10\% \sim 15\%$。清洗液为 2% 的酸或碱。

22-4　对中空纤维式超滤膜进行修补的具体步骤有哪些?

答：对中空纤维式超滤膜进行修补的具体步骤如下：

(1) 膜件准备。

(2) 做好安全措施。

(3) 将修补箱装上足够的水，正好可以把膜件浸泡一半。

(4) 调整压力。

(5) 寻找泄漏膜丝。

(6) 用堵漏针将破损膜丝堵上。

22-5 膜法液体分离技术从分离精度上划分可分为哪几类?

答：膜法液体分离技术从分离精度上划分，一般可分为四类：微滤（MF）、超滤（UF）、纳滤（NF）和反渗透（RO），它们的过滤精度按照以上顺序越来越高。

22-6 微滤膜的过滤精度为多少?

答：微滤（MF）能截留 $0.1\sim1\mu m$ 之间的颗粒。微滤膜允许大分子和溶解性固体（无机盐）等通过，但会截留住悬浮物、细菌及大分子胶体等物质。微滤膜的运行压力一般为 $0.03\sim0.7MPa$。

22-7 超滤膜的过滤精度为多少?

答：超滤（UF）能截留 $0.002\sim0.1\mu m$ 之间的大分子物质和杂质。超滤膜允许小分子物质和溶解性固体（无机盐）等的通过，同时将截留下胶体、蛋白质、微生物和大分子有机物，用于表示超滤膜孔径大小的切割分子质量范围一般在 $1000\sim500\ 000$ 之间，超滤膜的运行压力一般为 $0.03\sim0.5MPa$。

22-8 纳滤膜的过滤精度为多少?

答：纳滤（NF）能截留纳米级（$0.001\mu m$）的物质。纳滤膜的操作区间介于超滤和反渗透之间，其截留有机物质的分子质量为 $200\sim800$，截留溶解盐类的能力为 $20\%\sim98\%$ 之间，对可溶性单价离子的去除率低于高价离子，如对氯化钠及氯化钙的去除率为 $20\%\sim80\%$，而对硫酸镁和硫酸钠的去除率为 $90\%\sim98\%$。纳滤一般用于去除地表水中的有机物和色素、地下水中的硬度及镭。

22-9 膜从结构上划分有哪些类型?

答：膜从结构上划分主要有四大类：管式、中空纤维式、卷式、平板式。

22-10 可用作超滤膜的材料有哪些?

答：可用作超滤膜的材料众多，可供选择的主要材料有聚砜（PS）、聚醚砜（PES）、聚丙烯腈（PAN）、聚偏氟乙烯（PVDF）、聚丙烯（PP）等。各类材质各有优缺点，产品性能主要由生产商对材料的改性及不同的工艺水平来决定。

22-11 什么是膜污染?

答：由于悬浮物或可溶性物质沉积在膜的表面、孔隙和孔隙内壁从而造成膜通量降低的过程称为膜污染。

22-12 膜的污染过程分哪几步？

答：膜污染可划分为如下过程：膜表面滤饼层的压实和形成、浓差极化、膜孔的堵塞、膜孔内壁的吸附。

22-13 超滤膜的污染控制有哪些方法？

答：超滤膜的污染控制方法可以从膜材料的改性、膜组件的设计以及操作方式上进行考虑。对膜材料进行改性，使其具有更高的亲水性和耐污染性。膜组件设计要尽量减少容易藏污纳垢的过滤死点和连接点，如在水处理中采用中空纤维式超滤膜件。操作方式上可以选择错流、反洗、气水反洗、正洗、化学反洗以及化学清洗等措施来稳定和恢复膜的通量。

22-14 何谓全流过滤（死端过滤）？何谓单通错流过滤？何谓循环错流过滤？

答：全流过滤（死端过滤）：当超滤悬浮物、浊度和COD值低时，如洁净的地下水、山泉水以及较好预处理的海水等水质，或超滤前处理较严格，如有砂滤器、多介质过滤器等过滤，超滤可按照全流/死端过滤模式操作。此过滤模式与传统过滤相仿，原水进入超滤膜件，100％经过超滤膜过滤后自滤过液侧产出。被超滤膜截流的大分子颗粒物、胶体等杂质在超滤定时反冲洗、快冲和化学清洗过程中排出。

单通错流过滤：一般当原水中悬浮物和胶体含量较低时可按单通错流过滤模式来操作。原水以较低的错流速度进入膜件，浓水以一定比例从膜件另一端排出。产水在膜件透过液侧产出，运行回收率通常是 92％～99％，这由原水中微粒的浓度来决定。

循环错流过滤：当原水中悬浮物含量较高及在大多数废水应用领域，就需要通过减少回收率来保持纤维内部较高的错流流速。这样会造成大量的浓水排放。为了避免浪费，排出的浓水就会被重新加压后回到膜件内，这就是循环错流过滤。循环模式虽会降低膜件的回收率，但整个系统的回收率仍旧可以很高。在循环流程模式中，进水连续不断地在膜表面循环。循环水的高流速阻止了微粒在膜表面的堆积，并增强了膜的通量。在相同的产水率下，此过滤模式的能耗会比死端过滤和单通错流模式高。

22-15 何谓超滤膜的临界通量？

答：在较低的透膜压差（TMP）下，水通量和透膜压差呈线性关系，伴随着透膜压差的增加，这种线性将不再存在。此时的通量称为临界通量。

在临界通量以上，水通量的增加变得缓慢直至不再变化。

22-16 根据超滤在水处理系统中的位置，可将超滤分为哪四类？各有何特点？

答：超滤系统可被置于整个水处理系统的不同位置，主要应用可分为四大类：

（1）前处理（Pretreatment）。在超滤用作前处理的应用中，超滤前可加絮凝澄清、砂滤、多介质过滤或滤芯过滤。任何在超滤系统前去除的物质都将增加超滤的产水率。同时由于超滤去除了原水中所有的悬浮固体和胶体，极大地改善了后续设备的运行，减少了反渗透膜清洗和更换的频率。用于此方式处理的超滤膜推荐为 10 万切割分子质量。

（2）离子交换设备后（Post DI）。让超滤发挥去除胶体和固体微粒的作用的另一方式是把它放在离子交换的后面，作后处理。当然，为了使设备良好稳定地运行，离子交换前需预处理，同时离子交换还可作填料过滤而去除有机物；所有这些都改善了超滤的进水水质并减少了超滤的污染，使得超滤系统不必像用作前处理那样频繁清洗。当有机物水平较高时可考虑选择这样的系统。用于此方式时，通常选用 10 万切割分子质量，对低 TOC 的锅炉给水或类似去离子系统，应选用 1 万分子切割量。如用户用于去热原体，那么也应选用 1 万分子切割量。

（3）反渗透/混床后（Post；RO/DI）。美国科氏滤膜系统公司中空纤维超滤产品技术手册如超滤放在反渗透和混床后，透水率就会较高，清洗频率也会比前两种应用低得多。通常当系统压力降到一个不能接受的范围或产水中发现藻类时才需要清洗。这种工艺用于生产超纯水。建议使用 1 万切割分子质量。当这类系统不允许化学消毒时，KMS 能提供一种能用于 95℃ 热水消毒的膜。

（4）使用点（Point of IJse）。超滤系统也可放在使用点。此应用仅限于电子及医药行业。这些系统不太复杂，一般不连续操作，在工厂内可安装多处。通常共用一套可移动的清洗系统，或把膜件移到其他地方清洗。移动清洗装置的优点是连接不用打开，从而避免可能的空气中微粒或菌类的污染。但如超滤是用于净室，那么移动清洗装置就不可行，因为这可能对净室带来污染。此应用，通常推荐的膜为 1 万切割分子质量。

22-17 何谓超滤系统的回收率？

答：超滤系统的回收率有运行回收率和系统净回收率之分。运行回收率是指包括反洗用水在内的所有超滤产水与原水的比例；系统净回收率是指扣

除了反洗、正洗之后的净产水与原水的比例。净回收率可定义为净回收率＝净产水/进水×100％

总的来说，大多数水处理应用的系统净回收率在85％～92％之间。回收率由原水中的悬浮物、胶体、有机物浓度、水源及预处理方式等条件来决定。

22-18　科氏超滤组件有哪些特点？

答：科氏超滤组件的特点如下：

（1）在进水水质变化较大时，其出水水质依然稳定，具有很好的水源适应性。

（2）运行方式灵活，工艺适应性强。科氏超滤系统的独特的单通错流过滤、死端过滤、循环错流过滤三种运行模式可针对不同水质或水质变化自由切换，工艺适应性很强。

（3）良好的抗污染能力，运行持久稳定。专利的改性的膜材料、独特的不对称结构、先进的制造工艺，决定了其优良的抗污染能力，从而运行更加稳定。

（4）清洗间隔长、清洗恢复彻底。优良的抗污染能力决定了其清洗周期更长，同时大流量的循环清洗模式，也使得清洗恢复更容易、更彻底。

（5）膜组件之间并联排列，而非串联。这样，既防止反冲洗过程中膜件连接间颗粒物累积，又易于维护每支膜件，能够方便地为日后系统扩建预留空间。

22-19　超滤的清洗程序分为哪几步？

答：经过一段时间的运行之后，有必要对膜进行清洗。清洗通常包括反洗、快冲、加药浸泡反洗及化学循环清洗，外压式超滤还有压缩空气清洗。这些步骤的组合需由应用情况的不同来决定。在预处理的应用上往往有最大的不确定性，超滤系统清洗的频率和方式也将由其应用的场合和前处理条件等共同决定。

（1）反洗程序。这是中空纤维式超滤膜所特有的非常有效的防止污染的手段。其他形式的膜在反洗时会脱层或分解。在此程序中加压的透过液从产水侧透过膜丝而进入原水侧的进/出口，水流方向与生产时相反，故称为反洗。上下原水口可交错排液。超滤产水水质的水可用于反洗。由于由反洗水带进的悬浮物将会聚集在支撑结构内随后再不断释放出颗粒、细菌及TOC等，故原水不适合作反洗水。

（2）快冲程序。快冲的主要目的是把反冲洗下来的大量污染物冲出膜件和系统，所以快冲程序一般伴随着反洗程序。快冲过程中，产水口是关闭的，因此对一半的滤膜会同时有反洗的效果，这是由进出口压差造成的。交错方向的快冲会使清洗更为有效。快冲有时也可通过延长反洗来达到类似的效果。

（3）加药浸泡反洗（或称化学加强反洗）程序。根据原水水质以及污染情况的不同，可能要考虑加药浸泡反洗。浸泡的频率可以从一天数次到一周一次。针对微生物活性较强的水可采用加氯浸泡反洗；有机物含量较高的水可采用加碱或表面活性剂浸泡反洗；而对于硬度较高的水可采用加酸浸泡反洗，也可采用多种药剂浸泡。

（4）化学循环清洗程序。当通过反洗、快冲以及加药浸泡反洗不能恢复膜的通量时（通常表现为膜通量降低到一定程度或跨膜压差 TMP 升高到一定程度），必须要通过化学清洗来恢复膜的清洁。化学清洗系统通常由清洗泵、清洗箱及相应的管路组成。清洗药剂在膜件内高速流动以清除污垢。化学清洗过程可由一步或几步来完成（碱洗、碱加氯洗、酸洗），根据污染情况的不同来确定清洗的步骤。

22-20　超滤膜组件进行碱液清洗的步骤如何？

答：（1）加热水（<60mg/L，$CaCO_3$ 硬度）至 30～45℃之间。

（2）在标准压力和流量下使热水在系统内循环。

（3）缓慢加入碱（NaOH）至 pH 值为 12。

（4）在系统内循环碱液 20～30min。

（5）排放清洗液，用 10～30℃之间的净水将系统彻底冲洗干净。

22-21　超滤膜组件进行酸液清洗的步骤如何？

答：（1）加热水（<60mg/L，$CaCO_3$ 硬度）至 30～45℃之间。

（2）在标准压力和流量下使热水在系统内循环。

（3）缓慢加入柠檬酸（固体）将 pH 值调至 2.5。

（4）循环酸液 20～30min。

（5）排放清洗液，用 10～30℃之间的净水将系统彻底冲洗干净。

22-22　超滤膜组件进行碱/氯清洗的步骤如何？

答：（1）加热水（<60mg/L，$CaCO_3$ 硬度）至 30～45℃之间。

（2）在标准压力和流量下使热水在系统内循环。

（3）缓慢加入碱（NaOH）至 pH 值为 12。

（4）加入液氯（NaClO）使总氯浓度至 200mg/L。

（5）循环碱/氯液 20～30min。

（6）检查碱/氯液浓度，在需要时加入 NaClO 以保持总氯浓度。

（7）排放清洗液，用 10～30℃之间的净水将系统彻底冲洗干净。

注意：必须在加氯之前加碱，不准许在中性或酸性液中加氯。在每次的碱洗、氯洗及酸洗之前必须将工艺管路冲洗干净。

22-23　一个典型的超滤系统包括哪些设备？

答：一个典型的超滤系统将包括一套或多套超滤单元、一套清洗系统、一套反冲洗系统和原水预过滤系统。

原水经最大孔径为 $200\mu m$ 的进水预过滤系统进入超滤单元。预过滤器将保护泵和滤膜，防止预处理系统中或原水中残余碎片引起的损伤。原水进入超滤单元，在膜件内部原水被分成透过液和浓水。浓水流量小，其按照与进水流量一定比例自超滤单元排除被送往残余物处理系统，目的是防止污染物的过度浓缩。透过液则送往产品水箱以备后续处理。对于较好水质进水，可考虑以死端过滤的方式来运行，此时浓水排放为零。

22-24　超滤系统进行完整性测试的方法有哪两种？

答：完整性检测允许操作人员对膜件内任意破损的膜丝进行检测。操作人员可选择手动完整性检测，或在生产模式期间能够自行启动完整性检测。

22-25　超滤膜进行完整性测试的泡点理论指的是什么？

答：泡点是指在膜的一侧通入空气，而另一侧充满液体的情况下，空气可以透过膜的最小压力。泡点是膜材质的疏水性、流体的表面张力和膜孔的几何尺寸的函数。泡点测量的是最大的膜孔。泡点压力可用 Cantor 方程表示为

$$p_b = K4Gcos\theta/D_p$$

式中　p_b——膜的泡点压力；

K——孔的形状修正系数；

G——液体的表面张力；

θ——膜和液体的接触角；

D_p——最大膜孔径。

该理论可用于膜丝及组件的完整性检测。在膜丝的一侧充满液体，另一侧进行加压，当所加的压力低于泡点压力时，只有极少量的气体通过扩散穿过膜孔。而当膜丝存在破损时，则会有大量的气泡从破损处连续不断地溢出，同时，气体侧的压力会不断衰减。

22-26 超滤膜进行完整性测试的具体步骤是什么？

答：超滤膜进行完整性测试的具体步骤如下：

步骤1：排空膜透过液侧的水，然后关闭透过液测的排水阀和排气阀。

步骤2：打开原水侧的排气阀。

步骤3：用无油的洁净压缩空气在产水侧进行加压至 0.05～0.07MPa。

步骤4：加压完成后，关闭进气阀，系统进入压力维持阶段，记录下初始压力。

步骤5：计算机对压力维持阶段监测 10min，测量并记录下压力衰减的速率。

步骤6：对步骤5收集到的数据进行分析，如果透过液主管路中的压力衰减高于预计压降，如 0.01MPa，完整性检测失败报警响起，此超滤单元将被关闭。除非通过完整性测试，否则此单元可以进入生产模式。

22-27 超滤设备的检修项目有哪些？

答：超滤设备的检修项目如下：

(1) 检查保安过滤器。

(2) 检查超滤系统的阀门和管道。

(3) 检查各个超滤膜的管箍接头。

(4) 检查超滤膜内的膜丝是否损坏。

22-28 简述超滤设备的检修程序。

答：超滤设备的检修程序如下：

(1) 检修保安过滤器前，应联系运行停止设备运行、放水，并打开减压阀，检查滤膜是否损坏、污物堵塞。如损坏或堵塞严重，应更换新的。

(2) 进出口差压达到 0.15MPa 时，使用超过 6 个月后，应及时更换新的。

(3) 检修阀门和管道，应使阀门开关灵活，无卡涩、裂纹、腐蚀等情况。

(4) 检查各个超滤膜的管箍接头，应无泄漏情况，管箍应牢靠，密封圈无老化现象。

(5) 检修前，应检查超滤膜出水情况和内膜泄漏情况，如不符合出水规定，应在检修时拆开超滤膜的出水口，用压力水接上超滤膜的入水口进行检查。如果有内丝冒出气泡，应用牙签沾上环氧树脂进行修复，修复过程使牙签停留几小时，待完全干固后组装完毕备用。如损坏严重，应更换新的。

（6）超滤装置化学清洗一般按碱洗、碱/氯洗、酸洗三个顺序进行。

（7）泄漏膜的修复：拆开上部出口接头，用压力水接入入口，检查膜上口是否有气泡冒出。如有，用牙签沾上环氧树脂进行堵塞，使环氧树脂顺膜流下。修复时注意防止环氧树脂流入其他膜丝内，待干固后备用。

第二十三章 反渗透设备的检修

23-1 什么是渗透？什么是渗透压力？什么是反渗透？

答： 当纯水和盐水被理想半透膜隔开时，理想半透膜只允许水通过而阻止盐通过，此时膜纯水侧的水会自发地通过半透膜流入盐水一侧，这种现象称为渗透。若在膜的盐水侧施加压力，那么水的自发流动将受到抑制而减慢。当施加的压力达到某一数值时，水通过膜的净流量等于零，这个压力称为渗透压力。当施加在膜盐水侧的压力大于渗透压力时，水的流向就会逆转，此时，盐水中的水将流入纯水侧，这种现象就是水的反渗透。

23-2 什么是反渗透膜？渗透压力如何计算？

答： 反渗透膜是一种用特殊材料和加工方法制成的、具有半透性能的薄膜。它能在外加压力作用下使水溶液某一些组分选择性透过，从而达到淡化、净化或浓缩分离的目的。

渗透压力可用式（23-1）计算，即

$$\pi = cRT \tag{23-1}$$

式中　π——渗透压力，kPa；

　　　c——浓度差，mol/L；

　　　R——气体常数，等于 8.135J/（mol·K）；

　　　T——热力学温度，K。

式（23-1）是通过热力学定律推导出来的，因此只对极稀薄溶液才是准确的，c 为水中离子的浓度差，若为非电介质则为分子的浓度差。

各种盐溶液在含量为 1000mg/L、温度为 25℃时的渗透压力如下：

氯化钠约为 77.5kPa，硫酸钠约为 41.2kPa，硫酸镁约为 24.5kPa，氯化钙约为 56.9kPa，氯化镁约为 65.7kPa。

23-3 反渗透膜的性能要求和指标有哪些？

答： 为适应水处理应用的需要，反渗透膜必须具有应用上的可靠性和形成规模的经济性，其一般要求如下：

（1）对水的渗透性要大，脱盐率要高。

（2）具有一定的强度和坚实程度，不致因水的压力和拉力影响变形、破裂。膜的被压实性尽可能最小，水通量衰减小，保证稳定的产水量。

（3）结构要均匀，能制成所需的结构。

（4）能适应较大的压力、温度和水质变化。

（5）具有好的耐温、耐酸碱、耐氧化、耐水解和耐生物污染侵蚀性能。

（6）使用寿命要长。

（7）成本要低。

23-4　反渗透复合膜有哪些优点？

答：反渗透复合膜实际上是几层薄皮的复合体。这种膜的最大优点是抗压实性较高、透水率较大和盐分透过率较小。

23-5　试述反渗透醋酸纤维素膜的性能特点。

答：醋酸纤维素是一种羟基聚合物，醋酸纤维素膜的性能与乙酰基含量有密切关系，乙酰基含量越高，脱盐性能越好，但产水量越小。为了均衡膜、盐性能和透水性能，一般选择乙酰基含量为37.5％～40.1％的醋酸纤维素膜。由于醋酸纤维素是一种酯类，所以它会发生水解。水解的结果使乙酰基含量降低，膜的性能受到损害，并更容易受到微生物的侵袭。醋酸纤维素的水解度与温度有关，还与 pH 值有关。为使膜的使用寿命较长些，在实际应用中应尽量选择醋酸纤维素水解速度最慢的 pH 值范围，通常控制原水 pH 值在 5～6 之间。醋酸纤维素膜的化学稳定性好，价格也较便宜。

23-6　在选择膜时或使用膜前应该了解哪些内容？

答：膜的使用者在选择膜时或使用膜前应该了解并掌握如下膜的物理、化学稳定性和膜的分离特性指标。

（1）膜的化学稳定性。膜的化学稳定性主要是指膜的抗氧化性和抗水解性能，这既取决于膜本身的化学结构，又与要分离流体的性质有关。通常水溶液中含有如次氯酸钠、溶解氧、双氧水和六价铬等氧化性物质，它们容易产生活性自由基并与高分子膜材料进行链引发反应和链转移反应，造成膜的氧化，影响膜的性能和寿命。

另外，膜的水解与氧化是同时发生的，当制膜用高分子主链中含有水解的化学基团（如—CONH—、—COOR—、—CNz—O—等）时，这些基团在酸或碱的作用下，易产生水解降解反应，使膜的性能受到破坏。

（2）膜的耐热性和机械强度。膜的耐热性能提高，有利于在医药、食品等需要在高温下操作的分离过程中使用。另外，膜的耐热性能提高，意味着可分离温度较高的溶液。溶液温度的提高，其水的透过速率增加，在膜高压侧的传质系数与盐的渗透系数也会略有增加。因此，在膜组件的制造中，应尽量选择耐热性能较好的膜材料；在使用中，还要考虑待处理溶液的性质、使用时间和对膜性能的要求等。

膜的机械强度是高分子材料力学性质的体现。在压力作用下，膜的压缩和剪切蠕变，以及表现出的压密现象，其结果将导致膜的透过速度下降，并且当压力消失后，再给膜施加相同的压力，其透过速度也只能暂时有所回升，很快又出现下降，这表明由于膜的蠕变使其产生几何可逆的变形。造成膜的蠕变因素有高分子材料的结构、压力、温度、作用时间和环境介质等。

23-7 反渗透的机理是什么？

答：目前为人们普遍接受的理论是：起作用的半透膜可以看作对扩散的非孔屏障，水和溶质溶解在膜内，靠浓度梯度和压力梯度扩散过去。

根据上述理论可以推导出以下公式

$$Q_W = K_W (\Delta p - \Delta \pi) A / T \qquad (23\text{-}2)$$

式中 Q_W——产水量；

      K_W——系数；

      Δp——膜两侧的压差；

      $\Delta \pi$——渗透压；

      A——膜的面积；

      T——膜的厚度。

K_W 与膜的性质和水温有关，即

$$Q_S = K_S \Delta c A / T \qquad (23\text{-}3)$$

式中 Q_S——盐透过量；

      K_S——系数；

      Δc——膜两侧盐的浓度差。

K_S 与膜的性质、盐的种类以及水温有关。

从式（23-2）和式（23-3）可以看出，对膜来说，K_W 大、K_S 小则质量较好，同时产水量与净驱动压力成正比，盐透过量只与膜两侧浓度差成正比，而与压力无关。

23-8 常见的反渗透膜元件有几类？各有何优缺点？

答：常见的反渗透膜元件有以下两大类。

（1）醋酸纤维素膜元件。一般用纤维素经酯化生成三醋酸纤维，再经二次水解成混合一、二、三醋酸纤维。影响膜的脱盐率与产水量最重要的因素是乙酰含量，乙酰含量高则脱盐率高，但产水量少。

醋酸纤维素膜本质上的弱点是，随时间的推移，酯基官能团将水解，同时脱盐率逐渐下降而流量增加，随着水解作用的加强，膜更易受到微生物侵袭，同时膜本身也将失去它的功能和完整性。

（2）复合膜元件。复合膜的主要支撑结构是经研光机研光后的聚酯无纺织物，其表面无松散纤维并且坚硬光滑，由于聚酯无纺织物非常不规则并且太疏松，不适合作为盐屏障层的底层，因而将微孔工程塑料聚砜浇注在非纺织物表面上，聚砜层表面的孔控制在大约 15nm，屏障层采用高交联度的芳香聚酰胺，厚度大约为 $0.2\mu m$。高交联度芳香聚酰胺由苯三酰氯和苯二胺聚合而成。

复合膜与醋酸纤维素膜相比有以下优点。

1）化学稳定性好。醋酸纤维素膜不可避免地会发生水解，醋酸纤维素膜连续运行允许的 pH 值范围为 4～6，清洗时允许的 pH 值范围为 3～7，pH 值为 5.7 时水解速度最慢，这就导致预处理时加酸量大，清洗时可选用的药品范围窄，不易获得满意的清洗效果，复合膜连续运行允许的 pH 值范围一般为 2～11，清洗时允许的 pH 值范围一般为 1～12。

2）生物稳定性好。复合膜不易受微生物侵袭，而醋酸纤维素膜易受微生物侵袭。

3）复合膜的传输性能好，即 K_w 大而 K_s 小。

4）复合膜在运行中不会被压紧，因此产水量不随使用时间而改变，而醋酸纤维素膜在运行中会被压紧，因而产水量不断下降。

5）复合膜的脱盐率基本不随使用时间而改变，而醋酸纤维素膜由于不可避免地水解，脱盐率不断下降。

6）复合膜由于 K_w 大，其工作压力低，反渗透给水泵用电量与醋酸纤维素膜相比减少了一半以上。

7）醋酸纤维素膜的寿命一般仅 3 年，而复合膜有些已使用 5 年或者 8 年，性能仍完好如初。

复合膜的缺点是抗氧化性较差。

23-9　膜的理化指标有哪些？

答：膜的理化指标一般包括以下几个方面：

（1）膜材质。

（2）允许使用的最高压力。

（3）允许的最大给水量。

（4）适用的 pH 值范围。

（5）耐 O_3 和 Cl_2 等氧化性物质的能力。

（6）抗微生物、细菌的侵蚀能力。

（7）耐胶体颗粒、有机物及细菌等微生物污染的能力。

23-10　膜的分离透过特性指标有哪些？

答： 膜的分离透过特性指标主要包括脱盐率（或盐透过率）、系统回收率（或产水率）、水通量及水通量衰减系数（或膜通量保留系数）等。

（1）脱盐率（salt rejection）。为给水中总溶解固形物（TDS）中的未透过膜部分的百分数，即

$$脱盐率 = \left(1 - \frac{产品水总溶解固形物}{给水中总溶解固形物}\right) \times 100\%$$

（2）系统回收率

$$系统回收率 = \frac{总的产水流量}{总的给水流量} \times 100\%$$

（3）水通量。指单位面积的膜在单位时间内的产水量。

（4）水通量衰减系数。指水通量随时间的衰减速度。

23-11　安装膜元件前应检查哪些系统及设备？

答： 安装膜元件前应该检查下列系统及设备。

（1）加药系统。

1）所有设备和管道均由防腐材料制造。

2）加药管的止回阀安装方向正确。

3）加药管的混合装置（静态混合器、弯头、延时管道）。

4）加药系统的联锁（不加药不能运行，停运时停止加药）装置。

5）冲洗设备、管线。

6）加药泵试转动。

（2）反渗透系统。

1）取样点的位置应具有代表性（给水、一段排水、二段排水、一段产品水、二段产品水、混合产品水）。

2）应保证任何时候产品水压力低于给水/排水压力的规定值。

3）压力容器在滑架上固定好，应注意，U 形螺栓固定得太紧将使玻璃钢壳翘曲。

4）每一压力容器的产品水取样点。

5）是否可以确定每段产品水流量及排水量，以便"标准化"反渗透性

能数据。

6）反渗透系统给水泵确已可投入使用。

7）所有表计已经校准。

8）所有联锁、报警、安全阀、延时继电器处于正常状态。

（3）仪表控制。

1）所有仪表已经过校准，包括压力表、流量计、温度计、电导率仪、氯表。

2）给水表盘接线正确。

3）加药系统（比例积分调节/比例调节）正常。

4）检查反渗透系统就地盘接线是否正确。

5）检查反渗透系统主控制盘接线是否正确。

6）检查可编程序控制器编程是否正确、接线是否正确，并试验。

7）做各种报警、联锁、自动等试验。

（4）电气设备。

1）检查电气接线是否正确，并对电气设备进行试验。

2）对在仪表控制设计中易出现的问题进行检查。每套反渗透系统应装设一段产品水流量计、二段产品水流量计、产品水电导率仪、排水流量计，并应予以记录。

3）各药液箱低液位开关及报警系统正常。

4）反渗透系统给水泵与加药泵之间的联锁设计应该确保只有所有反渗透系统给水泵都停才停加药泵，有任何一台反渗透系统给水泵运行都要运行加药泵。

5）慢开门应有开关，可以进行人工操作。

23-12　安装膜元件时应注意什么？具体安装步骤如何？

答：在启动反渗透系统之前需要将膜元件装入压力容器，不能损伤膜元件并保证无泄漏。

对压力容器要清洗容器内部，除掉所有外来物，并用海绵或毛巾浸甘油将容器内壁润滑。

具体安装步骤如下：

（1）保持膜元件外部清洁。

（2）检查膜元件的浓水密封，对浓水密封加甘油润滑。

（3）自给水端将膜元件插入2/3，浓水密封环必须在暴露端，密封环的唇必须面向外部。

（4）记录膜元件的系列号、在压力容器内的位置和系统中压力容器的位置。

（5）向连接件的 O 形密封环加甘油润滑。

（6）将连接件全部插入产品水管内。

（7）插入下一个膜元件。

（8）重复（1）、（2）步。

（9）将膜元件对准连接件，慢慢地推膜元件的浓水端直至元件互相接触，这一步必须在容器外完成。

（10）重复（3）～（6）步。

（11）重复步骤（7）直至最后一个膜元件。

（12）组装好端板。

（13）把压力容器的防膜卷伸出装置放入压力容器末端，在浓水端装上组装好的端板。

（14）对端板 U 形密封环涂油润滑，然后套在端板上。

（15）装入一定量的垫片后小心将端板上的连接座对准并插入最后膜元件的连接件，慢慢推入压力容器内，直至端板外表面刚好过压力容器的环槽。

（16）将卡环插入环槽内，装好给水端板。

23-13 反渗透系统安装前的膜元件如何保存？

答：芳香族聚酰胺反渗透复合膜元件在任何情况下都不应与含有残余氯的水接触，否则将给膜元件造成无法修复的损伤。在反渗透系统设备及管路进行杀菌、化学清洗或封入保护液时应绝对保证用来配制药液的水中不含任何残余氯。如果无法确定是否有残余氯存在，则应进行化学测试加以确认。在有残余氯存在时，应使用亚硫酸氢钠还原残余氯，并要保证足够的接触时间使残余氯还原完全。

海德能公司的膜元件出厂时，均真空封装在塑料袋中，封装袋中含有保护液。膜元件在安装使用前的储存及运往现场时，应保存在干燥通风的环境中，保存温度以 20～35℃为佳；应防止膜元件受到阳光直射及避免接触氧化性气体。

23-14 为什么刚开机时反渗透系统要不带压冲洗？

答：反渗透系统在停止运行后，一般都要自动冲洗一段时间，然后根据停运时间的长短，决定是否需要采取停用保护措施或者采取什么样的停用保护措施。在反渗透系统再次开机时，对于已经采取添加停用保护药剂的系统，应该将这些保护药剂排放出来，然后通过不带压冲洗把这些保护药剂冲洗干净，最后启动系统。对于没有采取添加停用保护药剂的系统，此时系统中一般是充满水的状态，但这些水可能已经在系统中存了一定的时间，此时也最好用不带压冲洗的方法把这些水排出后再开机为好。有时，系统中的水不是在充满状态，此时必须通过不带压冲洗的方法排净空气。如果不排净空气，就容易产生"水锤"的现象而损坏膜元件。

23-15 为什么要记录反渗透系统初始时的运行数据？

答：在运行过程当中，系统的运行条件，如压力、温度、系统回收率和给水浓度可能有变化而引起产品水流量和质量的改变。为了有效地评价系统的性能，需要在相同的条件下比较产品水流量和质量数据，因为不可能总是在相同条件下获得这些数据，因此需要将实际运行状况下的反渗透系统性能数据按照恒定的运行条件进行"标准化"，以便评价反渗透系统膜的性能。标准化包括产品水流量的"标准化"和盐透过率的"标准化"。

如果系统运行条件与初投运时相同，理论上所能达到的流量称标准化的流量。

如果系统运行条件与初投运时相同，理论上所能达到的脱盐率称标准化的脱盐率。

由上述定义可知，标准化的参考点是以初投运时（稳定运行或经过24h）的运行数据，或者由反渗透膜元件制造厂商的标准参数作参考，此时反渗透膜基本上没有受到任何污染，故要判断反渗透膜是否存在污染以及是否需要清洗，都需要以初投运时的数据来判断。因此，初投运时的数据尤其重要，必须进行记录。

23-16 反渗透系统装置运行启动前应进行哪些检查？

答：反渗透系统装置运行启动前应检查的内容如下：

（1）在将给水送入反渗透系统之前，预处理系统必须运行得很正常，且必须满足所有导则，必须肯定向系统加入的化学药品的纯度是符合要求的。

（2）在低压、小流量下将系统中的空气排出。

（3）检查系统有无泄漏。

（4）启动给水泵，在低于50%给水压力下冲洗，直至排水不含保护液。

（5）慢慢增加给水压力并调整排水减压控制阀，直到满足设计的回收率。

（6）当系统达到设计条件后，核查浓水的LSI值。

（7）当系统稳定运行后（0.5～1h运行时间），记录所有运行条件。

23-17 反渗透系统的停运应如何进行?

答:反渗透系统正常停运时,应该首先停高压泵,关闭相应的计量加药系统、预处理系统,以及相关的阀门等。当反渗透系统停运后,立即使用冲洗系统将反渗透器内的浓水冲出。如果反渗透系统计划短期或长期停运,此时应该按膜厂家的短期或长期停运步骤执行。

23-18 反渗透系统膜元件常见的污染物有哪些?

答:在正常运行一段时间后,反渗透膜元件会受到在给水中可能存在的悬浮物质或难溶物质的污染,这些污染物中最常见的为碳酸钙垢、硫酸钙垢、金属氧化物垢、硅沉积物及有机或生物沉积物。

污染物的性质及污染速度与给水条件有关,污染是慢慢发展的,如果不早期采取措施,污染将会在相对短的时间内损坏膜元件的性能。定期检测系统整体性能是确认膜元件发生污染的一个好方法,不同的污染物会对膜元件性能造成不同程度的损害。常见的污染物有以下几种:

(1)悬浮固体。悬浮固体普遍存在于地表水和废水中,其尺寸大于 $1\mu m$(胶体可能会小于 $1\mu m$),在未搅拌溶液中以悬浮状态沉积下来(胶体会保持悬浮状态)。预处理后必须将下列指标降低至:浊度小于 1NTU,15minSDI 值小于 5。

(2)胶体污染物。胶体污染物普遍存在于地表水或废水中,该污染物主要存在于反渗透系统的前端,其尺寸小于 $1\mu m$,在未搅拌溶液中微粒会保持悬浮状态,可以是有机或无机成分组成的单体或复合化合物,无机成分可能是硅酸、铁、铝、硫,有机成分可能是单宁酸、木质素、腐殖物。预处理后必须将下列的指标降低至:浊度小于 1NTU,15minSDI 值小于 5。

(3)有机污染物。有机污染物主要存在于反渗透系统的前端,普遍存在于地表水或废水中,它一般被吸附在膜表面,这些天然腐殖有机物来源于植物腐烂物且常带电荷,对于反渗透膜元件的进水缺乏明确的 TOC(总有机碳)含量规定。但是在进水中 TOC 含量为 2×10^{-6} 时应引起注意,在有机污染物含量高时建议采用具有电中性表面的 LFCl 膜及 CAB 膜。

(4)生物污染物。生物污染物普遍存在于地表水或废水中,其特点是开始时易在反渗透系统前端形成污染物,随后扩展到整个反渗透系统,通常污染物为细菌、生物膜、藻类、真菌,其警戒含量为每毫升 10000cfu(菌落生成单位),因此必须控制生物活性。

23-19 膜元件短期保存应如何保护?

答:芳香族聚酰胺反渗透复合膜元件在任何情况下都不应该与含有残余

氯的水接触，否则将给膜元件造成无法修复的损伤。在对反渗透设备及管路进行杀菌、化学清洗或封入保护液时应绝对保证配制药液的水中不含任何残余氯。如果无法确定是否有残余氯存在，应进行化学测定。在有残余氯存在时，应使用亚硫酸氢钠还原残余氯并保持足够的接触时间，以保证还原完全。

短期保存方法适用于那些停止运行 5～30 天的反渗透系统。此时反渗透膜元件仍安装在反渗透系统的压力容器内。保存操作的具体步骤如下：

（1）用给水冲洗反渗透系统，同时注意将气体从系统中完全排除。

（2）将压力容器及相关管路充满水后，关闭相关阀门，防止气体进入系统。

（3）每隔 5 天按上述方法冲洗一次。

23-20　膜元件长期停用保护措施是什么？

答：膜元件长期停用保护方法适用于停止使用 30 天以上，膜元件仍安装在压力容器中的反渗透系统。保护操作的具体步骤如下：

（1）清洗系统中的膜元件。

（2）用反渗透产出水配制杀菌液，并用杀菌液冲洗反渗透系统。杀菌剂的选用及杀菌液的配制方法可参见膜公司相应技术文件或与膜公司当地代表处联系，以获取有关技术建议。

（3）用杀菌液充满反渗透系统后，关闭相关阀门使杀菌液保留于系统中，此时应确认系统完全充满。

（4）如果系统温度低于 27℃，应每隔 30 天用新的杀菌液进行第（2）、（3）步的操作；如果系统温度高于 27℃，则应每隔 15 天更换一次保护液（杀菌液）。

（5）在反渗透系统重新投入使用前，用低压给水冲洗系统 1h，然后再用高压给水冲洗系统 5～10min，无论低压冲洗还是高压冲洗，系统的产水排放阀均应全部打开。在恢复系统至正常操作前，应检查并确认产品水中不含有任何杀菌剂。

23-21　膜浓差极化有什么危害？

答：反渗透膜分离过程中，水分子透过以后，膜界面中含盐量增大，形成较高的浓水层，此层与给水水流的浓度形成很大的浓度梯度，这种现象称为膜浓差极化（concentration polarization）。膜浓差极化会对运行产生有害的影响。

（1）由于界面层中的浓度很高，相应地会使渗透压升高。渗透压升高后，势必会使原来运行条件的产水量下降。为达到原来的产水量，就要提高给水压力，使产品水的能耗增大。

（2）由于界面层中盐的浓度升高，膜两侧的 Δc 增大，使产品水盐透过量增大。

（3）由于界面层的浓度升高，对易结垢的物质增加了沉淀的倾向，导致膜的垢物污染。为了恢复膜性能要频繁地清洗垢物，并可能造成不可恢复的膜性能下降。

（4）形成的浓度梯度，虽采取一定措施使盐分扩散离开膜表面，但胶体物质的扩散要比盐分扩散速度小数百数千倍，因而浓差极化是促成膜表面胶体污染的重要原因。

膜浓差极化的结果是盐水的渗透压加大，因而反渗透所需的压力也得增大；此外，还可能引起某些难溶盐（如 $CaSO_4$）在膜表面析出。因此，在运行中必须保持盐水侧呈紊流状态以减轻膜浓差极化的程度。

23-22　消除膜浓差极化的措施有哪些？

答：消除膜浓差极化的措施如下：

（1）要严格控制膜的水通量。

（2）严格控制回收率。

（3）严格按照膜生产厂家的设计导则指导系统运行。

23-23　什么是卷式膜元件？其主要工艺特点有哪些？

答：卷式膜元件类似一个长信封状的膜口袋，开口的一边黏结在含有开孔的产品水中心管上。将多个膜口袋卷绕到同一个产品中心管上，使给水水流从膜的外侧流过，在给水压力下，使淡水通过膜进入膜口袋后汇流入产品水中心管内。

为了便于产品水在膜袋内流动，在信封状的膜袋内夹有一层产品水导流的织物支撑层；为了使给水均匀流过膜袋表面并给水流以扰动，在膜袋与膜袋之间的给水通道中夹有隔网层。

卷式反渗透膜元件给水流动与传统的过滤流方向不同，给水是从膜元件端部引入的，沿着膜表面平行的方向流动，被分离的产品水是垂直于膜表面，透过膜进入产品水膜袋的，如此，形成一个垂直、横向相互交叉的流向。水中的颗粒物仍留在给水（逐步地形成浓水）中，并被横向水流带走，如果膜元件的水通量过大或回收率过高（指超过制造厂导则规定），盐分和胶体滞留在膜表面上的可能性就越大。浓度过高会形成膜浓差极化，胶体颗粒会污染膜表面。

卷式膜元件广泛用于气体和液体的分离过程，其主要工艺特点如下：

（1）结构紧凑，单位体积内有效膜面积较大。

（2）制作工艺相对简单。

（3）安装、操作比较方便。

卷式膜元件的缺点如下：

（1）适合在低流速、低压下操作，高压操作难度较大。

（2）在使用过程中，膜一旦被污染，不易清洗，因而对原料的前处理要求较高。

23-24 四种结构的反渗透膜各有哪些特点？

答：反渗透膜的结构形式有板式、管式、中空纤维式和卷式四种。

板式反渗透膜和管式反渗透膜由于单位体积内膜表面积小，而且造价很高，在给水处理方面已较少采用。

目前用于水处理的反渗透组件有中空纤维式反渗透组件和卷式反渗透组件两种形式。

中空纤维式反渗透组件与卷式反渗透组件相比优点如下：

（1）反渗透组件单位体积内的膜表面积大，单位体积产水量高，因此所需厂房面积小。

（2）以完整的组件出厂和运输，设计安装都比较简单。

（3）因为膜本身是小管，可以耐背压，所以产水管允许接到很高的位置，如除碳器进口。

中空纤维式反渗透组件的缺点是由于膜易遭受污染并且不易清洗，因此对进水水质和 SDI 值要求较严，价格较高，同时中空纤维式反渗透组件近十几年来在技术方面没有什么改进，而卷式反渗透组件在膜的性能以及膜元件、压力容器等方面不断改进，因此用户选用中空纤维式反渗透组件者越来越少。

目前广泛用于水处理的反渗透装置是卷式反渗透装置，卷式反渗透组件由压力容器和膜元件组成，卷式反渗透膜元件是先由两层半透膜中间夹入一层织物支撑材料，并将膜的三边胶黏结密封起来，形成一个口袋。然后依次在每个口袋下面铺上一层隔网，将口袋的开口端贴在中心多孔管上，沿着中心管卷绕这个依次叠好的多层口袋/隔网，就形成一个卷式反渗透膜元件。

将几个卷式反渗透膜元件装入圆筒形的压力容器内就形成反渗透膜组件，目前直径为 8in 的压力容器最长的可装 8 个 40in 长的膜元件。

对膜元件的基本要求是应有尽可能高的膜填密度，并使流体在膜表面上有合理的流速与分布，以减少膜表面的浓差极化和膜污染。同时组件的价格尽可能低，并便于清洗和更换。表 23-1 概括出各不同形式反渗透膜组件性能比较。

表 23-1　　　　　　　　不同形式反渗透膜组件性能比较

系统费用	管式、板式＞中空纤维式、卷式
设计灵活性性能指标	卷式＞中空纤维式＞板式＞管式
清洗方便性性能指标	板式＞管式＞卷式＞中空纤维式
系统占地面积性能指标	管式＞板式＞卷式＞中空纤维式
污堵的可能性性能指标	中空纤维式＞卷式
耗能性能指标	管式＞板式＞中空纤维式＞卷式

23-25　反渗透膜元件清洗的一般程序和步骤是什么？

答：反渗透膜元件清洗的一般程序：清洗时将清洗溶液以低压大流量在膜的高压侧循环，此时膜元件仍装在压力容器内，而且需要用专门的清洗装置来完成该工作。清洗反渗透膜元件的一般步骤如下：

（1）用泵将干净、无游离氯的反渗透产品水从清洗箱（或相应水源）打入压力容器中并排放几分钟。

（2）用干净的产品水在清洗箱中配制清洗液。

（3）将清洗液在压力容器中循环 1h 或预先设定的时间，对于 8in 或 8.5in 压力容器时，流速为 133～151L/min，对于 6in 压力容器流速为 57～76L/min，对于 4in 压力容器流速为 34～38L/min。

（4）清洗完成以后，排净清洗箱并进行冲洗，然后向清洗箱中充满干净的产品水以备下一步冲洗。

（5）用泵将干净、无游离氯的产品水从清洗箱（或相应水源）打入压力容器中并排放几分钟。

（6）在冲洗反渗透系统后，在产品水排放阀打开状态下运行反渗透系统，直到产品水清洁、无泡沫或无清洗剂（通常需 15～30min）。

23-26　反渗透膜元件允许使用的杀菌剂有哪些？

答：这里所说的杀菌剂可用于膜元件的杀菌或储存保护。在对膜元件储存或消毒杀菌以前，应首先确认系统中膜元件的类型，对于醋酸纤维素膜和复合膜所用的杀菌剂不同，如游离氯的方法，只能使用于醋酸纤维素膜；如果给水中含有任何硫化氢或溶解性铁离子或锰离子，则不应使用氧化性杀菌剂（氯气及过氧化氢）。

(1) 醋酸纤维素膜用杀菌剂。

1) 游离氯。游离氯的使用浓度为 0.1~1.0mg/L，可以连续加入，也可以间断加入。如果必要，对醋酸纤维素膜元件可以采用冲击氯化的方法。此时，可将膜元件与含有 50mg/L 游离氯的水每两周接触 1h。如果给水中含有腐蚀性产物，则游离氯会引起膜的降解。所以有腐蚀性产物存在的场合，建议使用浓度最高为 10mg/L 的氯胺来代替游离氯。

2) 甲醛。可使用浓度为 0.1%~1.0% 的甲醛溶液作为系统杀菌及长期保护之用。

3) 异噻唑啉。异噻唑啉由水处理药品制造商供应，其商标名为 Kathon，市售溶液含 1.5% 的活性成分。Kathon 用于杀菌和存储时的建议浓度为 15~25mg/L。

(2) 聚酰胺复合膜用杀菌剂。

1) 甲醛。浓度为 0.1%~1.0% 的甲醛溶液可用于系统杀菌及长期停用保护，至少应在膜元件使用 24h 后才可与甲醛接触。

2) 异噻唑啉。异噻唑啉由水处理药品制造商供应，其商标名为 Kathon，市售溶液含 1.5% 的活性成分。Kathon 用于杀菌和存储时的建议浓度为 15~25mg/L。

3) 亚硫酸氢钠。亚硫酸氢钠可用作微生物生长的抑制剂，在使用亚硫酸氢钠控制生物生长时，可以 500mg/L 的剂量每天加入 30~60min，在用于膜元件长期停运保护时，可用 1% 的亚硫酸氢钠作为其保护液。

4) 过氧化氢。可使用过氧化氢或过氧化氢与乙酸的混合液作为杀菌剂，必须注意的是在给水中不应含有过渡金属元素如铁、锰离子，因为这些离子会使膜表面氧化，从而造成膜元件的降解。在杀菌液中的过氧化氢浓度不应超过 0.2%，不应将过氧化氢用作膜元件长期停运时的保护液。在使用过氧化氢的场合其水温度不超过 25℃。

23-27　如何减少故障和降低反渗透系统清洗频率？

答：为减少故障和降低反渗透系统清洗频率，应该采取以下措施：

(1) 在取得水质全分析的基础上设计反渗透系统。

(2) 在进行设计前确定反渗透系统进水的 SDI 值。

(3) 如果进水水质变化，需要做出相应的设计调整。

(4) 必须保证足够的预处理。

(5) 选择正确的膜元件，醋酸纤维素膜或者低污染膜元件对于处理比较复杂的地表水或污水可能更为适宜。

（6）选择比较保守的水通量。

（7）选择合理的水回收率。

（8）设计足够的横向流速及浓水流速。

（9）对运行数据进行标准化。

23-28 什么时候需要对反渗透系统进行化学清洗？

答：反渗透系统中污染物的去除可通过化学清洗和物理冲洗来实现，有时也可通过改变运行条件来实现，作为一般的原则，当下列情形之一发生时应进行化学清洗。

（1）在正常压力下如产品水流量降至正常值的 85%～90%。

（2）为了维持正常的产品水流量，经温度校正后的给水压力增加了10%～15%。

（3）产品水质降低 10%～15%，盐透过率增加 10%～1 5%。

（4）使用压力增加 10%～15%。

（5）反渗透系统各段间的压差增加明显（也许没有仪表来监测这一迹象）。

23-29 膜元件厂建议使用的常用清洗液有哪些？

答：表 23-2 为美国海德能公司建议的常用清洗液，可以适用于该公司的所有复合膜元件，其他知名公司的膜元件也可以借鉴本表所列的配方，但在具体使用前应该再与具体的膜元件厂家咨询。

表 23-2 美国海德能公司建议的常用清洗液

清洗液配方	成分	配制100gal（379L）溶液时的加入量	pH 值调节
1	柠檬酸 反渗透产品水（无游离氯）	17.0lb(7.7kg) 100gal(379L)	用氨水调节 pH 值至 3.0
2	三聚磷酸钠 EDTA 四钠盐 反渗透产品水（无游离氯）	17.0lb(7.7kg) 7lb(3.18kg) 100gal(379L)	用硫酸调节 pH 值至 10.0
3	三聚磷酸钠 十二烷基本磺酸钠 反渗透产品水（无游离氯）	17.0gal(7.7kg) 2.13gal(0.97kg) 100lb(379L)	用硫酸调节 pH 值至 10.0

23-30 膜元件的正常使用寿命有多长？

答：膜元件生产厂家一般都对膜元件的质量和性能提供 3 年质量担保，

保证膜元件在 3 年的正常使用期限内达到产水量、脱盐率和运行压力的各项指标。

根据膜元件厂家的担保条款，对于复合膜一般能够保证 3 年后的产水量在同等压力下不低于 80%，盐透过率不高于 1.5 倍。所以膜元件的正常使用寿命主要取决于以下两个指标：

（1）反渗透系统是否能够达到产水量的要求；

（2）反渗透系统是否能够达到出水水质的要求。

只要反渗透系统能够达到以上两项指标要求，这套反渗透系统就一直能够运行，根据以往的经验，有些反渗透系统可以运行 10 年以上而不需要更换膜元件。

23-31 膜元件的保质期有多长？

答：膜元件生产厂家一般都对膜元件的质量和性能提供 3 年质量担保，保证膜元件在 3 年的正常使用期限内达到产水量、脱盐率和运行压力的各项指标。

根据膜元件厂家的担保条款，对于复合膜一般能够保证 3 年后的产水量在同等压力下不低于 80%，盐透过率不高于 1.5 倍。因为膜元件厂家的所有这些担保均以 3 年为基础，所以膜元件的质保期是 3 年，但是这并不是指膜的正常使用寿命是 3 年。

23-32 反渗透膜元件中淡水收集管（中心管）的作用是什么？

答：反渗透膜元件中淡水收集管（中心管）的作用有两点：①在卷制膜元件过程中支撑各膜片的拉力；②收集淡化水。

23-33 反渗透膜元件中的多孔织物支撑层的作用是什么？应符合什么要求？

答：多孔织物支撑层的作用：①作为产品水的通道，即将通过半透膜的淡化水输送到中心管；②作为膜的支撑体。为此应符合如下要求：

（1）对水流阻力小，以获得较大的淡水产量。

（2）具有足够的耐压强度和较小的伸长率，否则在高压下将导致沟槽严重变形，从而使淡水水流受阻，影响淡水产量。

（3）有足够的化学稳定性。

（4）对黏结剂具有较好的黏结性和渗透性。

23-34 试述涡卷式反渗透装置中膜元件的组装程序。

答：涡卷式反渗透装置中膜元件的组装程序如下：

（1）检查压力容器内壁有无划伤等缺陷，并将尘土等杂物清理干净，再用水冲洗。

（2）检查膜元件表面特别是防膜卷伸出装置的端部有无毛刺等缺陷，以免擦伤压力容器内壁。

（3）用50%左右的甘油—水混合物润滑压力容器内壁，以便膜元件装载更为容易，并减少容器内壁擦伤的可能性。

（4）把第一个膜元件装入压力容器的进水端，并使膜元件端部留少许在容器外，以便连接下一个膜元件。

（5）用少量润滑剂（甘油）润滑内连接件的O形密封圈，把内连接件连接在第一个膜元件上。

（6）把要装入的下一个膜元件与前一个膜元件对齐，并把它安装到已与前一个膜元件相连接的连接件上。

（7）把第二个膜元件推入压力容器内部，直到只留少许在容器外为止，重复上述操作直到装入所有膜元件为止。

23-35 反渗透装置中涡卷式膜元件检修调换的技术要求有哪些?

答：反渗透装置中涡卷式膜元件检修调换的技术要求有如下几方面：

（1）膜元件从冷库取出到装入一般不超过48h，装入后通水一般不超过72h，膜元件在塑料口袋内应随装随拆。

（2）进行膜元件调换工作应穿戴好防护用品，工作服、手套保持清洁。

（3）拆卸端板总成，要做好防止端板总成突然落地损坏的措施。

（4）拆下的零部件经检查清点后，排放整齐，妥善保管，易损件视情况调新。

（5）压力容器内应清洁、光滑，无划痕损伤，特别是容器两端。

（6）拆卸膜元件应尽可能按水流方向进行（阻力小），装载膜元件必须按水流方向进行（膜元件箭头方向与压力容器箭头方向保持一致）。

（7）严禁使用甘油以外的润滑剂。

（8）橡胶密封圈应装在膜元件箭头方向的末端槽内并且开口朝箭头的反方向。

（9）装载过程不得损坏零部件特别是膜元件。不得漏装膜元件、膜元件之间内连接件（硬PVC短管5件）及短管两端槽内的O形圈。

（10）端板总成装复应用木敲棒垫好，对称均匀地敲击使之进入压力容器内并及时装复分段锁环及保持环。

（11）哈夫管夹头完好，橡胶密封圈完好，无裂纹、老化等现象。各O

形密封圈完好无损。

（12）PVC 增强软管连接处应有 50～70mm 重叠度，且每处装两道不锈钢喉古。

（13）管夹头连接螺栓及喉古均紧固无松动。

（14）投运后各密封处不渗漏，压力、流量、脱盐率达设计要求。

23-36　反渗透装置压力容器的封装程序如何？

答：在完成反渗透装置膜元件的组装工作后，即可进行压力容器的封装工作：

（1）再检查压力容器端部内壁有无被擦伤或其他缺陷，不得使用可能有泄漏的压力容器；用润滑油润滑压力容器端部内壁从斜面一半直到距斜面约 13mm 的环面范围。

（2）将管端组件与压力容器本身的标志符号对齐，当管端组件插入压力容器后勿再旋转。

（3）握住管端组件使之与压力容器的轴线垂直，并把它一直向前滑动直到感觉有阻力时为止。

（4）用双手将管端组件尽量往前推，当其处于合适位置时，会露出约 13mm 深的槽沟。

（5）当管端组件插入压力容器后，把分段锁环组件的 B 环装入压力容器槽底（环上带台阶的一侧向外）。

（6）以逆时针方向旋转 B 环，待有足够位置后再装入 A 方头端。

23-37　反渗透膜元件和压力容器的解体顺序如何？

答：压力容器的解体顺序如下：

（1）松动并取下压力容器的固定螺栓，然后取下固定滑环。

（2）以顺时针方向旋转分段锁环组件，然后分别取出 C 环、A 环。

（3）当管端组件从压力容器取出后，从压力容器槽底把分段锁环组件的 B 环取出。

反渗透膜元件解体顺序如下：

（1）用木槌将出水端板轻轻打进约 1.5mm。

（2）用六角键扳手拆下分段卡环的固定螺栓，并将分段卡环取下。

（3）将熔化的石蜡用吸管缓慢均匀地滴满压力容器内壁分段卡环的环形槽内，待全部凝固后，用钝刀（最好是竹皮刀或硬塑料刀）刮去多余的石蜡，使槽面与压力容器内壁齐平，以防端板上的 O 形密封圈卡在环形槽内。

(4) 将端板拔出器的螺杆旋进出水口，将端板从压力容器内拔出。

(5) 拆下格网，缓慢移动集水多孔板至水平位置卸下。

(6) 将浓水端板上的浓水口堵住；用压力为 0.2～0.3MPa 的水从进水端缓慢升压，使膜元件慢慢地向出水口侧移动，直到纤维束管板上的 O 形密封圈被推出容器为止。

(7) 关闭供水阀门，用手将膜元件移出压力容器外（注意勿触及微孔管板的正面，可以用手提拉进水管）。

(8) 将纤维束放入一个盛有纯水的容器内，以免干燥收缩而影响其性能。

23-38 试述中空纤维式反渗透装置的组装顺序。

答： 中空纤维式反渗透装置的组装顺序如下：

(1) 首先检查压力容器内壁有无擦伤或毛刺，特别要仔细检查 O 形密封圈的密封区，要用干净的布擦洗压力容器内壁。

(2) 用甘油轻轻润滑纤维束管板上的 O 形密封圈。

(3) 将纤维束从压力容器出水端插入直至 O 形密封圈处，同时用一根导向棒从进水端板上的进水口插入纤维束进水导管内，以防偏移。

(4) 将压力容器直立，并将进水端垫在木凳上，轻轻向下墩，要注意使纤维束进水导管落入进水端板的进水管座内，待纤维束微孔管板落在压力容器内壁的支撑套筒上为止。

(5) 放入集水多孔板，并使它准确地对正微孔管板，然后放入格网。

(6) 在出水端板的 O 形密封圈上薄薄地涂上一层甘油。

(7) 将出水端板放入压力容器内，并用木槌轻轻敲打，使其平移地进入，直至端板超过分段环槽约 1.5mm 为止。

(8) 将分段环槽内的石蜡清除干净。

(9) 将分段卡环嵌入环槽中，并用内六角螺栓与端板固定。

23-39 如何进行中空纤维式反渗透装置的解体操作？

答： (1) 用木槌将出水端板轻轻打进约 1.5mm。

(2) 用六角扳手拆下分段卡环的固定螺栓，并将分段卡环取下。

(3) 将熔化的石蜡用吸管缓慢均匀地滴满压力容器内壁分段卡环的环形槽内，待全部凝固后，用钝刀（最好是竹皮刀或硬塑料刀）刮去多余的石蜡，使槽面与压力容器内壁齐平，以防端板上的 O 形密封圈卡在环形槽内。

(4) 将端板拔出器的螺杆旋进出水口，将端板从压力容器内拔出。

（5）拆下格网，缓慢移动集水多孔板至水平位置卸下。

（6）将浓水端板上的浓水口堵住，用压力为 0.2～0.3MPa 的水从进水端缓慢升压，使膜元件慢慢向出口侧移动，直到纤维束管板上的 O 形密封圈被推出容器为止。

（7）关闭供水阀门，用手将膜元件移出压力容器外（注意勿触及微孔管板的正面，可以用手提拉进水管）。

（8）将纤维束放入一个盛有纯水的容器中，以免干燥收缩而影响其性能。

23-40　为什么要进行反渗透装置的化学清洗？

答：反渗透装置经过一段时间的运行后，因各种原因在短时间内造成反渗透装置的污染和结垢。长时间运行，水中常常带入微量杂质，如溶于水的铁、铜氧化物、钙镁沉淀物、胶体物质和微生物等。由于这些物质的不断沉积，同样也会污染反渗透装置。污染后的反渗透装置其进出水压差会升高，产水量会降低，脱盐率会轻微下降。所以要对反渗透装置进行化学清洗，以清除污染物，恢复正常工作状况。

23-41　如何对反渗透膜进行化学清洗？

答：反渗透膜的化学清洗分正清洗和逆清洗。

（1）正清洗。根据结构物质的性质，在清洗箱中配制一定量的清洗液，用清洗泵按运行方式把清洗液打入反渗透装置内，通过一级和二级反渗透装置（也可以分别通过一级和二级反渗透装置）后，经浓水排出口排出，并经 10μm 过滤器，再返回至清水溶液箱。清洗液温度勿超过 30℃，最高不可超过 35℃。应注意的是，清洗时反渗透装置的透过水（淡水）也要回流至清洗溶液箱中。

（2）逆清洗。用清洗泵将清洗液打入每级反渗透装置的排浓水管而进入反渗透装置内，再由反渗透装置的进水管排出，并汇集于引出管，再经 10μm 过滤器流回清洗溶液箱。

23-42　反渗透的工艺流程分为哪几种形式？

答：反渗透的工艺流程一般分为三种形式：一级一段反渗透、一级多段反渗透、二级一段反渗透，具体如图 23-1 所示。段是指在反渗透水处理装置中，反渗透膜组件按浓水的流程串接的阶数。级是指在反渗透水处理装置中，反渗透膜组件按淡水的流程串接的阶数，表示对水利用反渗透膜进行重复脱盐处理的次数。

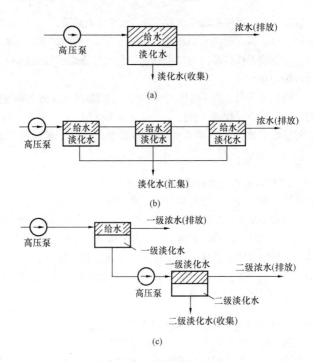

图 23-1 反渗透的工艺流程

(a) 一级一段反渗透；(b) 一级多段反渗透；(c) 二级一段反渗透

第二十四章 电渗析(EDI)设备的检修

24-1 什么是电渗析？用于电渗析的离子交换膜有哪两种？

答：电渗析是利用离子交换膜在外电场作用下，只允许溶液中阳（或阴）离子单向通过，即选择性透过的性质使水得到初步净化。电渗析主要用于高含盐量水除盐淡化的预处理。

用于电渗析的离子交换膜有两种：均相膜和异相膜。均相膜是将离子交换树脂粉和高分子黏合剂调合后，涂在纤维布上加工制造成的。均相膜的优点是膜电阻小、透水性小，缺点是机械强度差。而异相膜恰与此相反。

24-2 什么是渗透？

答：在一个半透膜隔开的容器两侧，分别倒入溶剂和溶液，则溶剂将自发地穿过半透膜向溶液侧流动，这种现象称为渗透。

24-3 何谓多膜双渗析槽？其工作原理如何？

答：由于在电渗析槽中起净化作用的是阳膜和阴膜，所以一个设备的生产率取决于此设备中这些膜的面积。为此，通常需要将电渗析槽做成多膜式，以提高一个设备的生产率。

当电渗析槽中阴、阳极交替地装有多个离子交换膜时，称为多膜电渗析。图 24-1 所示的电渗析槽中有三对阴、阳交替的离子交换膜。在此电渗析槽中，阴、阳膜和两边的极板一起构成七个室，靠阴极的一个室为阴极室，靠阳极的一个室为阳极室（这两个室通称电极室），中间五个室中，有三个为淡水室，两个为浓水室。

当离子交换膜的阴、阳顺序与极板的阴、阳顺序相反的时候，即离子交换膜从左边数起为阳、阴的顺序时，则它们中间形成的水室中的水会得到净化。在这些水室中，当阳离子（Na^+）在电场力的作用下向左（阴极方向）迁移时，首先遇到的是阳膜，可以通过，而阴离子（Cl^-）在向右（阳极方向）迁移时，首先遇到的是阴膜，也可以通过，所以该室的阳离子和阴离子（Na^+ 和 Cl^-）在通电过程中陆续迁移出去。与此同时却没有离子能够迁移

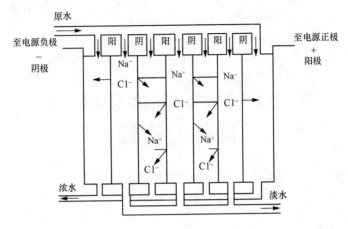

图 24-1 电渗析原理

进来。所以，这些水室中水的离子含量便渐渐减少，水变为淡水，故这些室称为淡水室。

相反，当从左方数起水室两边的膜为阴、阳顺序时，因其中阴、阳离子在迁移过程中都受到相反符号的离子交换膜的阻挡，不能迁移出去。同时却有阳离子或阴离子不断从相邻的淡水室迁移进来，这些水室中的离子增多，水溶液渐渐变浓，因而这些室称为浓水室。

由图 24-1 可知，原水从上方引入各室，在往下流动的过程中，在淡水室逐渐淡化，在浓水室逐渐变浓。最后，把淡水汇集起来送出，浓水汇集后，或者排掉，或者再循环。

由上述可知，淡水室的数目等于阴、阳膜对的数目，如图 24-1 中有三对膜，故有三个淡水室。一个电渗析器，通常由 100、200 对甚至近 1000 对膜组成。

24-4 离子交换膜的机械性能有哪些?

答：离子交换膜的机械性能有以下一些：

（1）厚度。厚度是离子交换膜的基本指标，对于同一种离子交换膜来说，厚度大，膜电阻也大；厚度小，膜电阻也小。所以，在保证一定机械强度的前提下，厚度应尽可能小些为好。目前，最薄的离子交换膜厚度为 0.1mm 左右。

（2）机械强度。离子交换膜在电渗析装置中是在压力下工作的，因此其机械强度是一个很重要的指标，如强度不够，在运行中很容易损坏。

（3）膜表面状态。膜表面应平整、光滑。如有皱纹，则会影响组装后设备的密封性能，引起内漏或外漏的现象。

24-5 离子交换膜的电化学性能有哪些？

答：离子交换膜的电化学性能有以下一些：

（1）膜电阻。离子交换膜的导电性能，常用单位面积的膜电阻来表示，称面电阻（单位是 $\Omega \cdot cm^2$），一般是在 25℃时，在一定成分、一定浓度的电解质水溶液（如 $0.1 \sim 0.5 mol/L KCl$ 溶液）中测定的。

对于同一种离子交换膜，膜电阻的大小取决于离子交换膜中可动离子的成分和所在水溶液的温度。阳膜以 H 型的膜电阻最小（膜电导最大）；阴膜以 OH 型膜电阻为最小（膜电导最大）。至于温度的影响，与电解质溶液一样，温度升高，膜电阻降低。

（2）离子选择透过率。前面已经讲过，阳离子交换膜只允许阳离子透过，阴离子交换膜只允许阴离子透过，这是指理想情况。实际上，当用离子交换膜进行电渗析时，总是有少量异号离子同时透过。也就是，阳膜中有少量阴离子透过，阴膜中有少量阳离子透过。这是因为：①离子交换膜上免不了有某些微小的缝隙，使水溶液中各种离子都能通过；②膜在电解质水溶液中并不是绝对排斥异号离子，而是能透过少量异号离子。

（3）透水性。离子交换膜能透过少量的水，这就称为膜的透水性。原因是：与离子发生水合作用的水分子，随此离子透过；少量自由的水分子也可能被迁移中的离子带过。膜的透水性也会影响到电渗析的效果。从实用上来看，应当尽量减少离子交换膜中异号离子透过的量和离子交换膜的透水性。

（4）交换容量。离子交换容量的含义与粒状离子交换剂的含义相同，单位为 mmol/g（干膜）。交换容量大，膜的导电性和选择性就好，但机械强度会降低。

24-6 什么是电渗析器的除盐率？

答：水经过电渗析处理后所除去的含盐量与进水的含盐量之比称为除盐率，即

$$\gamma = \frac{C_J - C_{CH}}{C_J}$$

式中 γ——除盐率；

C_J——进水含盐量，mg/L；

C_{CH}——出水含盐量，mg/L。

除盐率的大小和许多因素有关，例如设备的结构能否保证其内部水流均

匀，原水含有盐分的种类及含量、水温，以及所加电压和排放水量等操作条件。所以在某一具体条件下的除盐率要由实测来决定，通常每段电渗析装备的除盐率为 $25\%\sim60\%$。

24-7 什么是电渗析器的电流效率？

答：从理论上讲，当有 1molNaCl 从 1 个淡水室中迁移出去时，需流过的电量为 96 500C。所以，如有 mmolNaCl 迁移出去，则流过的电量应为 $m\times96\,500$C，但是，实际上流过的电量常大于理论量。设此实际流过的电量为 Q，则电流效率 η 为

$$\eta=\frac{m\times96\,500}{Q}$$

为此，如要估算此电流效率，则必须测得 m 及 Q。

24-8 什么是电渗析器的电能效率？

答：电能效率的定义为

$$电能效率=\frac{理论电能耗量}{实际电能耗量}$$

当电渗析器中的电解过程在可逆条件下进行时，电极反应所消耗的电量就是此电渗析过程的理论电能耗量。电能效率为 $2\%\sim3\%$。

24-9 在进行电渗析的过程中，电能主要消耗在哪几个方面？

答：在进行电渗析的过程中，电能主要消耗在以下三个方面：

（1）电极反应所消耗的电能，占总消耗电能的 $2\%\sim3\%$。

（2）克服膜的两边由于浓度差产生的电位（也称膜电位）所消耗的电能在 25% 以下。

（3）克服电阻的能量消耗为 $60\%\sim70\%$。此电阻包括膜电阻和溶液电阻。溶液电阻有极水电阻、浓水电阻和淡水电阻三部分。前两者数值不大，变化也不大。淡水电阻的数值较大，变化也大，尤其是在膜表面的边界层内，集中了溶液电阻的绝大部分。

24-10 什么是电渗析器的极化现象？

答：电渗析器中发生极化现象，是指其在通电过程中，在靠近交换膜的部分发生某些和整体溶液有差异的现象。极化现象是离子向电极运动时，由于它们在膜中和溶液中的迁移速度不相等，此时在淡水室中膜电导率常常比其中溶液的电导率大得多。因此，离子通过交换膜的速度比它在溶液中迁移的速度要快得多，结果沿淡水室一侧的交换膜表面部分有一薄层水所含有的

离子浓度比整个淡水室内的平均离子浓度低。同理，在浓水室中由于离子不能穿过交换膜，造成了大量离子集中在其表面，所以交换膜表面有一薄层水中的离子浓度比整个浓水室内的平均离子浓度高，这就是离子交换膜的极化现象。

24-11　对电渗析器的进水水质有哪些要求？

答：为了使电渗析器能长期可靠地运行，对其进水水质是有一定要求的。DL/T 5068—2006《火力发电厂化学设计技术规程》规定水质指标为：

浊度宜小于 1 度，不得大于 3 度；

耗氧量$(KMnO_4)<3mg/L$(以 O_2 表示)；

游离氯小于 0.3mg/L （以 Cl_2 表示)；

锰含量小于 0.1mg/L （以 Mn 表示)；

铁含量小于 0.3mg/L （以 Fe 表示)。

以上为设计技术规定。在实际运行中，如条件许可，应尽量降低这些杂质的含量。例如，将游离氯控制为小于 0.1mg/L，铁小于 0.1mg/L 和锰小于 0.05mg/L；对于厚度为 1mm 以下的薄隔板，悬浮物应小于 1mg/L，最好小于 0.2mg/L。

24-12　简述电渗析除盐的工作原理。

答：现以双膜电渗析槽（如图 24-2 所示）为例说明电渗析除盐的工作原理。

在此容器中，阴膜和阳膜将容器分为三个室，两端室中均插入铅或镀铂的钛铁合金等耐腐蚀材料制作的惰性电极，容器中充满电解质溶液。如图 24-2 所示，假设为 NaCl 溶液，这就组成了一个电渗析器单元，即双膜电渗析器。

在直流电场作用下，阴阳膜之间的 Na^+ 不断通过阳膜移到阴极室，而 Cl^- 不断通过阴膜到达阳极室。但是阴极室中的 Cl^- 却不能通过阳膜，而阳极室中的 Na^+ 也不能通过阴膜，因此，在阳、阴膜之间 NaCl 溶液的浓度有不断降低到要求的数值，水被淡化。在阳极室和阴极室中，由于离子的迁入，水溶液浓度升高，需通过排污将浓缩液排掉。

鉴于电流能不断通过溶液，并保持阳极室和阴极室的电性平衡，则在电极上会发生放电反应（电极反应）。

阳极上发生的放电反应主要为

$$4OH^- \longrightarrow 2H_2O + O_2 \uparrow + 4e$$

$$2Cl^- \longrightarrow Cl_2 \uparrow + 2e$$

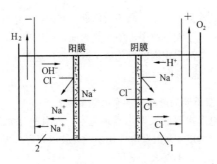

图 24-2　双膜电渗析槽

1—阳极室；2—阴极室

阴极上发生的放电反应为

$$2H^+ + 2e \longrightarrow H_2\uparrow$$

这说明，在电渗析过程要消耗一定的电能。在实际生产中，为减少电极反应消耗电能的比例，提高制水效率，均采用多膜电渗析器。在多膜电渗析器中，两端分别为阳极室和阴极室，中间为阴、阳膜相间排列，形成多个淡水室和浓水室。淡水室个数等于阳、阴膜的对数。

单级电渗析系统的脱盐率仅为 50%，若要获得比较纯净的水，必须使用多级电渗析器串联运行，即每对电极与多对阴阳膜组成单级，若干单级电渗析器串联即组成多级电渗析器。

24-13　EDI 与传统的混床相比有何特点？

答：EDI 与传统的混床相比具有以下特点：

（1）能够连续运行，不需要因为再生而备用一套设备。

（2）模块化组合方便，运行操作简单。

（3）水回收率高，EDI 的浓水可以回收至反渗透进水。

（4）占地面积小，不需要再生和中和处理系统。

（5）运行费用低，不使用酸碱。

24-14　电渗析（EDI）设备的电极材料有哪几种？各有何优点？

答：国内常用电渗析（EDI）设备的电极材料有下列几种：

（1）石墨电极。既可作阳极，也可作阴极。石墨电极经石蜡、酚醛或呋喃树脂等浸渍处理后可延长使用寿命。

（2）铅电极。铅电极既可作阳极，又可作阴极。

（3）钛经涂钌电极。钛经涂钌电极同样既可作阳极，又可作阴极。这种电极耐蚀性能好，电流密度高，但加工复杂，价格昂贵。钌涂刷不均匀或被氯、氢浸蚀后，电极丝有时因涂层破坏而断裂。

（4）不锈钢电极。不锈钢电极一般作阴极，作阳极使用时一般要求原水的氯离子含量要很低，不锈钢电极的寿命达 2～3 年。

24-15　对电渗析（EDI）设备的离子交换膜有何要求？

答：对电渗析（EDI）设备的离子交换膜有如下要求：

（1）厚度。厚度是离子交换膜的基本指标，在保证一定强度的前提下，厚度小些为好。

（2）机械强度。电渗析器的离子交换膜是在一定的水压下工作的，如机械强度过小在运行中就很容易损坏。通常交换膜的爆破强度大于 0.3MPa。

（3）导电性。膜的导电性直接影响电渗析器工作时所需的内电压和电能消耗，它是膜的一项重要指标，可用电阻率、电导率或面电阻来表示。

（4）透水性。离子交换膜在工作中，水合离子中的结合 K 和一些少量自由水分子会随离子的渗透从浓水室进入淡水量，导致电渗析器的脱盐率降低、出水量减少。

（5）膨胀性。要求膜的膨胀性越小越好，且需均匀膨胀。

（6）良好的化学稳定性。

24-16　电渗析（EDI）设备组装前应做好哪些准备工作？

答：电渗析（EDI）设备组装前的准备工作有如下几项：

（1）离子交换膜在剪裁和打孔前，要放入水中充分浸泡，需泡 24～48h，使其充分膨胀。然后再浸在操作溶液中 24～48h，使之与膜外溶液平衡。膜的周边应比隔板周边短 1mm，以防电渗析液外漏时引起电流短路。膜孔的孔径应比隔板孔的孔径大 2～3mm，以防膜边陷入槽内，造成堵塞。

（2）隔板加工后，应逐张检查。修平因加工不当造成的突出部分。清除进水孔、出水孔、布水道、汽水槽、过水槽上的堵塞物。

（3）检查电极与接线柱是否通路，排气孔有否堵塞。

24-17　电渗析（EDI）设备组装时应注意哪些事项？

答：电渗析（EDI）设备组装时应注意如下事项：

（1）组装时要将隔板、膜、电极、极框、橡胶垫板等溃刷干净，按部件的排列顺序逐渐检查、放置，切不可错乱。如果采用的是有回路隔板，上、下隔板的肋条要重叠好，膜和隔板的进、出水孔要对准。要保证组装后整齐，四边垂直。

（2）若为多级多段组装，水流换向时以多孔板或倒向隔板堵孔，切勿堵错。

（3）极水管道连接时，保持下进上出，便于排气。

（4）外部金属、螺栓等，不可与膜接触。

（5）压紧前，首先查一下膜堆四周的高度差。拧螺栓时，应先紧纵横轴中心线两边的螺栓，将对应位置的螺栓逐步拧紧，其他螺栓相应拧紧，随时测量。

（6）在组装大型电渗析设备时，由于隔板和离子交换膜的厚度不够均匀，造成锁紧困难，为此，可将聚氯乙烯或聚乙烯薄膜裁成同隔板边框一样宽度的长条，在重叠一定数量的隔板之后填一层薄膜条，以便调整膜堆的高度差。

（7）当组装电渗析器的膜对数量较多时，可以采用分级（或段）组装，分几次锁紧，特别要注意平衡受压，以免膜堆变形。

（8）连接管一般采用塑料管，要求插焊接。

24-18 电渗析（EDI）设备的放置形式对其性能有何影响？

答：电渗析（EDI）设备的放置形式对其性能有明显影响。对于无回路隔板的电渗析设备，立式放置效果较好。对于长回路隔板电渗析设备，宜采用平放方式，但要保持水平，否则容易产生水流死角，也不易赶走设备内气泡。若在有气泡的情况下通电，有可能发生烧坏离子交换膜的事故。

24-19 电渗析（EDI）设备的保养注意事项及保养方法有哪些？

答：电渗析（EDI）设备的保养注意事项如下：

（1）电渗析设备不连续运行时，本体中需经常充水，使膜保持湿润状态，防止干燥后收缩而引起破裂。

（2）若长时间（一个月以上）不用，需将电渗析设备本体拆卸后保养。

电渗析（EDI）设备的保养方法如下：

（1）将膜全部清洗干净。如果膜面较脏，可用 2%～3% 的盐酸浸泡几小时后洗涤，再用清水浮洗，用聚氯乙烯薄膜包盖，湿润后保存。但不能在死水中长期浸泡，应定期冲洗换水。夏季要防霉，冬季严寒要防裂或出现裂痕，造成渗漏水。

（2）将隔板、电极等洗刷干净，堆放整齐。在装、拆、清洗过程中注意保护各水路接管，防止敲断。

（3）螺栓、螺母要上油保养。

（4）水泵、流量计的积水要放尽。

（5）整流器及其他仪器、仪表要注意防尘防潮。

24-20 电渗析（EDI）设备的大修项目有哪些?

答：电渗析（EDI）设备的大修项目如下：

（1）检查清洗阴阳膜。

（2）检查隔板，并清理和酸洗。

（3）检查清洗极区装置。

（4）检查校验控制仪表、浮子流量计和压力表等。

（5）检查修理管道阀门。

24-21 简述电渗析（EDI）设备的检修步骤。

答：电渗析（EDI）设备的检修步骤如下：

（1）切断直流电源，拆开接线柱上的电线头。

（2）拆开原水、浓淡水和极水的连接管道、截止阀。

（3）拆下电渗析器锁紧装置的螺母，依次取下压板、板区装置和膜堆，并分别存放。

（4）清洗、检查胶垫、电极、极框、阴阳膜和隔板等内部装置。

（5）清理检查和校验仪器、仪表。

（6）检查修理外部管道和截止阀。

（7）按逆顺序重新组装。

第二十五章 塑料焊的检修工艺

25-1 塑料法兰焊接时应注意哪些事项？

答：塑料法兰焊接时，法兰表面应光滑，不得有裂纹、沟痕、斑点、毛刺等其他降低法兰强度和连接可靠性的缺陷。端面应与管径垂直（垂直度不大于 0.2mm）。法兰内径开孔处应有焊接坡口，便于法兰与管道焊接牢固。

25-2 对硬聚氯乙烯塑料热加工成型时应注意哪些事项？

答：对硬聚氯乙烯塑料热加工成型时应注意以下事项：

（1）预热处理时，板材不得有裂纹、起泡、分层等现象。

（2）板材烘热温度应控制在(130±5)℃，烘箱内各处温度应保持均匀。

（3）加热的板材应单块分层放在烘箱内的平板上，不得几块同时叠放。

（4）烘箱内的平板应平整，其上不得有任何杂物。

（5）对模具应选用热导率与硬聚氯乙烯热导率相近的材料（如木制），使用钢制模具时应有调温装置，板材在模具内成型时间不宜过短，脱膜后的成型件表面温度不得高于 40%。

（6）成型后的板材，应及时组装，不宜长时间放置，并且直立放在平面上，相互之间应留有间距，成型边应平整光滑。

25-3 硬聚氯乙烯塑料对温度有哪些要求？对承受压力有哪些要求？

答：硬聚氯乙烯（或 PVC）塑料对温度的要求：环境介质温度不得低于−10℃，否则造成设备变脆而损坏，也不得高于 60℃，否则容易造成设备的变形或承压部件的损坏。一般对承受压力的要求是低于使用压力，焊接管道压力一般为 0.3~0.4MPa，承插管道压力不超过 0.6MPa，设备和容器为常压。

25-4 硬聚氯乙烯塑料的最佳焊接温度是多少？焊接时现场环境温度多少为宜？

答：硬聚氯乙烯塑料的最佳焊接温度为 180~240℃；焊接时现场环境

温度以 10～25℃为宜。

25-5　硬聚氯乙烯塑料焊接时应注意哪些事项?

答：硬聚氯乙烯焊接时，应注意焊条与焊缝间的角度为 90°；对焊条的走向和施力应均匀；对焊条与被焊材料不得有焊糊的现象和未焊透的现象发生；对焊条的接头必须切成斜口搭接；焊接前对焊条和焊接面必须清理干净，再用丙酮擦拭，以消除其表面的油脂和光泽。对于光滑的塑料表面应用砂布去除其表面光泽；对焊缝焊接完成后，焊缝应自行冷却，不得人为冷却，否则造成焊缝与母材不均匀地收缩而产生应力，从而造成裂开或损坏。

25-6　UPVC 塑料管有哪些优点? 管连接采用什么方式连接?

答：UPVC 塑料管具有抗酸碱、耐腐蚀、强度高、寿命长、无毒性、质量轻、安装方便等优点。它的连接方式是采用定型的管件连接，并用黏合剂将管道与管件黏结密封。UPVC 的性能优于 PVC 制品。

25-7　ABS 工程塑料由哪三种物质共聚而成? 它有哪些优点? 其管件适用压力的范围为多少?

答：ABS 工程塑料由丙烯、丁二烯、苯乙烯三种物质共聚而成。它具有耐腐蚀、高强度、可塑铸、高韧性、抗老化、无毒害、质量轻和安装方便等优点。ABS 管件适用于 0.4～1.6MPa 的压力范围。

25-8　硬聚氯乙烯有哪些优点?

答：硬聚氯乙烯具有良好的化学稳定性，它除强氧化剂（如浓度大于 50％的硝酸和发烟硫酸等）外，几乎能耐任何浓度的有机溶剂的腐蚀，并具有良好的可塑性、可焊性和一定的机械强度，并且有成型方便、密度小（约为钢材密度的 1/5）的优点。

25-9　试述塑料焊接的工艺要求。

答：塑料焊接的工艺要求如下：

（1）焊件应有坡口，表面应打磨出麻面。

（2）焊条粗细应匹配，焊件坡口大的，应选用粗焊条。

（3）焊接时，焊条与焊件接触面应成 90°角。

（4）焊接时，焊件与焊条应同时均匀加热（当焊件厚时，多加热焊件，少加热焊条；焊件薄时，多加热焊条，少加热焊件，必须保持焊条与焊件同时均匀加热熔焊在一起）。根据焊件厚度调节焊柄与焊缝表面的角度，保证每根焊条至少有 1/3 圆周与被焊接面焊牢,焊条两边有焊浆均匀挤出。

(5)热风湿度要适当调整,既要保证焊接速度,又要防止焊件被烤焦(不允许出现烤焦的焊浆)。

(6)焊条接头应齐平,不许重叠和留空,如重叠应用刀削平;焊接头或终点头应用刀削平。

(7)焊缝两侧不允许低于焊件平面,一般成弧形,稍高出平面。

第二十六章　水处理设备的防腐

26-1　什么是玻璃钢？

答：玻璃钢又称为玻璃纤维增强塑料，是用环氧树脂作为黏结材料、玻璃纤维布作为增强材料制成的。

26-2　简述玻璃钢的分类及性能。

答：玻璃钢的分类及性能见表 26-1。

表 26-1　玻璃钢的分类及性能

性能 \ 分类	聚酯玻璃钢	环氧玻璃钢	酚醛玻璃钢	呋喃玻璃钢
制品性能	机械强度较高，耐酸碱性较差，耐热性低，成本低，韧性好	机械强度高，耐酸性高，耐热性低，黏结力强，成本较高	机械强度较差，耐酸性好，耐热性高，收缩率大，成本低性脆	力学性能较差，耐酸碱性好，耐热性高，性脆黏结力差，成本低
工艺性能	工艺性能优异，胶液黏度低，渗透性好，固化时无挥发物，适于作大型构件	工艺性能良好，固化时无挥发物，可在常压下加压成型。易于改性，黏结性大，脱膜较难	工艺性能较差，固化时有挥发物，一般适用于干法成型，常压成型品性能差	工艺性能较差，固化反应猛烈；对底材料黏结力差，养护期长
参考使用温度（℃）	＜90	＜100	＜120	＜180
毒性	常用的交联聚苯乙烯有毒	乙二胺固化剂有毒	—	—

续表

分类 性能	聚酯玻璃钢	环氧玻璃钢	酚醛玻璃钢	呋喃玻璃钢
适用范围	用于腐蚀性较差介质，广泛采用于水箱内衬及冷却水塔壳体	用途广泛，一般用于酸碱介质制品及内衬	一般用于酸碱较强的腐蚀介质	适用温度较高

26-3　水处理设备中哪些设备和管道适于橡胶衬里？

答：一般在火力发电厂锅炉补给水的除盐设备及凝结水精处理装置中，为了延长设备及管道的使用寿命，保证供给锅炉高质量的除盐水，在设备及管内壁选用橡胶衬里防腐。橡胶衬里的设备和管道适用于压力小于或等于 0.6MPa 的场合，其工作温度对硬橡胶为 $0\sim85\,^{\circ}\!\mathrm{C}$，对半硬橡胶和软橡胶为 $-25\sim75\,^{\circ}\!\mathrm{C}$。

26-4　橡胶衬里贴衬胶板的主要技术要求有哪些？

答：橡胶衬里贴衬胶板的主要技术要求如下：

（1）大型设备和重要设备，贴衬胶板多采用全搭接，在搭接缝上另加强带。

（2）由两层软胶板和一层硬胶板组成的三层衬里的胶板接缝，需用硬胶板将软胶板隔开，即底层和表层的软胶板搭接，而中间的硬胶板不搭接，只是与软胶板对接，使硬胶板接缝处有伸缩的可能。

（3）第一层胶板衬完后，应进行仔细的检查，发现未封严的针孔、接缝等缺陷时，必须将其修整后方可开始补贴第二层。衬第二层胶板时，应在两层胶板的粘贴表面上分别刷两遍胶浆，并按前述方法将第二层胶板粘贴到第一层胶板表面上，第二层衬完后，同样进行检查，并对缺陷进行修正，合格后按同样方法衬第三层。

（4）粘贴胶板时，不可使其遭受过大的拉伸力，以防胶板产生过大的变形，粘贴过程中，金属的胶板表面的胶浆膜如被粘掉、擦伤，则应重复补刷，干燥后再行粘贴。

（5）衬里胶板的连接，一般采用搭接方式，并应采用丁字形接缝，搭接缝宽度一般应不小于胶板厚度的 4 倍，且不大于 30mm。胶板衬贴必须错缝排列，同层中的中缝（或横缝）应错开胶板宽度的 1/2，最小不少于 1/3。两层以上胶板贴衬不得出现叠缝，层与层间的纵缝与横缝也应错开，一般不

得小于 100mm。

（6）胶板削边或搭接方向根据设备结构确定，但应符合下列规定：①设备接管或内壁的接缝方向应顺介质流动的方向；②转动设备的接缝方向应顺设备转动的方向。

（7）胶板削边应平直、宽窄一致，通常为 10～20mm，边角应小于 30°，且方向一致。

（8）衬胶施工必须进行中间质检，检查接缝有无漏熔、漏压和烧焦现象，衬里胶板是否有气泡、针眼等缺陷，接缝搭接方向是否正确，接头是否贴合严实，胶板有无漏电现象。

26-5　橡胶衬里层常见的缺陷有哪些？

答：橡胶衬里层常见的缺陷有橡胶与金属脱开，橡胶与橡胶之间脱层，胶面有鼓泡、龟裂、针孔、胶缝不严等。

26-6　橡胶衬里层缺陷常用的修补材料有哪些？如何修补？

答：橡胶衬里层缺陷常用的修补材料如下：

（1）用原衬里层同种牌号的胶片修补。

（2）用环氧玻璃钢和胶泥修补。

（3）用低温硫化的软橡胶片修补。

（4）用环化橡胶熔灌（环化橡胶为天然橡胶 100＋酚磺酸 7.5 的胶料）。

（5）用聚异丁烯板修补。

（6）用酚醛胶泥粘贴硫化的软橡胶片修补。

修补时，先将鼓泡、脱开和剥离层等部位的衬里层铲去，直到没有脱开处为止，再将四周铲成坡口，并将四周和金属表面清理干净，然后刷 3 次相应的胶浆，分别干燥后，把修补用的胶片刷 2～3 次胶浆，粘贴在修补处，并用烙铁压贴严密。

用环化橡胶修补针孔、龟裂缝和接缝脆开等缺陷时，先将开口处扩大、打磨，用汽油擦洗 2 次，每次干燥 10～15min，然后刷上环化胶浆（浓度为 1：10～1：12），并干燥 10～15min。胶浆干燥后，把环化橡胶片熔化，使其填满修补位置，并比原衬里层略高一些，冷却凝固后再用热烙铁烫平或用砂纸打磨平整即可。

26-7　橡胶衬里如何进行局部修补？

答：（1）允许再次硫化的设备可以按硫化技术条件进行整体硫化，但其最高压力应比原硫化压力低 0.05～0.1MPa（原硫化压力为 0.3MPa）。

（2）利用软橡胶修补或不能再次硫化的设备，可以利用各种局部加热方法（用加热模具等）进行硫化。低温硫化橡胶也可在修补处压上铁板，用蒸汽直接加热铁板进行硫化。在进行局部硫化时，必须随时对局部硫化的部位进行检查，判断硫化是否完全。

对较小面积的缺陷修复方法：将牌号为 1976 的软橡胶片磁化后，用酚醛胶泥（以酚醛清漆作底漆，或间苯二酚甲醛作底漆）粘贴在已除锈清理干净的被修复处。

26-8　修补橡胶衬里层缺陷常用的方法有哪些？可消除哪些缺陷？

答：修补橡胶衬里层缺陷常用的方法如下：

（1）用原衬里层同牌号的胶片修补。这种方法主要用于修复鼓泡、脱开和脱层等面积较大的缺陷。

（2）用环氧玻璃钢和胶泥修补。这种方法适用于任何缺陷的修理，因其操作简单方便。

（3）用低温硫化的软橡胶片修衬。这种方法主要用于修复鼓泡、脱开和脱层等较大的面积的缺陷。

（4）用环化橡胶熔灌（天然橡胶 100＋酚磺酸 7.5 的胶料）。这种方法主要用于修复龟裂隙、针孔和接缝不严的小缺陷。

（5）用聚异丁烯板修补。这种方法主要用于修复鼓泡、脱开或脱层等面积较大的缺陷。

（6）用酚醛胶泥粘贴硫化的软橡胶片修补。这种方法主要用来修复鼓泡、脱开或离层较大面积的缺陷。

26-9　水处理中容器贴衬玻璃钢防腐施工前应做好哪些准备工作？

答：水处理中容器贴衬玻璃钢防腐施工前应做好如下准备工作：

（1）应抽样检查各种原材料的质量是否符合要求，合格后方可使用。

（2）施工环境温度以 15～20℃为宜，相对湿度应不大于 80％。温度低于 10％（当采用苯磺酰氯作固化剂时，温度低于 17℃），应采取加热保温措施，但不得用明火或蒸汽直接加热原材料。

（3）玻璃钢制品在施工及固化期间严禁明火，并应防火、防曝晒。

（4）树脂、固化剂、稀释剂等原材料，均应密封储存在室内清洁干燥处。

（5）衬里设备的钢壳表面按喷砂除锈要求处理。缺陷处、凹凸处可用环氧腻子抹成过渡圆弧。

（6）在大型密闭容器内施工时应设置通风装置，并搭脚手架或吊架。

26-10　试述容器手糊贴衬玻璃钢的防腐方法。

答：容器手糊贴衬玻璃钢的防腐方法有间断法和连续法两种。

1. 间断施工方法

（1）打底层。将打底胶料均匀涂刷在基体表面上，进行第一次打底，自然固化一般不少于12h。打底应薄而均匀，不得有漏涂、流坠等缺陷。

（2）刮腻子。基体凹陷不平处用腻子修补填平，并随即进行第二次打底，自然固化一般不少于24h。

（3）衬布。先在基层上均匀涂刷一层衬布胶料，随即贴上一层玻璃布。玻璃布必须贴紧压实，其上再均匀涂刷一层衬布胶料，必须使玻璃布浸透，一般需自然固化24h（初固化不黏手时），再按上述衬布程序贴衬。如此间断反复贴衬至设计规定的层数或厚度。每间断一次均应仔细检查衬布层的质量，如有毛刺、突起或较大气泡等缺陷，应及时消除修整。

（4）涂面层。用毛刷蘸上面层料均匀涂刷，一般自然固化24h，再涂刷第二层面层料。

2. 连续施工方法

容器在用连续法手糊贴衬玻璃钢时，除衬布需连续进行外，打底层嵌刮腻子和涂面层的施工方法均同间断施工方法。贴衬布时，先在基体上均匀涂刷一层胶料，随即衬上一层玻璃布。玻璃布贴紧压实后，再涂刷一层胶料（玻璃布要浸透），随之再贴衬一层玻璃布。如此连续贴衬至设计规定的层数或厚度。最后一层胶料涂刷后，需自然固化24h以上，然后进行面层料的涂刷。

26-11　玻璃钢防腐施工的技术要求和注意事项有哪些？

答：1. 玻璃钢防腐施工的技术要求

（1）打底层、涂面层、富树脂内层（胶衣层）宜采用薄布（厚度为0.2mm）或短切玻璃纤维毡。

（2）玻璃布的贴衬次序应根据容器形状而定，一般是先立面后平面，先上面后下面，先里面后外面，先顶面和壁面后底面。圆形卧式容器内部贴衬时，先衬贴下半部分，然后翻转180°再贴衬原先的上半部分。大型容器内部贴衬时，应采用分批分段法施工。

（3）玻璃布与布间的搭缝应互相错开，搭缝宽度不应小于50mm，搭接次序应顺物料流动方向。容器内管在贴衬时，衬管的玻璃布应与衬内壁的玻璃布层层错开。容器转角处、法兰处、人孔及其他受力处，均应适当增加玻璃布层数。

（4）玻璃钢制品施工完毕，应经常温自然固化或热处理固化后方可使用。

2. 玻璃钢施工的注意事项

（1）玻璃钢制品的极大部分原材料都具有不同程度的毒性（如乙二胺固化剂）与刺激性（如苯乙烯稀释剂），因此在施工期间，应充分重视车间或施工场地的劳动保护及安全措施。在现场应设置防火、防爆装置，并要加装专门、有效的通风装置，特别是在容器内部衬玻璃钢时，必须有可靠的通风设施，以及时排除有害气体。

（2）配制不饱和聚酯树脂时，严禁引发剂与促进剂直接混合，以防止爆炸。

（3）所用的乙醇、丙酮、引发剂、促进剂等均为易燃物，必须隔绝火种、热源，必须储存在密闭的容器中，并置于专用仓库，避免剧烈振动。

（4）操作人员应尽量减少与胶液直接接触，操作时要戴防护用具及使用施工工具。

（5）选择确定胶砂配合比时，应尽量选择低毒或无毒的原材料。

（6）储存物料的玻璃钢容器，不允许用金属工具去清理富树脂内层。进入内部维修时，应放置软性保护材料，防止损伤内层。

（7）玻璃钢设备吊装时，外壁表面禁止直接与钢丝绳接触，以防局部受力而损坏；在搬运过程中应受力均匀，尤其要保护好各种接管座等伸出部分。

（8）在容器内部施工时，应采用防爆灯具，电源线要完整，防止产生电火花。所穿衣服，也不能产生静电火花。

26-12 贴衬玻璃钢的工艺及质量标准有哪些？

答：贴衬玻璃钢施工时要求每道工序质量检验合格后方可进行下道工序的施工，外观检查的质量标准如下。

用目测法检查所有部位不允许有下列缺陷：

（1）气泡。防腐层表面允许的气泡直径不超过 5mm，直径不大于 5mm 的气泡少于 3 个/m² 时，可不予以修补。否则应将气泡划破进行修补。

（2）裂纹。耐蚀层表面不允许有深度为 0.5mm 以上的裂纹，增强层表面不允许有深度为 2mm 以上的裂纹。

（3）凹凸（或皱纹）。耐蚀层表面应光滑平整，增强层的凹凸部分厚度不大于总厚度的 20%。

（4）返白。耐蚀层不允许有返白区，增强层返白区最大不超过 50mm 的范围。

（5）其他。玻璃钢制品层间黏结，以及衬里层与基体的结合均应牢固，不允许有分脱层出现、纤维裸露、树脂结节、异物夹杂、色泽不匀等现象。

对于制品表面不允许存在的缺陷，应认真地进行质量分析，并及时修补。同一部位的修补次数不得超过 2 次。如发现有大面积气泡或分层缺陷时，应把该处的玻璃钢全部铲除，露出基体，重新进行表面处理后再贴衬玻璃钢。

26-13 容器贴衬玻璃钢施工中如何进行固化度的检查？其质量标准是什么？

答：容器贴衬玻璃钢施工中，要进行固化度的检查，其外观检查的方法及质量标准是：用手摸玻璃钢制品表面是否感觉发黏，用棉花蘸丙酮在玻璃钢表面上擦抹观察有无颜色，或用棉花球置于玻璃钢表面上看能否被气吹掉。如手感黏手，目观棉花变色或棉花球吹不掉，则说明制品表面固化不完全，应予以返工。

树脂固化度的测量方法及其质量标准：根据需要可采取丙酮萃取法抽样测定玻璃钢中树脂不可溶分的含量（树脂固化度），其测量方法按 GB/T 2576—2005《纤维增强塑料树脂不可溶分含量试验方法》的规定进行，试样不少于 3 个。树脂固化度应不低于 85%，或符合设计规定值。

26-14 玻璃钢中树脂含胶量的测定方法及其质量标准是什么？

答：玻璃钢中树脂含胶量的测定可采用灼烧法抽样测定，其测量方法按 GB/T 2577—2005《玻璃纤维增强塑料树脂含量试验方法》的规定进行。

试样每组为 3 个，耐蚀层的含胶量应大于 65%，增强层的含胶量为 50%～55%，或符合设计图纸的规定值。

26-15 玻璃钢衬里层固化后，用什么方法检查有无微孔缺陷？

答：玻璃钢衬里层固化后，采用高频电火花检测仪检查有无微孔缺陷。当发现有强光点，且移动探头时光点不断，表明该处有微孔缺陷（但用石墨粉为填料的玻璃钢衬里层，不能用此法检查有无微孔）。

26-16 玻璃钢衬里设备全部施工完毕后做盛水试验的要求是什么？

答：玻璃钢衬里设备全部施工完毕后，在室温下固化不少于 168h，然后做盛水试验 48h 以上，要求无渗漏、冒汗和明显变形的不正常现象。

26-17 什么是覆盖层防腐？

答：覆盖层防腐一般是指在金属设备或管件的内表面用塑料、橡胶、玻璃钢或复合钢板等作衬里，或用防腐涂料等涂在金属表面，将金属表面覆盖起来，使金属表面与腐蚀性介质隔离的一种防腐方法。

26-18 覆盖层主要有哪几种类型？

答：覆盖层主要有橡胶衬里、玻璃钢衬里、塑料衬里和涂刷耐蚀涂料四种类型。

26-19 金属作覆盖层防腐时，对金属表面有哪些要求？

答：金属作覆盖层防腐时，金属表面不允许有油污、氧化皮、锈蚀、灰尘、旧的覆盖层残余物等，其金属表面应全部呈现出金属本色，以增加金属与覆盖层之间的结合力。

26-20 常用的耐腐蚀涂料有哪些？

答：常用的耐腐蚀涂料有生漆、环氧漆、过氧乙烯漆、酚醛耐酸漆、环氧沥青漆、聚氨酯漆、氯化橡胶漆和氯磺化聚乙烯漆。

26-21 防腐涂料施工时，应做好哪些安全措施？

答：防腐涂料施工时，作业现场严禁烟火；配制消防器材；制定具体防火措施；工作人员穿戴好防护用品；工作场所应有良好的通风，必要时进行强制通风；所用照明或电器设备不得有放电的可能，现场应有良好的照明。特别是容器内及沟道内施工时，应采用低压和防爆照明，其电源的开关应隔离安置，并制定防爆、防中毒的安全措施。

26-22 过氯乙烯漆在常温下适用于什么腐蚀介质？

答：过氯乙烯漆在温度不超过 $35\sim50℃$ 时，适用于 $20\%\sim50\%$ 的硫酸、$20\%\sim25\%$ 的盐酸、3% 的盐溶液，还能耐中等浓度的碱溶液。

26-23 生漆涂层有哪些优缺点？

答：生漆涂层具有优良的耐酸性、耐磨性和抗水性，并有很强的附着力等优点；缺点是不耐碱，干燥时间长，施工时容易引起人体中毒。

26-24 氯化橡胶漆在常温下适用于什么腐蚀介质？有哪些优点？

答：氯化橡胶漆在常温下具有良好的耐酸、耐碱、耐盐类溶液及耐氯化氢和二氧化硫等介质的腐蚀性能，并有较大的附着力，柔韧性强，耐冲击强度高，耐晒、耐磨和防延燃，还适宜用在某些碱性基体表面（如混凝土）等优点。

26-25 环氧玻璃钢由哪些物质组成？这些物质的作用是什么？

答：环氧玻璃钢由环氧树脂、稀释剂、增韧剂、填料、固化剂组成。环氧树脂起黏结力的作用；稀释剂起稀释环氧树脂的作用；增韧剂的作用是为了改善环氧树脂的某些特性，并降低成本；固化剂的作用是促进环氧树脂的固化。

26-26 玻璃钢可分为哪几类？各有哪些优缺点？

答：玻璃钢可分为环氧玻璃钢、聚酯玻璃钢、酚醛玻璃钢、呋喃玻璃钢四类。

聚酯玻璃钢的优点：机械强度较高，成本低，韧性好，工艺性能优越，胶液黏度低，渗透性好，固化时无挥发物，适用于大型构件等；其缺点是耐酸碱性较差，耐热性低等。

环氧玻璃钢的优点：机械强度较高、耐酸碱性高，黏结力较强，工艺性能良好，固化时无挥发物，易于改性等；对其余强氧化性酸类都不耐腐蚀，如硝酸、浓硫酸、铬酸等。

26-27 贴衬玻璃钢的外观检查时不得有哪些缺陷？

答：贴衬玻璃钢的外观检查时不得有下列缺陷出现：

（1）裂纹在腐蚀层表面深度不得超过 0.5mm，增强层裂纹深度不超过 2mm 以上。

（2）防腐层表面气泡直径不超过 5mm，在每平方米内直径不大于 5mm 的气泡不得多于 3 个。

（3）耐蚀层不得有返白区。

（4）耐腐蚀层表面应光滑平整，其不平整度不得超过总厚度的 20%。

（5）玻璃钢的黏结与基体的结合应牢固，不得有分层、纤维裸露、树脂结节、色泽不均匀并不得夹有异物，不允许出现孔洞等现象。

26-28 玻璃钢制品同一部位的修补不得超过几次？当玻璃钢制品出现有大面积分层或气泡缺陷时，如何处理？

答：玻璃钢制品同一部位的修补不得超过两次。当玻璃钢制品出现大面积分层或气泡缺陷时，应把该片玻璃钢全部铲除，露出基面，并重新打磨基体表面后，再贴衬玻璃钢。

26-29 常用于喷砂的砂料有哪些？一般粒径为多少？

答：常用于喷砂的砂料有：石英砂，一般粒径为 2～3.5mm；金刚砂，一般粒径为 2.3mm；铁砂或钢丸，一般粒径为 1~2mm；硅质河沙或海沙，一般粒径为 2~3.5mm。

26-30 衬胶施工中必须进行哪些检查？

答：衬胶施工中必须进行中间检查，检查接缝不得有漏烙、漏压和烧焦现象，衬里不许存有气泡、针眼等缺陷，接缝搭接方向应正确，接头必须贴合严实，胶板不得有漏电现象。

26-31 橡胶衬里检查的方法有几种？主要检查橡胶衬里的什么缺陷？

答：橡胶衬里检查的方法有四种方法：

（1）用眼睛观察的方法，主要检查衬里表面有无凸起、气泡或接头不牢等现象。

（2）木制小锤敲击法，主要检查衬胶层有无脱层或脱开现象。

（3）用电火花检验器，主要检验橡胶衬里的不渗透性。

（4）用电解液检验法，主要检验橡胶衬里的不渗透性。

26-32 如何用玻璃钢对管道进行堵漏？

答：玻璃钢又称玻璃纤维增强塑料，是用环氧树脂作为黏结材料、玻璃纤维布作为增强材料制成的。它可用来修补容器、管子上的各种裂缝，其方法如下：

（1）将待修管道表面剔凿成燕尾形槽口，清洗除锈、除油，涂刷环氧树脂底胶。

（2）待底胶初步固化后，再均匀涂刷一道环氧树脂胶液，并将一块玻璃纤维布沿着涂胶处铺开。铺贴平整后，立即用毛刷从中央刷向两边，赶除气泡。包贴时，要做到贴实，不得存有气泡和折皱。然后在玻璃纤维布被胶料浸透后，再贴第二层玻璃纤维布。此种修补方法，排除气泡是关键，应仔细操作。

（3）包贴层数视管道口径、压力和渗漏的程度而定，一般包贴 4~6 层。底层及面层采用 0.2mm 厚的玻璃纤维，其余各层采用 0.5mm 厚的玻璃纤维布。每贴两层需隔一定时间，也就是说第一、第二层初步固化后，才能进行第三、第四层包贴，以此类推。

（4）每层搭接缝要错开，搭头长度约 15cm，口径较小时可包成一条玻璃钢环带。

（5）玻璃钢的强度是逐渐增高的，一般采用常温养护。当气温在 15℃以上时，养护时间不得少于 72h；当气温在 15℃以下时，养护时间不得少于

168h。在养护期间管子不能进水承压。

26-33 进行电火花探伤器检查时，没有漏电现象即视为橡胶衬层合格吗？为什么？

答：不能视为合格。因为在衬胶层用电火花探伤器检查时，除不应有漏电现象外，还有其他质量标准，如承压设备的衬胶层不允许有脱层、鼓泡现象。

对非承压设备及容器，局部胶板与金属脱开，起泡的面积不大于 $20mm^2$，高度不超过 2mm。数量要求如下：

（1）衬里面积大于 $4m^2$ 的不超过 3 处。

（2）衬里面积为 $2\sim4m^2$ 的不超过 2 处。

（3）衬里面积大于 $2m^2$ 的不超过 1 处。

第二十七章　机组大修化学监督检查、保护与清洗

27-1　机组大修化学监督检查的目的是什么?

答：机组大修化学监督检查的目的是掌握发电设备的腐蚀、结垢或积盐等状况，建立有关档案；评价机组在运行期间所采用的给水、炉水处理方法是否合理，监控是否有效；评价机组在基建和停（备）用期间所采取的各种保护方法是否合适。对检查发现的问题或预计可能要出现的问题进行分析，提出改进方案和建议。

27-2　机组大修化学监督检查的意义是什么?

答：目前机组大修周期为 4～6 年，在中、小修时，汽轮机等设备不会打开，因此大修化学检查和诊断是对机组运行期间的水汽品质监测数据是否可靠、运行方式是否合理，以及对运行中存在的问题进行分析验证的难得机会。因此，需要有经验的专业技术人员对热力设备进行检查、评估。否则，化学检查就会流于形式。

同时，大修化学监督检查发现的问题可以利用大修的机会进行处理和改进，如果错过了大修机会，等机组运行后即便发现了问题也很难进行处理，机组只能亚健康运行，将会对机组的安全、经济运行带来重大隐患。

27-3　机组大修化学监督检查的内容有哪些?

答：机组大修化学监督检查的内容如下：

（1）对汽包、水冷壁、省煤器、过热器、再热器、汽轮机、凝汽器、除氧器、加热器、主油箱、冷油器、给水泵、循环水泵等设备进行宏观检查并拍照存档。

（2）对腐蚀产物或垢样进行成分分析。

（3）对水冷壁管、省煤器管进行垢量测定。

（4）对水冷壁管、省煤器管化学清洗后进行微观分析。

（5）综合分析，包括状态评估、问题诊断、改进措施及建议。

27-4 机组大修化学技术监督检查报告包括哪些内容？

答：机组大修化学技术监督检查报告内容包括以下五点：

（1）热力设备的主要技术规范，水处理方式，水、汽质量的基本情况。

（2）两次大修期间机组运行情况，停、备用情况及化学清洗情况。

（3）大修检查情况，除用文字、表格、数字说明外，有明显腐蚀结垢时还要用照片说明。

（4）对大修检查发现的问题做好综合分析，提出解决方案。

（5）上次及本次大修所发现问题的解决落实情况。

27-5 锅炉割管时应注意什么？

答：锅炉割管时应注意以下几点：

（1）用焊枪割管，所割长度要比所需长度长 0.4m，割下的管段应避免溅上水，如管内潮湿应吹干。

（2）去除外表面灰尘，标明向火侧、背火侧及管段在炉膛内的位置及标高。

（3）割管时不能用冷却剂和砂轮。

（4）沿管轴方向剖开，分成向火侧和背火侧。

27-6 如何制作安装腐蚀监视管？

答：制作安装腐蚀监视管的方法：选取与运行管材相同的一段管样，长约 1.5m。管子要清洁，无腐蚀，无明显的铁锈层，必要时要进行酸洗、钝化干燥后安装。

27-7 试述停用设备腐蚀的原因。如何防止停用腐蚀？

答：锅炉停用后不放水，或者放水后有些部位仍积存有水，这样金属表面仍浸于水中，当空气溶入时，迅速产生氧腐蚀。有得锅炉虽已放水，但由于锅炉内部空气相对湿度大，同样会产生氧腐蚀，这是一种只有当水和氧同时存在时发生的电化学过程。

为了防止停用期间腐蚀，可以进行停用期间保护锅炉的方法，其保护方法大致分为干式保护、加缓蚀剂保护和防止空气进入。

（1）干式保护有烘干法、放干燥剂等。

（2）加缓蚀剂法有碱性溶液法、联氨法、加 Na_3PO_4 和 $NaNO_3$ 溶液、气相缓蚀法等。

（3）防止空气进入锅炉的方法有充氮气法、充氨气法、保持给水压力法、保持蒸汽压法和给水溢流法。

27-8　试述热力设备停用保护的必要性。如何选择保护方法？

答：停用腐蚀的危害性不仅是它在短期内会使大面积的金属发生严重损伤，而且会在锅炉投入运行后继续产生不良影响，其原因如下：

（1）锅炉停用后，温度比较低，其腐蚀产物大多是疏松状态的 Fe_2O_3，其附着力不大，很容易被水流冲走。因此，当停用机组启动时，大量的腐蚀产物转入锅炉内水中，使锅炉内水中的含铁量增大，这会加剧锅炉炉管中沉积物的形成。

（2）停用腐蚀与运行中发生氧腐蚀的情况一样，属于电化学腐蚀，腐蚀损伤呈溃疡性，但往往比锅炉运行时因给水除氧不彻底所引起的氧腐蚀严重得多。这不仅是因为停用时进入锅炉内氧量多，而且锅炉各个部件都能发生腐蚀。在锅炉投入运行后，继续发生不良影响，大量腐蚀产物转入锅炉内水中，使锅炉内水中的含铁量增大，会加剧锅炉炉管中沉积物的形成过程。停用腐蚀使金属表面产生的沉积物及所造成的金属表面粗糙状态成为运行中腐蚀的因素。假如锅炉经常停用、启动，运行腐蚀中生成的亚铁化合物在锅炉下次停用时又被氧化为高铁化合物，这样腐蚀过程就会反复地进行下去，所以经常启动、停用锅炉腐蚀尤为严重。防止锅炉水汽系统停用腐蚀，在停用期间进行保护非常必要。

为了便于选择保护方法，再将有关选择各因素综述如下：

（1）锅炉的结构。对于具有立式过热器的汽包锅炉，保护前如不能将过热器内存水吹烘干，则不要用干燥剂法；保护后，如不能进行彻底冲洗，不宜采用碱液法；直流锅炉和工作压力高于 13MPa 的汽包锅炉，因水汽系统复杂，特别是过热系统内往往难以将水完全放尽，故一般采用充氮法或联氨法，也有采用氨液法，但启动前，特别注意对水汽系统进行彻底冲洗的问题。

（2）停用时间的长短。对于短期停运的锅炉，采用的保护法应满足在短时间内的启动要求，如采用干燥法、联氨法或氨液法等。

（3）环境温度。在冬季，应估计到锅炉内存水或溶液是否有冰冻的可能性。若温度低于 0℃，不宜采用碱液法或氨液法等。

（4）现场的设备条件。如锅炉能否用相邻的锅炉热风进行烘干、过热器有无反冲洗装置等。

（5）采用满水保护法。若没有合格的给水或除盐水，停用保护的效果往往不够理想。

27-9　试述机组停用后凝汽器的保养方法。

答：（1）机组停用后，应放掉冷却水，如果是用海水冷却的，应使用淡水冲洗一遍，停用时间较长时，还应进行干燥保养。

（2）为防止冲刷腐蚀，可在停用后，采用 $FeSO_4$ 一次造膜，造膜条件根据小型试验确定。

（3）入口端有冲刷时，可加装一段套管或刷环氧树脂。

27-10　试述采用气相缓蚀剂法保护设备的注意事项及其优点。

答：采用气相缓蚀剂法保护设备时应注意以下事项：

（1）通气前，将热工仪表的第一道截止阀关闭，最好是解开，隔绝铜件。

（2）通气系统水应放净，防止药品遇水溶解。

（3）检查系统不应有漏气和短路处。

气相缓蚀剂法保护的优点如下：

（1）缓蚀效率高、适应性强，可以保护检修锅炉、备用锅炉、高压加热器等。

（2）方法简便、经济，除一套专用设备和系统外，不需配制药液，不需要经常维护。锅炉不需严格地密封和保温，而且对锅炉停用、启动操作没干扰，加药量少，只需一次通气。

（3）碳酸环己胺没有毒，分解后产生二环己胺也非致癌物。不需作特殊保健防护，也不存在排放问题。

27-11　何谓锅炉的化学清洗？其工艺如何？

答：锅炉的化学清洗就是用某些化学药品的水溶液来清洗锅炉水汽系统中的各种沉积物，并使金属表面上形成良好的防腐蚀保护膜的过程。锅炉的化学清洗一般包括碱洗、酸洗、漂洗和钝化等几个工艺过程。

27-12　化学清洗方式主要有哪几种？

答：化学清洗方式可分为循环清洗、半开半闭式清洗、浸泡（包括氮气鼓泡法）及开式清洗。通常采用循环式清洗和半开半闭式清洗方式，当垢量不大时，可采用浸泡清洗。

27-13　化学清洗应符合哪些技术要求？

答：（1）在制定化学清洗施工方案及现场清洗措施时，除应符合相关的标准外，还应符合与设备相关的技术条件或规范，以及用户与施工方共同签订的合同或合同规定的其他技术要求。

（2）化学清洗前应拆除、隔离易受清洗液损害的部件或其他配件。

（3）化学清洗后设备内的有害废液、残渣应清除干净，并符相应的标准。

（4）化学清洗质量应符合标准规定。

（5）化学清洗废液排放应符合相应标准。

（6）严禁用废酸液清洗锅炉。

27-14　在拟订化学清洗系统时，应注意哪些事项？

答：（1）保证清洗液在清洗系统各部位有适当的流速，清洗后废液能排干净。应特别注意设备或管道的弯曲部分和不容易排干净的地方，要避免因这里流速太小而使清洗下来的不溶性杂质再次沉积起来。

（2）选择清洗用泵时，要考虑它的扬程和流量。保证清洗时有一定的清洗流速。

（3）清洗液的循环回路应有清洗箱，因为一般在清洗箱里装有用蒸汽加热的表面式加热器和混合式加热器，可以随时加热，使清洗时能维持一定的清洗液温度。另外，清洗箱还有利于清洗液中的沉渣分离。

（4）在清洗系统中，应安置附有沉积物的管样和主要材料的试片。

（5）在清洗系统中应装有足够的仪表及取样点，以便测定清洗液的流量、温度、压力及进行化学监督。

（6）凡是不拟进行化学清洗或者不能与清洗液接触的部件和设备，应根据具体情况采取一定措施，如考虑拆除或堵断或绕过的方法。

（7）清洗系统中应有引至室外的排氢管，以排除酸洗时产生的氢气，避免引起爆炸事故或者产生气塞而影响清洗。为了排氢畅通，排氢管上应尽量减少弯头。

27-15　化学清洗分几步？各步的目的是什么？

答：化学清洗分以下五步：

（1）水冲洗。对于新建锅炉，水冲洗是为了除去锅炉安装后脱落的焊渣、铁锈、尘埃和氧化皮等。运行后的锅炉是为了除去运行中产生的某些可被冲掉的沉积物。水冲洗还可检查清洗系统是否有泄漏之处。

（2）碱洗。为了清除锅炉在制造、安装过程中，制造厂涂敷在内部的防锈剂及安装时沾染的油污等附着物。碱洗的目的是松动和清除部分沉积物。

（3）酸洗。清除水汽系统中的各种沉积附着物。

（4）漂洗。清除酸洗涤和水冲洗后留在清洗系统中的铁、铜离子，以及水冲洗时在金属表面产生的铁锈，同时有利于钝化。

（5）钝化。使金属表面产生黑色保护膜，防止金属腐蚀。

27-16 新建锅炉为何要进行化学清洗？否则有何危害？

答：新建锅炉通过化学清洗，可除掉设备在制造过程中形成的氧化皮和在储运、安装过程中生成的腐蚀产物、焊渣以及设备出厂时涂的防护剂（如油脂类物质）等各种附着物，同时还可除去在锅炉制造和安装过程中进入或残留在设备内部的杂质，如沙子、尘土、水泥和保温材料的碎渣等，它们大都含有二氧化硅。

新建锅炉若不进行化学清洗，水汽系统内的各种杂质和附着物在锅炉投入运行后会产生以下几种危害：

（1）直接妨碍炉管管壁的传热或者导致水垢的产生，而使炉管金属过热和损坏。

（2）促使锅炉在运行中发生沉积物下腐蚀，以致炉管管壁变薄、穿孔而引起爆管。

（3）在锅炉内水中形成碎片或沉渣，从而引起炉管堵塞或者破坏正常的汽水流动工况。

（4）使锅炉水的含硅量等水质指标长期不合格，使蒸汽品质不良，危害汽轮机的正常运行。

新建锅炉启动前进行的化学清洗，不仅有利于锅炉的安全运行，而且它能改善锅炉启动时期的水、汽质量，使之较快达到正常标准，从而大大缩短新机组启动到正常运行的时间。

27-17 运行中锅炉化学清洗的依据是什么？常用的有哪几种清洗剂？

答：运行中锅炉化学清洗主要根据各台锅炉管内沉积物的附着量、锅炉的类型、工作压力和燃烧方式等因素来决定。表 27-1 列出炉管向火侧沉积物的极限量和运行锅炉化学清洗周期。

表 27-1 炉管向火侧沉积物的极限量和运行锅炉化学清洗周期

炉 型	汽 包 锅 炉			直 流 炉
主蒸汽压力（MPa）	<5.88	$5.88\sim12.64$	>12.74	
垢量（g/m²）	$600\sim900$	$400\sim600$	$300\sim400$	$200\sim300$
清洗间隔年限（a）	$12\sim15$	$10\sim12$	$5\sim10$	$5\sim10$

注 垢量是指在水冷壁管热负荷最高处向火侧 180°部位割管取样，用洗垢法测定的。

常用清洗剂如下：

（1）无机酸。盐酸和氢氟酸。

（2）有机酸。柠檬酸、羟基乙酸、甲酸、顺丁烯二酸、邻苯二甲酸以及乙二铵四乙酸（EDTA）等。

27-18 盐酸法化学清洗锅炉的原理是什么？

答：（1）盐酸与氧化铁起反应

$$HCl + FeO \longrightarrow FeCl_2 + H_2O$$

（2）盐酸与氧化铁中铁的微粒起反应

$$Fe + 2HCl \longrightarrow FeCl_2 + H_2 \uparrow$$

（3）盐酸与钙、镁水垢起反应

$$CaCO_3 + 2HCl \longrightarrow CaCl_2 + H_2O + CO_2$$

$$MgCO_3 \cdot Mg(OH)_2 + 4HCl \longrightarrow 2MgCl_2 + 3H_2O + CO_2 \uparrow$$

27-19 对于含奥氏体钢的锅炉清洗，对酸洗介质有何要求？

答：对含奥氏体钢的锅炉清洗时，选用的清洗介质和缓蚀剂不应含有易产生晶间腐蚀的敏感离子 Cl^-、F^- 和 S 元素，同时还应进行应力腐蚀和晶间腐蚀试验。

27-20 简述盐酸法化学清洗锅炉的步骤及控制标准。

答：（1）水冲洗。

（2）碱洗。（0.2%～0.5%）Na_3PO_4 +（0.1%～0.2%）Na_2HPO_4 + 0.05%表面活性剂，85℃以上，流速 0.3m/s 以上，8～24h。

（3）酸洗。用 HCl 作清洗剂时，5%～10%HCl，0.2%～0.4%缓蚀剂，50～55℃，清洗 6～8h。

（4）漂洗。0.1%～0.2%柠檬酸，pH 值为 3.5～4.0，温度在 80℃以上，循环 2～3h 后用氨水调 pH 值至 9.0～9.5。

（5）钝化。若采用联氨钝化法，则 N_2H_4 为 300～500mg/L，pH 值为 9.5～10，温度为 90～95℃，24～30h。

27-21 简述协调 EDTA 法化学清洗锅炉的原理。

答：EDTA 是一种有机酸，pH 值在 9.0～9.2 范围内，EDTA 盐类可以溶解氧化铁或氧化铁垢，其反应为

$$Fe_3O_4 + 3Y^{4-} + 8NH_4^+ \longrightarrow 2FeY^- + 8NH_3 + 4H_2O + FeY^{2-}$$

式中的 Y^{4-} 表示 EDTA 阴离子。反应生成络离子使铁锈溶解，如果锅炉水垢中含有 CaO、MgO、Al_2O_3 或氧化铜时，均可与 EDTA 络合反应，达到

除垢的目的。

27-22　对 HF 酸洗后的废液如何进行处理？

答：用 HF 酸洗后的废液经过处理可成为无毒、无侵蚀性的液体排放。具体办法通常为先将清洗废液汇集起来，用石灰乳处理，然后排放。石灰乳处理可使废液中的三价铁离子和氟离子以氢氧化铁和莹石的形式沉淀出来，这样就可减少氟离子的含量，减少污染，达到排放标准。

27-23　亚硝酸钠钝化废液如何处理？

答：（1）用 NH_4Cl 进行处理

$$NaNO_2 + NH_4Cl \longrightarrow NH_4NO_2 + NaCl$$

$$NH_4NO_2 \longrightarrow N_2 + 2H_2O$$

（2）以漂白粉作氧化剂，使 NO_2^- 氧化成 NO_3^-，其反应为

$$Ca(OCl)Cl + NaNO_2 \longrightarrow NaNO_3 + CaCl_2$$

27-24　锅炉化学清洗时如何选取清洗泵的容量及扬程？

答：（1）根据酸洗及冲洗的最大流速时的压力损失，以及系统中最大静压力来考虑酸洗泵的流量和扬程。同时要考虑清洗液的温度和泵的吸入压力，应备两台酸洗泵，一台运行，一台备用。

（2）根据酸洗泵的最大流量，再返回去计算各部位的流速。

（3）循环酸洗应维持炉管中酸液速度为 $0.2 \sim 0.5 \text{m/s}$，不大于 1m/s，开式酸洗时应维持炉管中酸液的流速为 $0.15 \sim 0.5 \text{m/s}$，不大于 1m/s。

27-25　试述根据管样测定金属腐蚀速度的方法。

答：（1）取一定长度的管样称至恒重。

（2）把管样放入配好的酸洗液中浸泡数小时。

（3）将管样洗净，冲干至恒重。

（4）腐蚀速度由下式计算，即

$$腐蚀速度[g/(m^2 \cdot h)] = \frac{管样洗前重(g) - 洗后重(g)}{管样清洗面积(m^2) \times 清洗小时(h)}$$

27-26　如何评价化学清洗效果？如何鉴别钝化膜的质量？

答：评价化学清洗效果应仔细检查汽包、联箱等能打开的部分，并应清除沉积在其中的渣滓。必要时，可割取管样，以观察炉管是否洗净，管壁是否形成了良好的保护膜等情况；根据以上检查结果，同时参考清洗系统中所安装的腐蚀指示片的腐蚀速度；在启动期内水汽质量是否迅速合格；启动过

程中和启动后有没有发生因沉积物引起爆管事故及统计化学清洗的费用等情况，进行全面评价。

良好的钝化膜应该是，在清洗结束至投运期间，设备金属不易受到腐蚀，机组运行后无异物溶出或带出，不影响热传导。

关于钝化膜质量的鉴别，除了根据清洗后的直观检查以及电子探针、X射线衍射机、电子显微镜和椭圆仪等进行微观检查外，还可以采用以下较为简便而实用的三种方法：

（1）湿热箱观察法。试样悬挂在湿热箱内，保持其相对湿度为 95％＋2％，在每昼夜内保持温度为(40 ± 2)℃、16h，保持温度(30 ± 2)℃、8h，连续观察试样表面变化，以试样表面最初出现锈蚀点为金属试样在湿热箱中的耐腐蚀时间。

（2）电位法（极化曲线法）。它是将试样电极与饱和甘汞电极（参比电极）同时侵入 0.025g/L NaCl＋0.057 9g/L Na_2SO_4＋0.164g/L Na_2CO_3 的混合液中，然后测定极化曲线来评价钝化膜的耐腐蚀性。

（3）硫酸铜溶液试验法。这种方法是根据金属铜的成析出来评价膜的质量（包括耐腐蚀和均匀性）。所用硫酸铜溶液的组成成分为 0.8mol/L $CuSO_4$ 溶液 40mL＋10％NaCl 溶液 20mL＋0.1mol/L HCL15mL。具体做法是将上述试液滴到试样表面，其颜色由蓝转红的变化时间越长，表明膜的质量越好；反之，质量越差。而试液在同一个试样表面上各点变色时间的差别大小则表明膜的均匀程度。

27-27 锅炉化学清洗后如何计算除垢率？

答：除垢率＝$\dfrac{\text{原始管样清洗前单位面积的结垢量(g/m}^2)-\text{经酸洗后管样清洗前单位面积的结垢量(g/m}^2)}{\text{原始管样清洗前单位面积的结垢量(g/m}^2)}\times100\%$

27-28 试述水冷壁管结垢量的测定方法。

答：锅炉水冷壁管内结垢量的测定工作分以下三个步骤进行：

（1）选取管样。从大修时割取的水冷壁管段的中间位置，割下长约50mm 的一段试样，用车床车至壁厚 3mm（沿管壁外侧车），然后沿火侧、背火侧交界线剖开（各180°），剔去毛刺，准确测量管内壁的表面积（m^2），最后将管外壁（无垢面）涂上一层均匀的环氧树脂，即为测定垢量的管样。

（2）结垢量的测定。方法如下：

1）上述管样上所涂环氧树脂彻底干燥后称重（m_1），称准至 0.2mg。

2）软垢的测定。用毛刷（或尼龙刷）刷去软垢，刷至无垢脱落为止，然后称重（m_2），称准至 0.2mg。

3）硬垢的测定。将刷去软垢的管样浸入事先准备好的盛有清液的烧杯中（清洗液介质浓度为 5%HCl+0.2%～0.3%缓蚀剂），水浴锅上加热至 50～55℃，使管样在上述溶液中浸泡至硬垢完全脱落。浸泡期间可用带橡皮头的玻璃棒擦拭，管样取出后用除盐水冲洗干净（无余酸），干燥后立即称重（m_3），称准至 0.2mg。若管样有镀铜，则将管样浸泡于盛有 1%氨水+（0.1%～0.2%）过硫酸铵溶液中，水浴锅上加热至 50～55℃，待铜完全溶解为止。取出管样后用除盐水冲洗干净，干燥后立即称重（m_4），称准至 0.2mg。

（3）垢量（g/m²）的计算。软垢和硬垢的计算方法为

$$软垢 = \frac{m_1 - m_2}{管样内壁的表面积}$$

$$硬垢 = \frac{m_2 - m_4}{管样内壁的表面积}$$

结垢量测量中的注意事项如下：

（1）在管样加工过程中，车床刀速不得太快，车锯管样时，不得使用各种冷却剂。

（2）管内壁（有垢面）不得接触任何物体。

（3）在垢量测量过程中溶液温度应保持恒定不变。

（4）若测定垢量的管样尚需保存，还应对管样进行钝化处理。

（5）测定垢样的成分时应将软垢、硬垢区别开来，同时还应保留有混合垢样。

27-29 何谓缓蚀剂？适宜于作缓蚀剂的药品应具备什么性能？

答： 缓蚀剂是某些能减轻酸液对金属腐蚀的药品。它应具有以下性能：

（1）加入极少量就能大大地降低酸对金属的腐蚀速度，缓蚀效率很高。

（2）不会降低清洗液去除沉积物的能力。

（3）不会随着清洗时间的推移而降低其抑制腐蚀的能力，在使用的清洗剂浓度和温度的范围内，能保持其抑制腐蚀的能力。

（4）对金属的机械性能和金相组织没有任何影响。

（5）无毒性，使用时安全方便。

（6）清洗后排放的废液，不会造成环境污染和公害。

27-30 电厂冷却水处理所用缓蚀剂大致分为几类？

答：（1）按缓蚀剂成分可分为有机缓蚀剂和无机缓蚀剂。

（2）按缓蚀剂抑制腐蚀电化学过程可分为阳极缓蚀剂和阴极缓蚀剂，或阴阳极缓蚀剂。

（3）按缓蚀剂与金属形成保护膜的机理可分为钝化型缓蚀剂、呼吸型缓蚀剂及沉淀型缓蚀剂。

27-31　何谓沉淀型缓蚀剂？沉淀膜分为哪几种类型？

答：这类缓蚀剂与水中的或其他的金属离子反应生成难溶盐，并在金属表面析出，生成沉淀，从而形成保护膜。

沉淀膜分两种类型。一种是与水中的离子结合型，即缓蚀剂与水中钙、镁、锌等二价离子结合生成复杂的难溶盐——聚磷酸盐。另一种是金属表面上离子反应型，即缓蚀剂与金属表面形成反应物保护膜，如 MBT、BTA 等。

27-32　为了观察清洗效果，在清洗时，通常应安置沉积物管样监视片，这些监视片常安置在什么部位？

答：管样监视片通常安装在监视管段内、省煤器联箱、水冷壁联箱。监视管段可安装在清洗用临时管道系统的旁路上，它可用来判断清洗始终点。

27-33　进行锅炉化学清洗时，一些设备和管道不引入清洗系统，如何将其保护起来？

答：锅炉进行化学清洗时，凡是不拟进行化学清洗的或者不能与清洗液接触的部件和零件（如用奥氏体钢、氮化钢、铜合金材料制成的零件和部件），应根据具体情况采取一定的措施保护起来，如考虑绕过或拆除。通常可采取下列措施：

（1）过热器和再热器中灌满已除氧的凝结水（或除盐水），或者充满 pH 值为 10 的氨—联氨保护溶液。

（2）用木塞或特制塑料塞将过热蒸汽引出管堵死。此外，为防止酸液进入各种表计管、加药管，必须将它们都堵塞起来。

27-34　碱煮能除去部分二氧化硅，为什么？

答：因为碱煮时，SiO_2 与 $NaOH$ 作用生成易溶于水的 Na_2SiO_3，所以可以除去部分 SiO_2。

27-35　锅炉化学清洗后的钝化经常采用哪几种方法？各有什么优缺点？

答：钝化经常采用以下三种方法：

（1）亚硝酸钠钝化法。能使酸洗后的新鲜金属表面上形成致密的、呈铁灰色的保护膜,此保护膜相当致密,防腐性能好,但因亚硝酸钠有毒,所以不经常采用此法。

(2)联氨钝化法。若溶液温度高些,循环时间长些,则钝化的效果好一些,金属表面生成棕红色或棕褐色的保护膜。此保护膜性能较好,联氨也有毒,但因其毒性小,所以一般多采用此法。

(3)碱液钝化法。金属表面产生黑色保护膜,这种保护膜防腐性能不如其他两种,所以目前高压以上的锅炉一般不采用此法。

27-36 酸洗过程中应采取哪些安全措施?

答:(1)现场照明充分,安全通道畅通,电源控制合理,操作方便。

(2)准备好足够的急救药品。

(3)参加酸洗的工作人员应掌握安全规程,了解防护药品的性能,防护工作服齐备。

(4)有关设备、阀门应挂标示牌。

(5)酸洗过程中有氢气产生,应在最高处设排氢管,并挂"严禁烟火"标示牌。

(6)化学清洗操作时,必须统一指挥,分工负责,要设专人值班。

(7)搬运浓酸必须用专用工具。

(8)临时系统必须保证质量,并经水压试验合格后方可投运。

27-37 化学清洗方案的制定以什么为标准?主要确定哪些工艺条件?

答:化学清洗方案要求清除沉积物等杂质的效果好,对设备的腐蚀性小,并且应力求缩短清洗时间和减少药品等费用。方案的主要内容:拟订化学清洗的工艺条件和确定清洗系统。工艺条件:①清洗的方式;②药品的浓度;③清洗液的温度;④清洗流速;⑤清洗时间。

27-38 缓蚀剂起缓蚀作用的原因是什么?

答:(1)缓蚀剂的分子吸附在金属表面,形成一种很薄的保护膜,从而抑制了腐蚀过程。

(2)缓蚀剂与金属表面或溶液中的其他离子反应,其反应生成物覆盖在金属表面上,从而抑制腐蚀过程。

第二十八章 制氢设备的检修

28-1 试述氢气的优缺点。

答：氢气的优点有传热系数大、易扩散、冷却效率高。氢气的缺点有渗透性强、氢气与空气混合后易发生爆炸等。

28-2 对制氢设备各系统的涂色有什么规定？

答：对制氢设备各系统的涂色的规定如下：

（1）电解槽、储氢罐及储氢罐体外裸露的管道为白色。

（2）氢分离器、氢洗涤器、氢压力调整器、制氢室内管路均为乳绿色。

（3）氧分离器、氧洗涤器、氧压力调整器、水封槽、储氧罐、氧管路为天蓝色。

（4）碱溶箱、碱系统为乳黄色。

（5）补给水系统为深绿色。

（6）冷却水系统为黑色。

28-3 吹洗置换氢气系统时，用氮气置换法应符合哪些要求？

答：（1）氮气中含氧量不得超过 3%。

（2）置换必须彻底，防止死角末端残留余气。

（3）置换结束，系统内氧或氢含量必须连续三次分析合格。

28-4 电解槽内产生腐蚀的原因有哪些？

答：电解槽内产生腐蚀的原因如下：

（1）由于阳极板材料的影响或由于极板表面上有杂质引起极板表面电流密度分配不均匀，产生微电池。

（2）阳极镀镍（Ni）层损坏，引起阳极"底板"氧腐蚀。

（3）碱液中没有按规定加入重铬酸钾或加入量太少，使阳极在运行中不能很好地形成三氧化铬保护膜而受到氧腐蚀。

（4）由于碱液循环不正常而引起氢、氧两侧电解液及温度差，产生浓差电池。

（5）电解槽内有异物堵塞通流部分，在局部产生涡流，引起电解槽化学腐蚀。

28-5　电解槽在什么情况下需要解体大修？

答：（1）当电解槽严重漏碱，气体纯度迅速下降，极间电压不正常且清洗无效，石棉橡胶垫部分损坏以及其他必须解体大修方可保证生产时。

（2）满使用周期年限。

28-6　制氢设备每隔几年大修一次？大修前应做好哪些准备工作？

答：制氢设备每隔 2～3 年大修一次，并每年小修一次。大修前应做好以下准备工作：

（1）对电解槽的运行状况和系统设备存在的缺陷进行了解。

（2）制订大修计划和检修进度，并办理检修工作票。

（3）准备好必要的备品配件、消防器材与急救药品，以及气体置换时用的二氧化碳或氮气（置换后的氢含量低于 3%）。

（4）准备好检修用的专用工具（铜制或镀镍的工具）。如没有专用工具，需在工具上和被拆卸的部件上涂以防火的黄油，以防爆炸。

（5）测量拉紧螺杆的紧力，并做好记录，供重新组装时参考。

28-7　在制氢设备上检修时，对检修工作人员有哪些要求？

答：在检修制氢设备时，对检修工作人员的要求有：所有检修人员必须遵守安全操作规程，不准将易燃、易爆物品带入现场，不准穿铁钉鞋，不准动用其他非检修设备。

28-8　在制氢设备上或附近进行焊接或明火作业时有哪些要求？

答：在制氢设备上或附近进行焊接或有明火作业时，必须事先经过氢含量测定（如制氢设备或氢气容器必须置换处理），证实工作区域内空气中氢量低于 3%，需经厂部生产领导批准后方可工作，现场应有消防人员，并设立专人负责。

28-9　试述检修制氢设备中极板组和端极板的方法和质量要求。

答：检修极板组和端极板时，可用软麻包布擦洗阳极镀镍层表面的污物，使其表面光洁，若有损坏应进行更换。对于不镀镍的阴极板可用水砂纸将表面打磨干净，使其露出金属本色，再用软麻布将表面擦净。然后浸泡在80 号以上的汽油或易挥发、去油污的溶剂里数小时，取出擦干并放在干燥室内存放，或者用布包起来，以防灰尘沾污。

28-10 对氢气管路连接到发电机上时有什么要求？

答：发电机的补氢管路必须直接从储氢罐引出，电解槽引至储氢罐的管路不得与补氢管路连接，在储氢罐内两者也不得相连。

28-11 对制氢室、氢罐及具有氢气的设备在安全设施上有什么要求？

答：应采用防爆型电气装置，并采用木制的门窗，门应向外开，室外还应装设防雷装置。制氢室内和有氢气的设备附近，必须设置严禁烟火的标示牌，氢罐周围 10m 处应设有围栏，应备有必要的消防设备。

28-12 电解水制氢系统一般由哪些主要设备组成？

答：电解水制氢系统一般由电解槽、碱液过滤器、洗涤器、干燥器等设备组成，对于中压系统，还必须有压力调整器和平衡箱等。

28-13 简述电解槽隔膜框压环的安装工艺要求。

答：（1）保护压环镀镍层的完好。

（2）压环不能断裂。

（3）压环与框架的铆钉不得错位。

（4）压环的缺口应对准液道口。

（5）总装电解槽时，压环应面朝阳极板（阳极区内）。

（6）应紧压石棉布。

28-14 检修电解槽的隔膜框时有哪些要求？

答：检修电解槽的隔膜框时，隔膜框的密封线不得有缺陷，否则更换。清理隔膜框内污物，以及气道孔、液道孔，使其内外表面干净，畅通无阻。更换损坏、折叠或有孔洞的石棉布，并将石棉布用压环紧固在隔膜框上。要求更换后的石棉布无粗头和断裂，经纬线布置应均匀，布面应致密不透光。

28-15 对电解槽的蝶形弹簧和拉紧螺杆有哪些要求？

答：电解槽的蝶形弹簧和拉紧螺杆不得有损伤和裂纹（用金属探伤法检查），不得弯曲或变形，不合格时应更换新的备件。

28-16 对电解槽的绝缘垫片有哪些要求？

答：对电解槽的绝缘垫片的要求是垫片应采用聚四氟乙烯制成。垫片的厚度一般为 4.5mm，其偏差小于或等于 0.1mm，内外缘偏差应小于或等于 2mm。

28-17 电解槽组装时应注意哪些事项？

答：电解槽组装时应注意以下事项：

（1）隔膜框孔道方向应正确。

（2）氢、氧气道孔不能装反，并保证气道的畅通，极板组不得装反。

（3）极板组和隔膜框之间不能短路。

28-18 电解槽安装好进行热吹洗时应注意哪些事项？

答：电解槽安装好进行热吹洗时，应注意在气道排出口通入气体表压为 0.2～0.3MPa 的蒸汽，吹洗约 30～40h，疏水和蒸汽从下面液道排出口排出。吹洗过程中，电解槽温度升高至 120～130℃ 时，应对拉紧螺栓进行热紧，将拉紧螺栓紧至拆卸前螺栓的长度，弹簧变形量在 8～11mm 的范围内。

28-19 电解槽进行水压试验和气密性试验的压力各是多少？时间各为多少？

答：电解槽进行水压试验的压力是 1.4MPa（指 DQ-4 型）和 4MPa（指 ZhDQ-32/10 型），水压试验时间为 15min，水压试验的水为凝结水。然后进行气密性试验，压力为 1MPa（DQ-4 型）和 3MPa（ZhDQ-10 型），气密性试验时间为 1h。

28-20 对电解槽的绝缘试验有哪些要求？

答：对电解槽绝缘试验的要求是，室间绝缘不断路，螺杆对端极板绝缘和端极板对地绝缘不短路，电阻都大于 1MΩ。

28-21 如何对电解槽进行热紧？

答：电解槽在蒸汽加热 1h 后，进行第一次热紧，以后每隔 30～40min 热紧一次。开始时，间隔时间可短些；越往后，间隔时间越长。每次热紧后，均要测量两个端极板内侧之间距离，误差不大于 1mm。

使用石棉橡胶板作垫片的电解槽，从第一次热紧后，连续进行 48h，使用聚四氟乙烯作垫片的电解槽，从第一次热紧后，连续进行 24h。每次热紧不应在同一侧进行，而应在两侧对角交替进行。

28-22 DQ-4 型电解制氢设备的主体设备和辅助设备包括哪些？

答：DQ-4 型电解制氢设备的主体设备包括电解槽、分离器、洗涤器、压力调整器、冷却器、储氢罐。辅助设备包括碱箱、手摇泵、平衡箱、砾石挡火器、除渣器、疏水器、管道和截止阀等。

28-23 制氢设备主要由哪些设备组成?

答：制氢设备主要由电解槽、气水分离器、气体洗涤器、压力调节器、平衡水箱、冷却器、储氢罐、水封槽、碱液溶解箱和过滤器等主要设备组成。

28-24 制氢设备检修前的准备工作及注意事项有哪些?

答：制氢设备检修前的准备工作及注意事项如下：

（1）检修前对电解槽生产工况、系统各部缺陷进行摸底，如气体的纯度、电解槽产气率、各级间电压、电解液与产气循环情况、电解液杂质含量、系统泄漏情况、电解槽及主要设备的整体尺寸等，将了解到的情况做好记录，供检修时参考。

（2）制订好检修计划，其中包括项目、标准、措施、检修进度等。

（3）检修计划批准后，正确使用热力设备检修工作票，由运行人员对检修设备部位采取停运和隔离措施。

（4）按要求准备好检修用的备品、备件、其他材料，以及气体置换时用的二氧化碳或氮气。准备好检修用的专用工具（钢制或镀镍的工具）。如果没有专用工具，需在工具上和被拆卸的部件上涂以防火的黄油，以防爆炸。

（5）检修人员要遵守安全操作规程，不准将易燃、易爆物品带入现场，不准穿钉子鞋。在制氢设备或附近进行焊接时，必须经安全部门许可，现场应有消防人员，并设立专人监督。

28-25 制氢设备电解槽的检修项目有哪些?

答：制氢设备电解槽的检修项目如下：

（1）检查阳极每片极板镀镍层的腐蚀情况，更换腐蚀极板。

（2）检查和清理阴极每片极板的油污、腐蚀情况。

（3）检查和修理电解槽漏碱、漏气情况。

（4）检查垫圈及绝缘材料的密封情况。

（5）检查、清理隔膜框内、外缘及气道孔和液道孔。

（6）检查石棉布是否完整。

（7）检查拉紧螺杆及蝶形弹簧金属的强度。

（8）检查和清理各部分的零件，如螺栓、垫圈、螺杆的锈蚀情况。

（9）检查热电偶温度元件和校正出口压力表。

28-26 制氢设备电解槽的检修方法和质量要求是什么?

答：制氢设备电解槽的检修方法和质量要求如下：

（1）检修极板组和端极板时，可用棉丝或软麻布擦洗极板组和端极板的阳极镀镍层，清除表面的污物，使其表面光洁。若有损坏，应进行更换。对于不镀镍的阴极板可用水砂纸将表面打磨干净，使其露出金属本色，再用柔软的麻布将表面擦净。然后浸泡在 80 号以上的汽油或易挥发、去油污的溶剂里数小时，取出擦干。将处理好的阴极板、阳极板、端极板放在干燥室内存放或用布包起来，防止灰尘沾污。

（2）检查隔膜框的密封线，发现缺陷应更换。清理隔膜框内、外的油污。用硬木棒或麻布清理隔膜框气道孔、液道孔，使孔内表面干净。

（3）更换损坏、折叠和有孔洞的石棉布，并用压环将其固定在隔膜框上。

（4）用金属探伤法检查蝶形弹簧、拉紧螺杆有无损坏的裂纹，擦洗其表面的污物，擦洗后进行直线校正，必要时更换新的拉紧螺杆。

（5）将所有螺栓等用汽油浸泡、擦洗，必要时应进行更换。

（6）更换绝缘密封垫圈，保证垫圈的质量。

28-27 电解室安装时，在组装极板组和隔膜框时应注意什么？

答：电解室安装时，穿入一组极板，再穿入一个隔膜框，如此边穿入边组装。组装时应注意：①隔膜框孔道方向应正确；②氢、氧气道孔不能装反；③极板组不能装反；④极板组和隔膜框之间不能短路，可以用万用表或 12V 检查灯检查。

28-28 制氢设备洗涤器、分离器、冷却器的检修项目是什么？

答：制氢设备洗涤器、分离器、冷却器因其内部结构相似，所以检修方法基本相同，其检修项目如下：

（1）检修清洗蛇形管金属表面的锈蚀和内部污堵。

（2）检查清洗器壁腐蚀产物和结积下的污物。

（3）检查清理洗涤器喇叭口管的锈蚀。

（4）检查清理冷却器底部隔板的锈蚀。

（5）检查法兰盘垫圈是否完整。

28-29 制氢设备洗涤器、分离器、冷却器的检修方法和技术要求是什么？

答：制氢设备洗涤器、分离器、冷却器的检修方法和技术要求如下：

（1）将洗涤器、分离器、冷却器与其他设备连接的法兰盘拆开。

（2）松开分离器、洗涤器上部和冷却器底部封头法兰盘的螺栓、螺母，打开封头。抽出分离器、洗涤器内的蛇形管进行清扫，泄漏处要进行补焊或更换。

（3）用气焊割断冷却器底部隔板与蛇形管连接处，取出底部隔板并进行清扫。

（4）割断冷却器顶部弧形封头，取出冷却器蛇形管进行更换。

（5）将器壁、洗涤器喇叭口管用铜刷子或砂纸将表面清扫和打磨，使其露出金属本色。

（6）将螺栓、螺母用汽油浸泡后，擦净，涂上二硫化钼或铅粉。

（7）按拆卸的反顺序进行组装，组装时要求罐体中心线垂直，洗涤器喇叭口管中心线与壳体同心。

28-30　制氢设备中压力调节器的检修项目有哪些？

答：制氢设备中压力调整器的检修项目如下：

（1）检查压力调整器针形阀的严密性。

（2）清理浮子的锈蚀，检查其严密程度。

（3）检查、修理浮子杆的光洁度、垂直程度，清理浮子杆阀道。

（4）检查安全阀阀体、阀芯、弹簧的锈蚀、严密情况，并将安全阀进行校正。

（5）检查和清理压力调整器内壁的锈蚀产物和污垢，并进行腐蚀情况鉴定。

（6）检查、更换各接头法兰盘和垫圈。

（7）检查和清理向空排气管道及砾石挡火器。

（8）清洗水位计，校正压力表。

28-31　制氢设备压力调节器的检修顺序如何？

答：压力调整器的检修顺序如下：

（1）卸下压力表及表管，交热工校正。

（2）卸下压力调整器、水位计。

（3）拆下排气安全阀，用 0.1MPa 压力校正。

（4）拆下调整器顶部法兰盘和排气管。

（5）将浮子吊置调整器体外进行检修。

28-32　检修制氢设备的压力调节器时应注意哪些事项？

答：检修制氢设备的压力调节器时应注意以下事项：

（1）检修前应用清水冲洗压力调节器内残留的碱液后，检修工作方可开始。

（2）浮筒杆应垂直、光滑，安装后动作灵活。

（3）针塞与针形阀应接合严密，无锈蚀或污物。

（4）安全阀动作灵活，并用1MPa的压缩空气试验。

（5）调节器内壁和浮筒表面不得有锈蚀和泄漏，否则更换。

（6）将调节器所有接合面、垫片、螺栓涂以铅粉或二硫化钼，以备下次检修时容易拆卸。

28-33　制氢设备压力调节器的检修方法和检修质量要求是什么？

答：制氢设备压力调节器的检修方法和质量要求如下：

（1）检修前，用清水冲洗压力调节器内残留的碱液，拆卸顶部封头法兰盘的螺母、螺栓。卸下调节器排气管法兰盘的螺母、螺杆，安装吊架，用手动葫芦将顶部封头和排气管吊放在准备好的支架上（将封头架高，勿使浮子接触地面）。

（2）拆开浮子筒与浮子杆连接用法兰盘，取下浮子筒。松开浮子杆上的锁母，抽出浮子杆，取下针塞。为防止浮子杆弯曲，将浮子筒和浮子杆在垂直方向卸下，勿在浮子筒未拆除时，将浮子杆横置拆卸。拆卸后，用铜刷子将浮子杆表面污物除掉。表面可用特制磨具磨光，使其表面粗糙度不高于 $1.6\mu m$，浮子杆应垂直、光洁，安装后活动灵活，与轴承配套公差小于 $0.5mm$。针塞与针形阀接合应严密，表面粗糙度不高于 $0.40\mu m$，否则，应用特制磨具磨光。

（3）拆卸排气连接管后，小心松开针形阀与针形阀固定板上的螺母，取出针形阀固定板，检查针塞与针形阀接合面的严密性，将针形阀与固定板清理干净。

（4）将调节器内壁和浮子筒金属表面用铜刷子除锈，去除污物。如有泄漏处，应进行补修和更换。

（5）检查、更换法兰盘密封垫圈，安全阀用 $0.1MPa$ 压缩空气校正。

（6）将调节器连接处的螺栓、密封垫圈、法兰盘口涂上不易生锈的铅粉或二硫化钼，以备下次大修时易拆卸。

（7）将压力调整器的各部件尺寸、零件之间的间隙、检修情况用检修记录纸记入检修档案。

（8）组装时与拆卸的顺序相反。

28-34　储氢罐的大修项目有哪些？

答：储氢罐的大修项目如下：

(1) 检查储氢罐的锈蚀情况，清理内部锈蚀产物和污物。

(2) 检查和清理弹簧安全阀，并用 0.1MPa 压力校正。

(3) 校正出口压力表。

(4) 检查人孔盖腐蚀情况，并进行清理。

(5) 检查、修理制氢设备室外的管道和阀门。

28-35 储氢罐的检修顺序、方法和质量要求是什么？

答： 储氢罐的检修的顺序、方法和质量要求如下：

(1) 卸去储氢罐的总阀和往发电机供氢总阀，隔绝，必要时需加堵板。

(2) 将储氢罐的排气阀打开，排出罐内氢气，降低压力，注意氢气排出时最好通过水封或开小排气阀开度，使气体慢慢排出。

(3) 进行氮气或二氧化碳气置换，直至化验合格为止。要求氮气纯度或二氧化碳含量小于或等于 95%。

(4) 用铜制扳手或镀镍扳手打开储氢罐人孔盖，用铜刷子将罐体内壁及人孔盖进行清扫，除掉上面的腐蚀产物和污垢。更换人孔盖密封垫圈。

(5) 卸下储氢罐出口压力表，交热工校验。

(6) 卸下弹簧安全阀、挡火器，用刮刀或铜刷等工具清理附在安全阀内的锈蚀产物，检查阀芯和阀门的严密性，必要时进行更换。

(7) 卸下储氢罐入氢阀、出氢阀、放气阀、取样阀，将其进行修理并填加盘根。

(8) 用汽油清洗所有螺栓、螺母，将其表面涂上二硫化钼或铅粉。

(9) 将人孔盖用螺栓紧固，将弹簧安全阀、挡火器、压力表等复原，装上入氢阀、出氢阀、放气阀、取样阀。

(10) 将管道泄漏处补焊或更换后，连接系统，用压缩空气吹管。

28-36 试述电解槽端极板组合的检修工艺要求。

答： 电解槽端极板组合的检修工艺要求如下：

(1) 在端极板安装前，需检查电解槽组装平台水平，并进行电解槽组装长度的预算，其值为实际厚度加松散间隙长度，端极板外侧尺寸约为 1500mm，并在组装平台上画出两条平行线，两端极板竖立在绝缘垫上，并调整到与端极板的对角线等长。

(2) 双拉紧螺栓的螺纹应完整无损，螺栓旋转无卡涩感，并在螺纹中擦拭牛油、二硫化铁混合物。

(3) 蝶形弹簧片应无永久变形及破碎，每两片配一组，共两组，组装时，中心线应在一条直线上。

（4）端极板接合需要平整无伤痕，脏物铲除彻底，密封线清晰无残留物，通道端头闷板螺栓的紧力要均匀适中。

（5）绝缘垫圈穿入前应检查其完整性和绝缘性。

28-37 可以在电解槽装设地线吗？为什么？

答：不可以。

因为：（1）电解槽在运行中，整个设备为带电体，按规定不能接地；另外，由于电解槽两端端电压也不高，且沿电解槽各极板均匀分配，不会给工作人员带来危险。

（2）若对外壳采用一点接地，当偶然有另外一点接地时，会产生直流短路。

第四部分

故障分析与处理

第二十九章　回转机械设备的故障分析处理

29-1　泵滚动轴承烧损的原因有哪些？

答：泵滚动轴承烧损的原因如下：

（1）润滑油中断。

（2）轴承本身的问题，如珠架损坏，滚珠损坏，内、外套损坏。

（3）强烈的振动。

（4）轴承长期过热未及时发现和处理。

29-2　泵滚动轴承磨损的原因主要有哪些？

答：泵滚动轴承磨损的原因主要有锈蚀引起的磨损、污垢引起的磨损、润滑不良引起的磨损、装修不良与运行不当引起的磨损、自然磨损以及事故磨损。

29-3　泵滚动轴承过热变色的原因有哪些，会造成什么后果？怎样消除？

答：造成泵滚动轴承过热变色的原因有散热不良、润滑油油量不足或断油、冷却系统故障等，引起高温，不能通过润滑油散发热量。当温度超过170℃时，会引起轴承的过热变色直至轴承回火。轴承的过热变色会造成轴承本身的机械性能降低，失去原来的形状，最终造成滚动轴承的损坏。

消除方法：保证轴承充足的润滑油位和油的质量，保证轴承的散热系统畅通，才能消除轴承的过热变色。

29-4　造成泵滚动轴承锈蚀的主要物质有哪些？造成锈蚀的原因有哪些？

答：造成泵滚动轴承锈蚀的主要物质有水汽或腐蚀性的物质。

造成泵滚动轴承锈蚀的原因：轴承的密封不良，造成水汽或腐蚀性的物质侵入轴承引起；但有时确是因为使用了不合格的润滑油造成的。

29-5　造成泵滚动轴承裂纹及破碎的原因有哪些？

答：造成泵滚动轴承裂纹及破碎的原因有七种：轴承配合不当、装修不良、主动轴与从动轴中心不一致、制造质量不良、机组振动过大或外界硬质物质进入、长期严重过载、断油。

29-6　离心式水泵轴承发热的原因有哪些？

答：离心式水泵轴承发热的原因如下：

（1）油箱油位过低，使进入轴承的油量减小。

（2）油质不合格，油中进水、进杂质或乳化杂质。

（3）油环不转动，轴承供油中断。

（4）轴承冷却水量不足。

（5）轴承损坏。

（6）对于滚动轴承，轴承盖对轴承施加的紧力过大。

29-7　泵轴承室油位过高或过低有什么危害？

答：油位过高，会使油环阻力增大而打滑或停脱，油分子相互摩擦会使温度升高，还会增大间隙处的漏油量和油摩擦功率损失；油位过低，会使轴承的滚珠或油环带不起油来，造成轴承得不到润滑而使温度升高，把轴承烧损。

29-8　简述泵滚动轴承的故障原因及处理方法。

答：泵滚动轴承的故障原因及处理方法见表 29-1。

表 29-1　　　　　　　泵滚动轴承的故障原因及处理方法

序号	故障现象	故　障　原　因	处　理　方　法
1	轴承损坏	（1）使用寿命超长。 （2）轴承装拆检修质量不良、维护保养不当	提高检修质量，加强设备维护，检查轴承箱，更换轴承
2	轴承脱皮剥落	（1）轴承正常疲劳破坏。 （2）轴承检修不良过早疲劳损坏。 （3）发生剧烈振动和跳动	
3	轴承磨损	（1）由于锈蚀产生磨损。 （2）由于污垢引起磨损。 （3）润化不良。 （4）安装不当及运行不良。 （5）自然磨损	（1）加强润滑，检查轴承质量。 （2）检查润滑油，防止污物入内，加强润滑。 （3）提高检修质量和运行水平。 （4）更换轴承
4	轴承珠痕及振动	（1）安装不当，用力过猛。 （2）受到不平衡的负荷	提高检修质量和运行水平，安装时检查轴承的平衡

续表

序号	故障现象	故 障 原 因	处 理 方 法
5	过热变色	使用润滑油型号不对，油量不足，冷却系统堵塞	更换润滑油型号，添加润滑油，疏通冷却系统
6	轴承锈蚀	（1）润滑脂不合格。 （2）轴承密封不良	（1）更换润滑油。 （2）重新安装密封
7	轴承裂纹及破碎	（1）安装不良。 （2）配合不当。 （3）制造质量不良。 （4）泵体振动过大及外物侵入。 （5）长期严重过载。 （6）断油	（1）提高安装质量。 （2）检查轴承与轴承室的配合。 （3）更换合格轴承。 （4）减小振动，防止外物侵入。 （5）提高运行水平，防止长期过载。 （6）及时补油

29-9　离心式水泵水轮不平衡的原因有哪些？

答：离心式水泵水轮不平衡的原因如下：

（1）铸造水轮的材质不良，如内部有砂眼、气孔等。

（2）水轮的几何尺寸不正确。

（3）水轮装配不好。

（4）轴弯曲超标准。

29-10　离心式水泵启动后不出水或出水量不足的原因有哪些？如何处理？

答：离心式水泵启动后不出水或出水量不足的原因及处理方法见表29-2。

表 29-2　　　　离心式水泵启动后不出水或出水量
不足的原因及处理方法

原 因	处 理 方 法
（1）水泵灌水没有灌满或真空泵抽气没有抽尽。	（1）继续灌水或抽水。
（2）水泵扬程不够，水泵扬程小于装置扬程。	（2）改变安装，以降低装置扬程或更换扬程高的水泵。
（3）吸水管路不严密，有空气漏入。	（3）改换接线。
（4）电动机旋转方向相反。	（4）检查叶轮方向，重新组装。
（5）叶轮（双吸叶轮）装反	（5）检查清除杂物

续表

原　　因	处　理　方　法
（6）叶轮进水口及流道堵塞。	（6）修理或更换叶轮并检查轴承磨损情况。
（7）叶轮口环磨损过大，叶轮前盖板磨穿。	（7）降低吸水管，增加浸没深度。
（8）进水管浸没深度不够，泵内吸入了空气。	（8）旋紧压盖或更换新填料。
（9）填料函严重漏气。	（9）检查并设法降低母管压力。
（10）并联的水泵，出口压力低于母管压力	（10）改换接线

29-11　离心式水泵不上水的原因有哪些？

答：离心式水泵不上水的原因如下：

（1）吸水管路不严密，有空气漏入。

（2）泵内没有充满水。

（3）安装高度不符合要求。

（4）电动机转数不够。

（5）出入口管或叶轮堵塞。

（6）电动机转动方向不对。

29-12　离心式水泵出水流量减小的原因有哪些？如何处理？

答：离心式水泵出水流量减小的原因及处理方法见表29-3。

表 29-3　　　离心式水泵出水流量减小的原因及处理方法

原　　因	处　理　方　法
（1）吸水管滤网淤塞。	（1）清洗进水滤网。
（2）密封环及叶轮磨损过大。	（2）更换密封环及叶轮。
（3）叶轮堵塞。	（3）检查和清洗叶轮。
（4）出水阀门开度不够。	（4）适当开打阀门。
（5）吸水管浸没深度不够。	（5）降低吸水管，增加浸没深度。
（6）止回阀开得太小。	（6）修理或更换止回阀。
（7）吸水扬程过高。	（7）检查吸水管路、吸水面，调整吸水扬程。
（8）填料函漏气	．（8）压紧或更换新填料

29-13 离心式水泵轴承过热的原因有哪些？如何处理？

答：离心式水泵轴承过热的原因及处理方法见表29-4。

表 29-4　　　　　　　离心式水泵轴承过热的原因及处理方法

原　因	处 理 方 法
（1）轴承安装不正确或间隙不适当。	（1）检查并加以修理、调整。
（2）油位太低，轴承冷却润滑油量不足。	（2）加油至规定位置。
（3）油质不好或油内混有杂质。	（3）把脏油放出、清洗，并加入合格的新油。
（4）轴承损坏。	（4）更换损坏轴承。
（5）装配时，轴承端盖与支撑之间的轴向间隙太小。	（5）调整轴承端盖与支撑之间的轴向间隙至规定范围。
（6）转子中心不正，轴弯曲。	（6）对转子中心及轴弯曲度进行校正或更换轴。
（7）轴承冷却水量不足。	（7）疏通冷却水管或更换管径大的冷却水管。
（8）压力润滑油系统循环不良	（8）检查循环系统是否严密、畅通

29-14 离心式水泵填料函发热或漏水过多的原因有哪些？如何处理？

答：离心式水泵填料函发热或漏水过多的原因及处理方法见表29-5。

表 29-5　离心式水泵填料函发热或漏水过多的原因及处理方法

原　因	处 理 方 法
（1）填料压得太紧或四周紧度不均。	（1）放松填料压盖，调整好四周间隙。
（2）水封环装的位置不对。	（2）调整水封环（填料环）的位置正好对准水封管口。
（3）填料压盖止口没有进填料室内，填料压盖不正，磨轴。	（3）使填料压盖止口进入填料室内，使填料压盖不磨轴。
（4）填料磨损。	（4）更换填料。
（5）轴套或轴径磨损严重。	（5）更换轴套或泵轴。
（6）填料规格不对，以大代小或以小代大。	（6）选择规格相符的填料。
（7）填料盖压得不紧。	（7）拧紧填料压盖或补加一层填料。
（8）填料长短不合适或接口不正	（8）填料长短调合适，45°切口，接头相互错开 90°～180°

29-15　离心式水泵振动和噪声大的原因有哪些？如何处理？

答：离心式水泵振动和噪声大的原因及处理方法见表 29-6。

表 29-6　　　离心式水泵振动和噪声大的原因及处理方法

原　　因	处 理 方 法
（1）地脚螺栓松动。	（1）旋紧地脚螺栓。
（2）基础不稳固。	（2）加固泵的基础。
（3）泵轴弯曲，两联轴器不同心。	（3）校直或更换泵轴，找正两联轴器的同心度。
（4）轴承损坏或磨损过大。	（4）更换损坏轴承。
（5）泵内旋转部件和静止部件有严重摩擦。	（5）检查原因，对症处理。
（6）叶轮损坏或局部阻塞。	（6）更换叶轮或清除阻塞物。
（7）管道支架不牢。	（7）加强管道支架，使之牢固。
（8）安装高度太高，发生汽蚀现象。	（8）采取措施以减小安装高度。
（9）转动零件松动或损坏。	（9）消除松动现象，或更换损坏的零件。
（10）叶轮平衡性差	（10）进行静平衡试验、调整

29-16　离心式水泵电流表读数过大的原因有哪些？如何处理？

答：离心式水泵电流表读数过大的原因及处理方法见表 29-7。

表 29-7　　　离心式水泵电流表读数过大的原因及处理方法

原　　因	处 理 方 法
（1）轴承损坏。	（1）更换轴承。
（2）叶轮被卡住、叶轮与密封环之间或叶轮盖板与泵壳、泵盖之间发生摩擦。	（2）消除卡住或摩擦。
（3）叶轮叶型不对。	（3）更换合格的叶轮。
（4）泵轴发生弯曲。	（4）校正或更换泵轴。
（5）填料压得太紧。	（5）旋松压盖螺栓，使填料压得适当。
（6）泵的轴向力平衡装置失效。	（6）检查、修理平衡装置。
（7）泵的流量大于许可流量。	（7）关小出水管阀门。
（8）三相电动机有一相熔丝烧断，或电动机三相电流不平衡	（8）更换熔丝或检修电动机

29-17 离心式水泵电流表读数过小的原因有哪些？如何处理？

答：离心式水泵电流表读数过小的原因如下：

（1）水泵流道堵塞。

（2）泵内有空气或打空泵。

（3）出口阀或进水阀开度不足，或系统内用水量小。

对应处理方法如下：

（1）检查清洗叶轮。

（2）放空气或检查消除打空泵的原因。

（3）适当开大出口阀或进水阀。

29-18 离心式水泵消耗的功率过大的原因有哪些？如何处理？

答：离心式水泵消耗的功率过大的原因如下：

（1）填料压得太紧。

（2）叶轮与双吸密封环摩擦。

（3）流量过大。

对应处理方法如下：

（1）拧紧填料压盖。

（2）检查、检修损坏的零件。

（3）增加出水管阻力，降低流量。

29-19 离心式水泵内部声音反常不上水的原因有哪些？如何处理？

答：离心式水泵内部声音反常不上水的原因及处理方法见表 29-8。

表 29-8 离心式水泵内部声音反常不上水的原因及处理方法

原　　因	处 理 方 法
（1）吸水管阻力过大。	（1）清理吸水管路。
（2）吸水处有空气吸入。	（2）检查填料，堵塞漏气处。
（3）所吸送液体温度过高。	（3）降低液体温度。
（4）流量过大产生汽蚀现象。	（4）调整出口阀，在规定性能下运转。
（5）泵内吸入异物或堵塞	（5）检查泵内堵塞情况并清除

29-20 离心式水泵不上水，压力表指针剧烈跳动的原因有哪些？如何处理？

答：离心式水泵不上水，压力表指针剧烈跳动的原因如下：

（1）注入的水不够。

（2）管路或仪表漏气。

对应处理方法如下：

（1）再往泵内注些水。

（2）检查管路、仪表的漏气处，并进行拧紧堵塞等处理。

29-21　离心式水泵盘根滴水严重的原因有哪些？如何处理？

答：离心式水泵盘根滴水严重的原因如下：

（1）盘根老化，失去弹性。

（2）压兰腐蚀，压不住盘根。

对应处理方法如下：

（1）更换新的盘根。

（2）更换新的压兰，压住盘根。

29-22　什么是汽蚀现象？汽蚀对泵有什么危害？

答：汽蚀现象是泵内反复出现液体的汽化与凝聚的过程，引起对流道金属表面的机械剥蚀与氧化腐蚀的破坏现象。

汽蚀对泵的危害如下：

（1）材料的破坏。轻者造成过流部件表面产生麻点，重者过流部件很快变成蜂窝状或断裂，导致叶轮、泵壳等部件发生严重损坏。

（2）振动和噪声加剧，影响泵的安全运行。

（3）性能下降。泵的扬程、功率和效率急剧下降，甚至发生断水。

29-23　简述离心式水泵汽蚀产生的原因及过程。

答：离心式水泵汽蚀产生的原因及过程：由于叶轮入口处压力低于工作温度下的饱和压力，因而引起一部分液体蒸发（汽化）。蒸发后的汽泡进入压力较高的区域时，汽泡受压破裂，破裂后产生强烈的冲击打向叶轮或泵壳，这种连续的局部冲击负荷，逐渐引起金属表面疲劳，直至剥蚀，进而出现大小不一的蜂窝状蚀洞。这种液体汽化、汽泡产生、汽泡破裂的过程中所引起的一系列现象称为汽蚀。

29-24　离心式水泵的汽蚀属于腐蚀吗？为什么？

答：不是，因为离心式水泵的汽蚀不全属于化学腐蚀。

离心式水泵在运行过程中，叶轮不断旋转，水由中心被抛向外缘，在叶轮入口处就会形成小于大气压力的低压区。当该处压力低于工作水温时的饱和压力时，一部分水就会汽化，生成很多汽泡。汽泡随水流到压力较高的区域时，汽泡周围的水压力大于汽泡自身温度下的饱和压力，汽泡便迅速凝结而破裂。由于汽泡凝结时的体积成千上万倍地迅速缩小，于是四周的水就以很大的加速度进行补充，造成水力冲击，连续打击在金属表面上。由于冲击的压力很大、频率很高，金属表面就逐渐疲劳损坏，引起金属表面机械剥蚀。同时汽泡中的活泼气体（如氧气）对金属还起化学腐蚀作用。汽泡的形成发展和破裂以致材料受到破坏的全部过程，即称为汽蚀。所以离心式水泵的汽蚀不全属于腐蚀。

29-25 如何减少离心式水泵汽蚀的发生？

答：采用改进叶轮的设计，使用抗腐蚀性能强的材料制造叶轮，正确选择吸入高度，减少入口管系统的阻力的措施来减少离心式水泵汽蚀的发生。

29-26 泵类腐蚀的原因有哪些？

答：泵类腐蚀的原因主要有金属材料的原因和液体环境方面的原因。

29-27 如何防止泵类的腐蚀？

答：防止泵类腐蚀的方法有选择适当的耐腐蚀材料制造，采用金属覆盖保护、涂盖保护。

29-28 水锤现象有哪几种？其中哪一种危害最大，为什么？

答：水锤现象有三种：启动水锤、关阀水锤、停泵水锤。其中停泵水锤的危害最大。因为突然停电等原因形成停泵水锤，往往冲击力较大，将会造成水泵部件损坏，水管开裂漏水，严重时发生爆破事故。

29-29 怎样防止升压水锤和降压水锤的发生？

答：防止升压水锤发生的方法：装设水锤消声器，安装爆破膜片，安装缓冲阀。

防止降压水锤发生的方法：尽可能地降低管道中的流速，并使管线布置尽量平直，避免出现局部凸起和急弯，防止出现过低负压，设置调压水箱、空气室，装设飞轮等。

29-30 离心式水泵启动后不及时开出口阀为何会汽化？

答：离心式水泵在出口阀关闭下运行时，因水送不出去，高速旋转的叶轮与少量的水摩擦，会使水温迅速升高，引起泵壳发热。如果时间过长，水泵内的水温超过吸入压力下的饱和温度而发生汽化。

29-31 离心式水泵轴向推力产生的主要原因是什么？常采用哪些方法平衡轴向推力？

答：离心式水泵轴向推力产生的主要原因：单吸式的离心式水泵叶轮，由于其进、出口外形不对称，故在工作时叶轮两侧所承受的压力不相等，因而产生了一个沿轴向的不平衡力，即为轴向推力。

平衡轴向推力的方法常有：

对单级泵采用：①双吸叶轮；②平衡孔或平衡管；③推力轴承；④背叶片。

对多级泵采用：①叶轮对称排列；②平衡盘；③平衡鼓；④平衡盘与平衡鼓联合装置。

29-32　离心式水泵填料发热的原因就是填料压得过紧吗？为什么？装配时应注意哪些事项？

答：不是，因为离心式水泵填料发热的原因不仅仅是填料压得过紧。填料压得过紧只是离心式水泵填料发热的原因之一。离心式水泵填料发热的原因还有：①填料压得太紧或紧度不均；②轴套与填料环、压盖的径向间隙太小产生摩擦；③密封水不足或断绝；④轴弯曲超标过大。

为了防止填料发热或密封不好，装配填料时应注意以下事项：

（1）选择填料规格要合适，性能要与工作液体相适应，尺寸大小要符合要求。

（2）填料的接口要与水流方向垂直，并相互错开 $90°\sim180°$，每次装入填料箱后必须是一个整圆，不能有缺口或多余。

（3）遇到填料箱为椭圆时，可在较大的一边多加些填料，以保证四周填料松紧均衡。

（4）施加填料时，要保证填料环对准来水口。

（5）填料被压紧后，压盖四周的缝隙要相等，以免压盖与轴摩擦。

29-33　柱塞式计量泵完全不排液的原因有哪些？如何检修处理？

答：柱塞式计量泵完全不排液的原因及检修处理方法见表 29-9。

表 29-9　柱塞式计量泵完全不排液的原因及检修处理方法

原　　因	检修处理方法
（1）吸入高度不够。	（1）降低安装高度或提高吸入液面高度。
（2）进水管堵塞或管道阻力损失太大。	（2）疏通进水管。
（3）吸入阀组件损坏严重或有杂物卡涩。	（3）更换吸入阀组件或清理杂质。
（4）隔膜腔内空气未排净。	（4）排放隔膜腔内空气。
（5）安全阀、补偿阀弹簧调节的不合适	（5）调整安全阀、补偿阀弹簧

29-34　柱塞式计量泵出液量不足的原因有哪些？如何检修处理？

答：柱塞式计量泵出液量不足的原因及检修处理方法见表 29-10。

表 29-10　　柱塞式计量泵出液量不足的原因及检修处理方法

原　　因	检修处理方法
（1）吸入管道局部阻塞。	（1）清洗疏通吸入管道。
（2）吸入阀或排出阀内有杂物卡住。	（2）解体检查、清理杂物。
（3）吸入阀球或排出阀球磨损。	（3）解体更换阀球。
（4）吸入阀座或排出阀座与阀球配合不严密、泄漏。	（4）解体修理或调换备品。
（5）阀球动作不畅卡阻。	（5）解体修理，消除卡阻。
（6）充油腔内有气体。	（6）人工补油或使安全阀跳开排气。
（7）充油腔内油量不足或过多。	（7）经补偿阀作人工补油或排油。
（8）补油阀或安全阀漏油。	（8）对阀门进行检查、研磨。
（9）隔膜片发生永久变形	（9）更换隔膜片

29-35　柱塞式计量泵排除压力不稳定的原因有哪些？如何处理？

答：柱塞式计量泵排除压力不稳定的原因如下：

（1）吸入阀或排出阀内有杂物卡住。

（2）隔膜限制板或排出管连接处漏液。

（3）安全阀或补油阀动作失灵。

对应处理方法如下：

（1）清洗清理吸入阀、排出阀。

（2）旋紧连接处螺栓。

（3）解体修理或进行调整。

29-36　柱塞式计量泵压力低的原因有哪些？如何处理？

答：柱塞式计量泵压力低的原因如下：

（1）吸入阀或排出阀失灵。

（2）隔膜限制板或排出管连接处、密封处泄漏。

（3）电动机功率小。

对应处理方法如下：

（1）检查更换新阀。

（2）拧紧各连接处的螺栓。

（3）加大电动机功率。

29-37 柱塞式计量泵运行中有冲击声或异声的原因有哪些？如何处理？

答：柱塞式计量泵运行中有冲击声或异声的原因及处理方法见表29-11。

表 29-11 柱塞式计量泵运行中有冲击声或异声的原因及处理方法

原 因	处 理 方 法
（1）传动零件松动或严重磨损。	（1）旋紧有关螺栓或更换备件。
（2）吸入高度过高。	（2）降低安装高度。
（3）吸入管道漏气。	（3）紧固吸入法兰或调换垫片。
（4）隔膜腔内油量过多。	（4）轻压补油阀进行人工排油。
（5）介质中有空气。	（5）排出介质中空气。
（6）吸入管径太小。	（6）增大吸入管径。
（7）轴承损坏	（7）更换被损坏轴承

29-38 柱塞式计量泵输送介质油污染的原因及处理措施是什么？

答：柱塞式计量泵输送介质油污染的原因是隔膜片破裂。处理措施是更换备品隔膜片。

29-39 柱塞式计量泵电动机不转动的原因及处理措施是什么？

答：柱塞式计量泵电动机不转动的原因是无电源或电源的三相中有一相甚至两相断电。处理措施是检查电源供电系统；检查熔丝或接触器接点是否良好、接触器是否动作。

29-40 柱塞式计量泵计量精度下降的原因有哪些？如何处理？

答：柱塞式计量泵计量精度下降的原因及处理方法见表29-12。

表 29-12 柱塞式计量泵计量精度下降的原因及处理方法

原 因	对应的处理方法
（1）止回阀组件磨损。	（1）更换止回阀组件。
（2）排出阀滞后。	（2）改进排出阀。
（3）泵的泄漏量大。	（3）拧紧或更换填料。
（4）电动机转速不稳定。	（4）提供稳定电压或电网频率。
（5）传动或调节机构磨损。	（5）更换磨损零件。
（6）吸入液体内有气泡	（6）排除液体内空气

29-41　柱塞式计量泵零部件发热的原因有哪些？如何处理？

答：柱塞式计量泵零部件发热的原因如下：

（1）减速箱油量过多或过少。

（2）电动机过载。

（3）填料摩擦过大。

对应处理方法如下：

（1）保持正常油位。

（2）查明原因并消除。

（3）将填料的松紧程度调整合适。

29-42　柱塞式计量泵从电动机轴处漏油的原因及处理措施是什么？

答：柱塞式计量泵从电动机轴处漏油的原因是密封元件损坏。处理措施是更换损坏元件，研磨密封垫。

29-43　简述罗茨风机的常见故障及处理方法。

答：罗茨风机的常见故障及处理方法见表 29-13。

表 29-13　　　　　　罗茨风机的常见故障及处理方法

序号	故障	原　　因	处　理　方　法
1	风量不足	（1）间隙增大。 （2）进口阻力大	（1）调整间隙或更换转子。 （2）清洗过滤器
2	电动机超载	（1）过滤网眼堵塞负荷增大。 （2）压力超过铭牌规定。 （3）叶轮和汽缸壁有摩擦	（1）清洗或更换滤网。 （2）控制实际工作压力不超过规定值。 （3）调整间隙
3	过热	（1）开压增大。 （2）油箱冷却不良。 （3）转子与汽缸壁有摩擦。 （4）润滑有过多	（1）检查吸入和排除压力。 （2）检查冷却水路是否畅通。 （3）调整间隙。 （4）控制油标、油位
4	异响	（1）可调齿轮与转子位置失调。 （2）轴承磨损严重。 （3）不正常的压力上升。 （4）齿轮损伤	（1）按规定位置校正、锁紧。 （2）换轴承。 （3）检查压力上升原因。 （4）换齿轮

续表

序号	故障	原 因	处 理 方 法
5	不启动	(1) 进排气口堵塞或阀门未打开。 (2) 电动机接线不对或其他电器问题	(1) 拆出堵塞物或打开阀门。 (2) 检查接线或其他电器
6	润滑油泄漏	(1) 油位过高。 (2) 密封失效	(1) 静态油位在油位线上3～5mm。 (2) 更换密封圈
7	振动大	(1) 电动机不稳固。 (2) 电动机、风机对中性不好。 (3) 轴承磨损	(1) 加固、紧固。 (2) 按说明找正。 (3) 换轴承

29-44 空气压缩机连杆容易产生哪些缺陷？如何处理？

答：空气压缩机连杆容易产生如下缺陷：

(1) 螺杆与螺母的损坏或磨损。

(2) 连杆大、小头轴瓦的磨损或变形。

(3) 连杆的弯曲或扭曲。

对应处理方法如下：

(1) 更换新螺杆或新螺母。

(2) 可进行刮研轴瓦来调整处理或更换新轴瓦，更换新轴瓦必须经过刮研来调整轴瓦间隙。

(3) 进行连杆弯度的校正处理，如果变形或扭曲严重时应更换新连杆。

29-45 空气压缩机轴承温度高的原因有哪些？如何处理？

答：空气压缩机轴承温度高的原因如下：

(1) 润滑油供给不足或油质劣化，黏度不达标。

(2) 轴瓦与轴的间隙过小。

(3) 轴承座固定太紧。

(4) 曲轴弯曲。

对应处理方法如下：

(1) 补充足够的润滑油到正常运行油位或更换新油。

(2) 将轴瓦与轴的间隙调整合适。

(3) 将轴承座的松紧调整合适。

（4）校正曲轴或更换新曲轴。

29-46 空气压缩机排气温度过高的原因有哪些？如何处理？

答：空气压缩机排气温度过高的原因如下：

（1）吸、排气阀有漏气现象。

（2）活塞环损坏、活塞与活塞缸的间隙过大，造成气体两端互相串通。

对应处理方法如下：

（1）研磨阀片或阀座使接合面严密，无法修理时更换新阀。

（2）更换新活塞环，更换活塞或进行气缸的镗修后镶套。

29-47 空气压缩机排除气体含有油质的原因是什么？如何处理？

答：空气压缩机排除气体含有油质的原因是刮油环失去刮油作用或活塞杆磨损。处理方法是更换新刮油环；更换新活杆或调整刮油环与活塞杆的间隙。

29-48 空气压缩机排气量突然下降的原因是什么？如何处理？

答：空气压缩机排气量突然下降的原因是活塞与气阀突然损坏。处理方法是查明原因后将损坏部件更换。

29-49 空气压缩机的安全阀、减压阀工作失灵的原因有哪些？如何处理？

答：空气压缩机的安全阀、减压阀工作失灵的原因如下：

（1）发生锈蚀或污物造成活动不灵活。

（2）弹簧压力过大。

对应处理方法如下：

（1）消除锈蚀、污物，研磨密封面并涂以硅油。

（2）将弹簧弹力调整到符合要求的压力。

29-50 空气压缩机的空气净化装置常出现的故障及原因有哪些？

答：空气压缩机的空气净化装置常出现的故障及原因如下：

（1）出入口压差高。原因有滤网式滤芯堵塞、出口阀或入口阀不能全部开启，压力表计不准确，脱附剂结块严重。

（2）空气净化装置出口空气纯度低。原因有脱附剂失效不能正常再生，排污阀不能自动排污、净化装置污染，来气气源污染严重。

29-51 1WG 系列空气压缩机气阀脏污和积炭的原因有哪些？如何清洗气阀？

答：1WG 系列空气压缩机气阀脏污和积炭的原因如下：

（1）空气滤清器的过滤网损坏、油面过低或无油。

（2）滤清器长期没有洗涤或滤清器内的吸尘油中沉淀物太多。

（3）由于压缩机的气缸窜油较多，且油温度过高，而使润滑油焦化以致气阀积炭。

（4）冷却器管路、气缸、气缸盖、气阀等组装前未清洗、吹干净。

（5）润滑油长期未更换，或曲轴箱的润滑油沉淀物太多、太脏。

气阀清洗的方法：清洗气阀时绝对不能使各零部件受到损伤，气阀抹洗后再用清洗液清洗干净，或将气阀浸入清洗液中约 12h，再加抹洗或轻刮，除去污垢后必须完全吹干，才能按其原来的位置进行安装。

29-52 1WG 系列空气压缩机排气量降低的原因有哪些？如何排除？

答：1WG 系列空气压缩机排气量降低的原因及排除方法见表 29-14。

表 29-14　　1WG 系列空气压缩机排气量降低的原因及排除方法

原　　因	排除方法
（1）压缩机转速降低。	（1）检查电压是否正常或缺相。
（2）阀片或阀弹簧损坏。	（2）更换新的弹簧。
（3）气阀脏污或积炭。	（3）按气阀维护方法进行洗涤。
（4）阀片、阀座接触不良。	（4）重新调整弹簧及阀片或进行更换。
（5）气缸盖与气缸间的垫漏气。	（5）重新调整或更换垫。
（6）空气管路系统与中间冷却器漏气。	（6）检查不严密处进行消除。
（7）空气滤清器堵塞。	（7）清洗空气滤清器。
（8）气缸顶部余隙过大。	（8）调整垫片厚度。
（9）活塞、活塞环磨损大。	（9）检查调整或更换新片。
（10）活塞环卡死在槽内。	（10）检查清洗使之灵活。
（11）吸、排气阀阀座的垫圈漏气。	（11）更换新垫圈。
（12）气阀座内 O 形橡胶密封圈漏气。	（12）更换 O 形橡胶密封圈。
（13）气阀内套与阀座接触垫圈漏气	（13）更换新垫圈

29-53 1WG 系列空气压缩机调节失灵的原因有哪些？如何排除？

答：1WG 系列空气压缩机调节失灵的原因如下：

（1）调节弹簧断裂。

（2）弹簧弹力不足。

（3）气阀漏气。

对应排除方法如下：

（1）调节系统内弹簧，将断的更换。

（2）更换新的或重新热处理恢复弹性。

（3）调节系统各气阀检查研磨，消除漏气。

29-54 1WG 系列空气压缩机气温、油温过高的原因有哪些？如何排除？

答：1WG 系列空气压缩机气温、油温过高的原因及排除方法见表 29-15。

表 29-15 1WG 系列空气压缩机气温、油温过高的原因及排除方法

原　因	排　除　方　法
（1）风扇皮带过松。	（1）调整风扇皮带松紧度，使之适宜。
（2）二级吸入阀漏气。	（2）调整或更换阀片。
（3）冷却器散管过脏。	（3）清洗冷却器散管表面脏物。
（4）活塞环磨损过大。	（4）更换活塞环。
（5）一级吸入温度过高。	（5）采取措施减低。
（6）曲轴箱内油量不足或油液过脏	（6）增加油量或更换润滑油

29-55 1WG 系列空气压缩机出现拉缸现象的原因有哪些？如何排除？

答：1WG 系列空气压缩机出现拉缸现象的原因及排除方法见表 29-16。

表 29-16 1WG 系列空气压缩机出现拉缸现象的原因及排除方法

原　因	排　除　方　法
（1）吸入空气过脏。	（1）清洗滤清器或更换吸尘油。
（2）曲轴箱内润滑油过脏。	（2）更换润滑油。
（3）活塞环断裂。	（3）更换活塞环。
（4）润滑不良	（4）检查油勺管是否正常，使油位正常

29-56 1WG 系列空气压缩机响声异常的原因有哪些？如何排除？

答：1WG 系列空气压缩机响声异常的原因及排除方法见表 29-17。

表 29-17　　1WG 系列空气压缩机响声异常的原因及排除方法

原　　因	排 除 方 法
(1) 连杆瓦磨损过大。	(1) 更换连杆瓦。
(2) 阀片断裂。	(2) 更换阀片。
(3) 活塞销与铜套松动过大。	(3) 更换铜套。
(4) 连杆螺栓松动。	(4) 拧紧连杆螺栓。
(5) 螺栓松动	(5) 检查拧紧螺栓

29-57　1WG 系列空气压缩机耗油量过高的原因有哪些？如何排除？

答：1WG 系列空气压缩机耗油量过高的原因及排除方法见表 29-18。

表 29-18　　1WG 系列空气压缩机耗油量过高的原因及排除方法

原　　因	排 除 方 法
(1) 活塞环磨损过大。	(1) 更换活塞环。
(2) 刮油环效能低。	(2) 增加刮油效能。
(3) 曲轴箱内油位过低	(3) 按油指示器校正油亮

29-58　ZW 系列空气压缩机的主要维护工作有哪些？

答：ZW 系列空气压缩机的主要维护工作如下：

(1) 应定期检查磨损件，一般约运行 1000h 的时间就需要检查一次。

(2) 应经常检查活塞环的磨损和气密情况，必要时拆卸检修或更换。

(3) 应经常检查刮油环是否能将活塞杆带上的润滑油全部刮掉，以保证其排出气体的纯洁性。

(4) 经常察听吸、排气阀的工作是否正常，通过气缸和排气温度及压力的变化情况来判断有无漏气和断裂。

(5) 注意观察气温、油温、水温、气压、油压的变化，其读数应在规定的范围内，否则应查明原因，立即消除。

(6) 应定期检查安全阀及压力调节器是否正常，以保证减压阀的灵敏度符合规定的要求。

(7) 应定期清洗滤尘器，根据空气压缩机所处的环境和空气污染程度，定期进行清洗。

(8) 要定期更换新油，换油时要清洗油池及过滤网。

(9) 应定期校验压力表等表计的准确精度，不合格的决不能用。

29-59　ZW 系列空气压缩机油压降低的原因有哪些？如何排除？

答：ZW 系列空气压缩机油压降低的原因及排除方法见表 29-19。

表 29-19　　ZW 系列空气压缩机油压降低的原因及排除方法

原　　因	排　除　方　法
（1）油泵安全阀弹簧损坏，使油泵压处的油流回机身，使压力下降。	（1）更换弹簧。
（2）机身油面低，油泵吸不上油。	（2）注入规定润滑油，加高油位。
（3）吸油管漏气。	（3）检查接头。
（4）油泵过滤网漏气	（4）应清洗过滤网

29-60　ZW 系列空气压缩机排气量显著降低或突然下降的原因有哪些？如何排除？

答：ZW 系列空气压缩机排气量显著降低或突然下降的原因及排除方法见表 29-20。

表 29-20　　　ZW 系列空气压缩机排气量显著降低或突然下降的原因及排除方法

原　　因	排　除　方　法
（1）活塞环热间隙不当而卡紧于环槽内，失去气密性。	（1）拆下修理。
（2）活塞环发生断裂或破坏。	（2）更换零部件。
（3）气阀漏气	（3）调整或修理气阀

29-61　ZW 系列空气压缩机排出气体不纯的原因是什么？如何排除？

答：ZW 系列空气压缩机排出气体不纯的原因是刮油环失去刮油作用。排除方法是应拆下检修或更换零部件。

29-62　ZW 系列空气压缩机活塞与汽缸发生接触或碰撞的原因是什么？如何排除？

答：ZW 系列空气压缩机活塞与汽缸发生接触或碰撞的原因：①支撑环已磨损过大而失去支撑作用；②活塞杆与十字头或活塞杆与活塞连接松动。排除方法：①更换或调整；②调整及拧紧固定。

29-63　ZW 系列空气压缩机安全阀、减压阀及调节器工作失灵卡死的

原因是什么？如何排除？

答：ZW 系列空气压缩机安全阀、减压阀及调节器工作失灵卡死的原因：①锈蚀或有污染造成活动不灵活；②弹簧力过大。排除方法：①消除锈蚀及研磨密封面，并在密封面上涂以硅胶；②调整到符合要求。

29-64　ZW 系列空气压缩机排气温度过高的原因有哪些？如何处理？

答：ZW 系列空气压缩机排气温度过高的原因：①气阀有漏气现象；②活塞环损坏和质量不好，造成气缸两端气体互相串通。处理方法：①研磨阀座和阀片密封面或更换新阀；②检修或更换新活塞环。

29-65　ZW 系列空气压缩机一级排气压力不正常的原因有哪些？如何排除？

答：ZW 系列空气压缩机一级排气压力不正常的原因：①一级排气压力高，是由于二级进气阀漏气或损坏；②一级排气压力低，是由于一级吸、排气阀漏气或损坏。排除方法：①研磨或更换二级气阀；②研磨或更换一级气阀。

29-66　ZW 系列空气压缩机二级压力不打定值的原因是什么？如何排除？

答：ZW 系列空气压缩机二级压力不打定值的原因是二级排气阀严重漏气或损坏。排除方法是应研磨或更换新气阀。

29-67　ZW 系列空气压缩机的填料漏气严重的原因有哪些？如何排除？

答：ZW 系列空气压缩机的填料漏气严重的原因：①填料严重磨损和变形；②弹簧紧力过松与活塞杆黏合不严密。排除方法：①更换新密封件；②调整弹簧或更换新的。

29-68　ZW 系列空气压缩机轴瓦温度过高的原因有哪些？如何排除？

答：ZW 系列空气压缩机轴瓦温度过高的原因及排除方法见表 29-21。

表 29-21　　ZW 系列空气压缩机轴瓦温度过高的原因及排除方法

原　　因	排　除　方　法
（1）轴瓦与轴的间隙太小。	（1）调整到适当间隙。
（2）润滑油黏度不对或丧失功能。	（2）更换新油。
（3）装配不良或接触面不好。	（3）检查后重新校正。
（4）轴承固定的太松或太紧	（4）拧紧到合适

29-69　ZW 系列空气压缩机安全阀漏气的原因有哪些？如何排除？

答：ZW 系列空气压缩机安全阀漏气的原因及排除方法见表 29-22。

表 29-22　ZW 系列空气压缩机安全阀漏气的原因及排除方法

原　因	排　除　方　法
（1）弹簧未拧紧或弹力消失。	（1）调整或更换新弹簧。
（2）阀塞与阀座间有杂质。	（2）吹洗清理。
（3）阀塞与阀座密封面不严	（3）调整研磨密封面

29-70　ZW 系列空气压缩机有不正常响声的原因有哪些？如何排除？

答：ZW 系列空气压缩机有不正常响声的原因及排除方法见表 29-23。

表 29-23　　ZW 系列空气压缩机有不正常响声的原因及排除方法

原　因	排　除　方　法
（1）汽缸与活塞间落入硬质物件。	（1）停车取出硬物。
（2）活塞杆与十字头连接松动。	（2）拧紧螺母。
（3）连杆大小头轴承与轴承间隙太大。	（3）检查间隙更换轴承。
（4）吸、排气阀安装松动，气体冲击有响声。	（4）拧紧气阀盖上螺母。
（5）气阀与活塞相碰	（5）调整上下止点间隙

29-71　ZW 系列空气压缩机冷却水排出有水泡的原因有哪些？如何排除？

答：ZW 系列空气压缩机冷却水排出有水泡的原因如下：

（1）冷却管与管板没有胀紧。

（2）气缸盖与气缸间垫片破损。

对应消除方法如下。

（1）重新胀管。

（2）更换新垫片。

第三十章　阀门的故障分析处理

30-1　阀门开启后不过水的原因有哪些？如何消除？

答：阀门开启后不过水的原因如下：

（1）阀板或阀芯与阀杆的连接卡子损坏或不合适，未能提起阀板或阀芯。

（2）阀门的阀杆或阀套丝扣损坏。

（3）阀门或管道堵塞。

对应消除方法如下：

（1）打开阀盖，更换卡子或 T 形槽顶尖。

（2）更换阀杆或阀套。

（3）拆下阀门，清理堵塞物。

30-2　阀门关不严而泄漏的原因有哪些？如何消除？

答：阀门关不严而泄漏的原因如下：

（1）阀板或阀体的密封圈脱落、变形、磨损或有沟槽。

（2）顶针磨短，阀门关过头。

（3）阀门底部积有污物。

对应消除方法如下：

（1）解体后更换密封圈或用研磨砂研磨密封铜圈。

（2）更换顶针或关闭阀门时不要过头。

（3）阀门解体，清理污物。

30-3　阀门关不回去或开不了的原因有哪些？如何消除？

答：阀门关不回去或开不了的原因如下：

（1）阀板的卡子脱落或损坏。

（2）阀板开启过度而开脱。

（3）阀杆空转。

（4）T 形槽顶针损坏。

对应消除方法如下：

（1）更换阀板卡子。

（2）解体后阀板就位。

（3）解体查明空转原因并处理其缺陷。

（4）解体更换卡子。

30-4　阀门阀杆转动不灵活或转不动的原因有哪些？如何消除？

答：阀阀杆转动不灵活或转不动的原因如下：

（1）填料压得过紧。

（2）阀杆螺纹与阀芯螺扣配合不良或阀杆弯曲。

（3）阀件装配不正或不同心。

（4）阀杆腐蚀锈死。

（5）阀杆螺纹积有污物或缺油。

对应消除方法如下：

（1）调整填料的松紧程度。

（2）检修或更换阀杆。

（3）解体后重新装配并调整同心度和配合间隙。

（4）喷洒松动剂或汽油，清除锈蚀。

（5）清理螺纹污物或加润滑油。

30-5　手动衬胶隔膜阀开后不过水或有截流现象的原因有哪些？如何消除？

答：手动衬胶隔膜阀开后不过水或有截流现象的原因如下：

（1）隔膜与弧形压块的销钉脱落。

（2）阀杆与弧形压块的连接销子折断。

对应消除方法如下：

（1）解体更换隔膜。

（2）解体更换销子。

30-6　手动隔膜阀开关过紧的原因有哪些？如何处理？

答：手动隔膜阀开关过紧的原因如下：

（1）阀套推力轴承损坏。

（2）阀杆、丝杆或轴承缺油。

对应处理方法如下：

（1）解体更换推力轴承。

（2）进行阀杆、丝杆或轴承补充润滑油。

30-7 气动隔膜阀不灵活的原因有哪些？如何消除？

答：气动隔膜阀不灵活的原因如下：

（1）大隔膜与活塞连杆的密封圈磨损。

（2）执行机构隔膜破裂或活塞板密封圈损坏。

对应消除方法如下：

（1）解体更换连杆密封圈。

（2）更换隔膜或活塞板密封圈。

30-8 气动阀关不严的原因有哪些？如何消除？

答：气动阀关不严的原因如下：

（1）密封条损坏。

（2）活塞室密封处磨损。

（3）常闭式隔膜阀执行机构弹簧断开。

对应消除方法如下：

（1）解体后更换密封条。

（2）更换活塞室。

（3）更换传动机构弹簧。

30-9 电动阀门行程控制机构失灵的原因有哪些？如何消除？

答：电动阀门行程控制机构失灵的原因如下：

（1）控制开关损坏。

（2）凸轮机构损坏或松动。

对应消除方法如下：

（1）更换或修理控制开关。

（2）更换损坏的凸轮或紧固凸轮。

30-10 电动阀门转矩限制机构失灵的原因有哪些？如何消除？

答：电动阀门转矩限制机构失灵的原因如下：

（1）紧固件松动。

（2）弹簧无弹性或损坏。

（3）控制开关损坏。

对应消除方法如下：

（1）将紧固松动件重新紧固。

（2）更换弹簧。

（3）更换控制开关。

30-11　气动蝶阀常见缺陷及原因有哪些？如何处理？

答：气动蝶阀常见缺陷及原因、处理方法见表 30-1。

表 30-1　　　　　　气动蝶阀常见缺陷及原因、处理方法

常见缺陷	原　因	处 理 方 法
密封面间渗漏	(1) 密封面间积有杂物。 (2) 橡胶衬圈磨损或老化损裂	(1) 消除杂物并不得损伤密封面。 (2) 更换橡胶衬圈
轴向两端间渗漏	(1) 橡胶衬圈与阀杆配合孔磨损。 (2) O 形密封圈磨损	(1) 更换橡胶衬圈。 (2) 更换 O 形密封圈
传动时蝶板启闭不灵活	(1) 阀杆与轴衬套接触部位卡阻。 (2) 传动部位有异物卡阻或阀杆弯曲	(1) 消除毛刺并涂以非油脂类润滑剂。 (2) 消除异物或校正与更换阀杆
气动蝶阀在供气时不能自动启闭	(1) 输入气源压力过低。 (2) 橡胶 O 形圈磨损。 (3) 连接处密封垫片损坏	(1) 调整气源压力至规定值。 (2) 更换 O 形圈。 (3) 更换垫片

30-12　电动阀门开度指示机构不准确的原因有哪些？如何消除？

答：电动阀门开度指示机构不准确的原因如下：

(1) 线绕电位器损坏。

(2) 导线接触不良。

(3) 指示盘松动。

对应消除方法如下：

(1) 更换线绕电位器。

(2) 接好导线。

(3) 固定好指示盘。

30-13　简述手动隔膜阀的常见故障及其原因。

答：(1) 手轮开关不灵活或开关不动。原因：①轴承损坏；②阀杆弯曲；③阀杆螺母或螺纹损坏；④隔膜螺钉脱落。

(2) 上阀盖水孔漏水。原因：隔膜片破损。

(3) 截止阀关不严。原因：阀瓣与阀体的曲线度不同或阀体脱胶，也可

能卡住硬东西。

30-14 简述阀门法兰泄漏的原因。

答：阀门法兰泄漏的原因如下：

（1）螺栓紧力不够或紧偏。

（2）法兰垫片损坏。

（3）法兰接合面不平。

（4）法兰垫材料或尺寸用错。

（5）螺栓材质选择不合理。

第三十一章 水处理设备的故障分析处理

31-1 机械搅拌澄清池中刮泥机主轴（中心轴）发生断裂的原因是什么？如何检修处理？

答： 机械搅拌澄清池中刮泥机主轴（中心轴）发生断裂的原因：机械搅拌澄清池中刮泥机为套轴式中心传动，刮泥机轴（主轴）通过搅拌机的空心轴从池中心伸入池底带动耙子做回转运动，当耙子超载时蜗杆瞬时轴向运动，压缩弹簧使杆窜位，这样微动开关动作使刮泥机停运。当过扭矩时，如停车装置未投用或失灵，则极可能使轴发生断裂。

检修处理方法如下：

（1）切断刮泥机、搅拌机电源。

（2）放水、排泥。

（3）将刮泥机蜗轮减速器及搅拌机蜗轮减速器等部件吊出。

（4）旋下蜗轮轴上锁紧螺母及升降螺母（拆卸螺母前必须用两只手拉葫芦将叶轮吊住，以防叶轮轴连同叶轮掉下）。

（5）将蜗轮轴（空心轴）吊起，显露出中心轴断裂处。

（6）用角向磨光机打磨轴的断裂部位，并使之满足焊接的技术要求。

（7）将中心轴断裂部分对准无误后进行焊接（中心轴为 45 号钢，需进行热处理），焊接后轴应校正。

（8）按照拆卸逆顺序回装。

31-2 机械搅拌澄清池中刮泥机减速器轴套与蜗轮体配合部分咬死的原因是什么？如何检修处理？

答： 机械搅拌澄清池中刮泥机减速器轴套与蜗轮体配合部分咬死的主要原因：长期未通过油杯补充润滑油脂于蜗轮体与轴套之间，使得动静部位失油发热而咬住。由于刮泥机主轴继续运转，造成轴套与蜗轮体固定螺栓被切断，并使轴套与蜗轮体油孔错位。

检修处理方法如下：

（1）用加热方法将轴套拆下，并用锉刀或油石修复拉毛部分，并用细砂布打磨光洁。

（2）在减速箱体上钻孔（钻头约比螺栓小径小约 1mm，以免损伤箱体上螺纹），取出断头螺钉，并用螺栓攻检查螺纹的完好性。

（3）轴套上原来为一条纵向油槽，油孔在轴套中间。现在轴套上油孔处增设一道环形油槽，这样即使蜗轮体与轴套油孔错位，也不影响润滑油脂的补充。

（4）按照规定定期加润滑油。

31-3　机械搅拌澄清池刮泥机轴承润滑水管断裂的原因有哪些？如何检修处理？

答：机械搅拌澄清池刮泥机轴承润滑水管断裂的原因如下：

（1）润滑水管被刮耙刮住而断裂。

（2）润滑水管没有固定或固定不牢。

对应检修处理方法如下：

（1）将润滑水管损坏部分更换，尽可能使管子贴住底面，并用夹子固定牢固。

（2）检查调整刮泥耙离池底高度，并使之高于润滑水管。

31-4　机械搅拌澄清池刮泥机轴承润滑水管腐蚀穿孔的原因是什么？如何检修处理？

答：机械搅拌澄清池刮泥机轴承润滑水管腐蚀穿孔的原因：由于轴承润滑水管采用的是镀锌管或其他碳钢管，而澄清池进水中含有凝聚剂，因此镀锌管极易受药剂腐蚀而穿孔损坏。

检修处理方法如下：

（1）将镀锌管外表面涂耐腐蚀涂料防腐。

（2）采 UPVC 塑料管或采用不锈 1Cr18Ni9Ti 钢管，作为轴承润滑水管。

31-5　机械搅拌澄清池搅拌机蜗轮减速器蜗杆架油封漏油的原因有哪些？如何检修处理？

答：机械搅拌澄清池搅拌机蜗轮减速器蜗杆架油封漏油的原因如下：

（1）蜗杆轴表面严重磨损。

（2）油封唇口磨损。

（3）油封橡胶老化。

（4）油封装配不良。

（5）油封弹簧损坏。

检修处理方法如下：

（1）将蜗杆轴磨损的沟槽车掉，并进行镶套，与唇口接合表面粗糙度为 $0.8\mu m$。

（2）将油封装在蜗杆端盖内时，应均匀施压在外圈金属壳上，油封应安装到位且无倾斜现象。

（3）安装前，油封唇口和轴表面应涂以设备中的润滑油进行润滑。

（4）当油封唇在安装时要通过轴的棱边、键槽时，需用导套以保护唇口。

31-6 机械加速澄清池发生振动或发出噪声的原因有哪些？如何检修处理？

答：机械加速澄清池发生振动或发出噪声的原因如下：

（1）搅拌减速机发生故障。

（2）搅拌传动轴损坏或传动齿轮啮合不正常。

（3）刮泥减速机发生故障。

（4）刮泥传动链与齿轮啮合不良。

（5）承重轴承或部分轴承出现磨损或损坏。

（6）联轴器找正不良。

（7）轴的垂直度未达到要求，造成齿轮啮合不良。

（8）搅拌叶轮与底板发生摩擦。

（9）润滑油油质劣化或缺油。

（10）支撑架发生变形。

检修处理方法：在故障原因判断准确后，采取相应的检修方法进行对症检修处理，该更换的部件要进行更换，该修复的部件或部位要进行修复等。

31-7 机械加速澄清池安全销断的原因有哪些？如何处理？

答：机械加速澄清池安全销断的原因如下：

（1）刮泥刀与地面摩擦，或刮泥刀被物件卡住。

（2）刮泥轴轴承被卡死。

对应检修处理方法如下：

（1）刮泥刀与地面发生摩擦时，如果是部分轴承损坏，造成轴下降，则应将损坏轴承进行更换；如果是调整夹松动，则应重新调整调整夹。刮泥刀被物件卡住时，则应检修消除被卡现象。

（2）轴承被卡死时，应对轴承进行检查并消除故障。

31-8　澄清池出力不足或发生溢流的原因有哪些？如何处理？

答：澄清池出力不足或发生溢流的原因如下：

(1) 来水流量小。

(2) 集水槽水孔结垢。

(3) 集水槽出水连通管结垢或堵塞。

(4) 出水明沟结垢严重而造成堵塞等原因。

处理方法：根据故障原因对症处理。

(1) 提高来水流量。

(2) 清理集水槽水孔。

(3) 清理集水槽连通管结垢或堵塞物。

(4) 清理出水明沟所结垢物。

31-9　LIHHH 型澄清器的空气分离器溢流的主要原因有哪些？如何处理？

答：LIHHH 型澄清器的空气分离器溢流的主要原因如下：

(1) 流量骤然波动把空气压入出口管内，造成气塞或流量开的过大，超负荷运行。

(2) 入口喷嘴或导向槽结垢严重，使通流截面积减小，阻力增大，水流不畅。

(3) 空气分离器下部格栅污堵。

对应处理方法如下：

(1) 降低流量片刻后，再缓慢地将流量提高到所需的流量，但不可超负荷运转。

(2) 将澄清池排空后清理喷嘴和导向槽中的污垢。

(3) 将澄清池排空后清理格栅的污堵杂物或结垢。

31-10　澄清池排泥系统不畅的原因有哪些？如何消除？

答：澄清池排泥系统不畅的原因如下：

(1) 出口阀不能全部开启或损坏。

(2) 排泥管堵塞或结垢严重。

(3) 排泥管入口堵。

对应消除方法如下：

(1) 排空池内积水后，修理或更换出口阀。

(2) 用高压清洗车清理排泥管。

(3) 排空池内存水后，清理排泥管入口堵塞物。

31-11　变孔隙滤池反洗出现偏流现象的原因有哪些？如何处理？

答：变孔隙滤池反洗出现偏流现象的原因如下：

（1）反洗装置或空气擦洗装置局部出现堵塞或断裂。

（2）反洗流量不足，空气擦洗装置或反洗装置出现歪斜现象。

对应处理方法如下：

（1）对反洗装置或空气擦洗装置局部堵塞问题进行检查处理。如果出现部件断裂情况，则对断裂部件进行修复或更换。

（2）如果反洗流量不足，应加大反洗流量；如果空气擦洗装置或反洗装置出现歪斜现象，则应检查修复。

31-12　变孔隙滤池进水或出水不畅通的原因有哪些？如何处理？

答：变孔隙滤池进水或出水不畅通的原因如下：

（1）进水阀不能全部开启，或来水流量不足。

（2）出水阀不能全部开启，或出水管堵塞。

（3）滤料反洗不彻底，造成水的渗透能力下降。

对应处理方法如下：

（1）检查进水阀的开关情况，消除故障；或加大来水流量。

（2）检查出水阀的开关情况和出水管的堵塞情况，对症消除故障。

（3）对滤料重新进行彻底反洗，提高水的渗透能力。

31-13　变孔隙滤池空气擦洗流量小的原因有哪些？如何处理？

答：变孔隙滤池空气擦洗流量小的原因如下：

（1）空气管道或滤帽堵塞。

（2）来气管不畅通，或来气阀不能全部开启。

（3）来气气源压力不足。

对应处理方法如下：

（1）对空气管道或滤帽堵塞检查处理。

（2）对来气管或来气阀进行检查处理。

（3）调大来气气源压力，以满足设备运行要求。

31-14　变孔隙滤池滤料层降低的原因有哪些？如何处理？

答：变孔隙滤池滤料层降低的原因如下：

（1）滤池内的管道或滤帽破裂，造成漏砂，或反洗流量过大，造成跑砂。

（2）检修后装砂高度未增加滤料间的空隙而造成冲洗后滤料层的下降。

对应处理方法如下：

（1）检查滤池内的管道或滤帽的完好情况，如发现有破裂现象，应修复。若是反洗流量过大造成，则应减小反洗流量，以不跑砂为宜，同时，应及时补充滤料层砂。

（2）添加滤料砂到设备运行所需要的高度。

31-15 空气擦洗重力滤池过滤室和清水区间钟罩隔板出现缝隙的原因有哪些？如何检修处理？

答：空气擦洗重力滤池过滤室和清水区间钟罩隔板出现缝隙的原因如下：

（1）接合处的水泥抹浆表面无防腐层，引起腐蚀疏松或裂纹而损坏。

（2）水泥抹浆与钢板的膨胀系数不同引起裂纹。

检修处理方法如下：

（1）清除隔板缝隙中损坏或有裂纹的水泥抹浆。

（2）隔板（钢板）与混凝土隔墙之间缝隙处填充麻丝。

（3）在隔板和混凝土隔墙接合处（缝隙部位）抹上快干水泥浆液。

（4）在水泥抹浆面上贴衬环氧玻璃布，要求平整、无鼓包，并满足固化条件。

31-16 空气擦洗重力滤池出水水质异常的原因有哪些？如何处理？

答：空气擦洗重力滤池出水水质异常的原因如下：

（1）进水管法兰接合面泄漏，使水直接进入清水室。

（2）过滤室顶盖（钟罩隔板）与四周混凝土隔墙接合处出现缝隙，钟罩隔板焊缝开裂，或人孔盖法兰接合面泄漏，使滤室水与出水室水质相混。

（3）滤料颗粒度过大，以致细小悬浮物得以穿出滤层。

（4）检修后滤料高度装载不够，或运行中滤料损失过大，使进水得不到充分过滤而影响水质。

处理方法如下：

（1）检查滤水室顶盖（钟罩隔板）完好情况与清水（出水）室混凝土结构的严密情况及进水管法兰、人孔盖法兰严密情况。若顶盖与四周混凝土接合不好出现缝隙，应重新抹水泥浆并贴环氧玻璃钢布处理。若焊缝开裂、法兰泄漏，应重新焊接或更换床垫。

（2）检查滤料粒径及装载高度，若不符合规定，则应更换粒径合格的滤料，或补装滤料到规定的高度。

31-17　过滤池中滤料结块的原因有哪些？如何消除？

答：过滤池中滤料结块的原因：滤池中滤料反洗不彻底，滤池长时间停运后，滤料中结有一定数量的污泥，发生结块。

常用消除结块的方法如下：

（1）加强反洗。对轻度结块的滤料，加强反洗，延长反洗时间，进行反洗前的空气擦洗等。

（2）卸出滤料，人工清洗。此法一般在结块严重时运用。

（3）对于油泥结块，则进行碱洗。用 NaOH、Na_2CO_3 等配成 $5\%\sim6\%$ 浓度的溶液，加入滤池中静泡或搅拌。

（4）对于上层结有重金属沉淀的滤料，则应进行酸洗，用 HCl 作酸洗剂。酸洗时要注意 HCl 对设备的腐蚀和滤料对酸的稳定性。

（5）对滤料中因有机物生长形成大量黏泥而引起结块的滤料，则要进行氯清洗。可间歇加入漂白粉或次氯酸钠，使水中活性氯含量达 $40\sim50\text{mg/L}$，通过滤层，待排水中有氯臭味时，停止排水，静泡 $1\sim2$ 天。

31-18　覆盖过滤器不锈钢滤元绕丝脱落的原因是什么？如何检修处理？

答：覆盖过滤器不锈钢滤元绕丝脱落的原因：不锈钢梯形绕丝与滤元撑筋骨架点焊质量不佳，在覆盖过滤器长期运行和爆膜操作的交变应力作用下，使点焊质量较差的绕丝脱焊。

检修处理方法如下：

（1）将滤元装置吊至专用检修架上。

（2）将损坏的滤元的止退垫圈翅从滤元圆螺母缺口中退出。

（3）用一把专用扳手固定滤元的缺口（以防拆圆螺母时跟转），用另一把专用扳手旋下滤元圆螺母，由于滤元和圆螺母材质均为 1Cr18Ni9Ti 不锈钢，拆卸时易咬住，可采用手锤敲击的方法，逐渐拆下，不得硬拆，以免损伤螺纹。

（4）依次取下止退垫圈、多孔板上面密封垫、滤元、多孔板下面密封垫。

（5）将合格的备品滤元放上橡皮密封垫，从多孔板内穿上，放上橡皮密封垫、止退垫圈，旋紧滤元圆螺母，并将止退垫圈翅翻入圆螺母缺口内锁住。

31-19　覆盖过滤器本体即封头大法兰边缘衬胶损坏的原因有哪些？如何检修处理？

答：覆盖过滤器本体即封头大法兰边缘衬胶损坏的原因如下：

（1）由于滤元装置起吊不水平，调入本体内时使本体大法兰边缘衬胶受到不均衡力的冲击而局部损伤。

（2）由于上封头起吊不水平，上封头吊入本体内时，使上封头法兰边缘衬胶与滤元装置多孔板边缘撞击而损伤。

检修处理方法如下：

（1）将损坏的衬胶铲除制成坡口，并清理干净。

（2）采用环氧玻璃钢修补（也可用粘贴橡胶的方法），要求贴衬平整、无鼓泡、脱壳、龟裂等现象，并满足固化条件。

（3）吊入滤元装置时力求水平，吊入接近位置时，力求缓慢落下。

（4）吊入上封头时力求水平，吊入接近位置时，四周法兰孔穿入螺栓进行导向，缓慢对正落下。

31-20 覆盖过滤器滤元装置多孔板弯曲的原因有哪些？如何检修处理？

答：覆盖过滤器滤元装置多孔板弯曲的原因如下：

（1）覆盖过滤器长期运行使滤元多孔板受交变应力而疲劳弯曲。

（2）爆膜运行操作不当，进气压力偏高（应使覆盖过滤器内气压为 0.4MPa），致使覆盖过滤器滤元多孔板上下压差偏大造成弯曲。

检修处理方法如下：

（1）在允许的情况下，适当增加多孔板钢板（锰钢）厚度，以增加其强度。

（2）按照运行操作规程，不随意提高气压，控制气压使覆盖过滤器内气压为 0.4MPa。

（3）当滤元多孔板发生弯曲，会使滤元之间的间距减少甚至相摩擦，严重影响覆盖过滤器的运行，为此必须更换滤元多孔板。

31-21 离子交换器再生时，再生液进不了交换器的主要原因有哪些？如何检修处理？

答：离子交换器再生时，再生液进不了交换器的主要原因如下：

（1）管道堵塞或破裂。

（2）背压过大。

（3）交换器进口阀打不开。

（4）计量箱出口阀打不开。

（5）水力喷射器损坏、堵塞或水源压力降低。

检修处理方法：对离子交换器再生系统设备进行全面检查，查明原因，对症采取检修方法。

31-22 覆盖离子交换器出水中含有树脂的原因有哪些？如何检修处理？

答：覆盖离子交换器出水中含有树脂的原因如下：

（1）母支管式集水装置滤帽损坏、脱落。

（2）母支管式集水装置腐蚀穿孔。

（3）平板滤网式集水装置的塑料滤网穿孔。

（4）穹形板石英砂垫层装置乱层。

（5）母支管式的法兰接合面损坏或螺栓松动脱落。

检修处理方法：全面检查覆盖离子交换器的有关部件，查明原因，对症处理如下：

（1）当支管式集水装置滤帽损坏、脱落时，更换或复位。

（2）当支管式集水装置腐蚀穿孔时，对腐蚀孔进行封堵。

（3）若是平板滤网式集水装置的塑料滤网穿孔，则更换塑料滤网。

（4）若是穹形板石英砂垫层装置乱层，应重新铺垫石英砂垫层。

（5）当母支管式的法兰接合面损坏或螺栓松动脱落，应检修恢复。

31-23 混床出水装置漏树脂的原因有哪些？如何检修处理？

答：混床出水装置漏树脂的原因：出水装置衬胶多孔板（每只孔上装有 PVC 出水水帽）上的衬胶不平整，造成水帽装复后，水帽与衬胶孔板接触平面间隙超标（间隙大于 0.30mm 以上）而造成漏树脂。当出水水帽损坏时，易造成混床出水装置漏树脂。

检修处理方法如下：

（1）将树脂移出混床体外，并放尽混床内剩水。

（2）拆开下人孔及底人孔。

（3）由下人孔进入，用 0.25mm 塞尺逐个测量水帽与衬胶多孔板接触间隙，并在超标的部位做好清晰的记号。

（4）进入底人孔将要处理的衬胶部位的水帽锁母旋下，取出水帽（孔板上、下人员要配合好）。

（5）将孔周围直径约 70mm 不平整的衬胶用锉刀仔细锉平，将水帽重新装复后，仍要检查其接触间隙应符合标准，必要时可在水帽与孔板衬胶之间垫以 1～2mm 厚的耐酸橡胶，以增加其密封性。

31-24 凝结水处理混床出水装置（母管支管式或支管打孔式）漏树脂的原因有哪些？如何检修处理？

答：凝结水处理混床出水装置（母管支管式或支管打孔式）漏树脂的原因如下：

（1）支管底层的尼龙网套（20目）及面层的涤纶网套（60目）的数目不符合技术要求。

（2）涤纶网套质量不佳，存在抽丝现象，或支管搬运中造成网套破损。

（3）不锈钢支管孔、槽处有毛刺、锐角等易造成网套的破损。

（4）包扎带没有扎在支管两端槽内或没有扎紧，使支管上孔留在两侧包扎带外或使网套松动。

（5）运动中母支管连接螺栓、螺母松动或支管上包扎带松动或母支管法兰橡皮垫老化。

（6）母管与支管法兰平面留有焊渣，使平面不平整或法兰螺栓紧固不均匀，造成法兰张口。

（7）混床内部空气管滤元绕丝间隙偏大或损坏。

（8）树脂因强度不高易磨损成细小颗粒。

检修处理方法如下：

（1）支管尼龙网套及涤纶网套的数目要认真核对，符合技术要求。

（2）仔细检查涤纶网套和涤纶网套的质量，不得有破损和抽丝现象。

（3）不锈钢出水支管上孔、槽、法兰等处有毛刺、锐角、焊渣等应清除。

（4）包扎带应扎紧在出水支管两端槽内，每隔250mm左右扎一道，并逐根检查网套应无松动现象，在搬运过程中要注意防止碰损。

（5）检查母管与支管法兰接合面应平整，法兰耐酸橡皮垫采用满床，螺栓均匀紧固（用双螺母防松），必要时可用0.2mm塞尺检查各法兰连接处不通过。

（6）空气管滤元绕丝个别间隙较大处可采用聚氯乙烯包扎带扎住或更换损坏滤元。

（7）树脂过度磨损成细小颗粒而流失，可对树脂捕捉器滤元清理干净，并适量补充树脂。

31-25　凝结水处理混床出水装置（母管支管式）固定螺栓松动的原因是什么？如何处理？

答：凝结水处理混床出水装置（母管支管式）固定螺栓松动的原因：凝结水高速混床在压力运行下，由于流速过高（100m/h）的旋转作用，使出水装置固定螺母易产生松动现象。

处理方法：凝结水混床内部所有固定螺母均紧固，并采用双螺母紧固（增加螺母之间的摩擦力）来达到防松的目的。

31-26 凝结水处理混床体外再生设备阳再生塔中间排脂装置弯曲的原因有哪些？如何检修处理？

答：凝结水处理混床体外再生设备阳再生塔中间排脂装置弯曲的原因如下：

（1）在树脂分层操作过程中，高流速进水树脂以柱状形式迅速上升，使中间排脂装置向上弯曲损坏。

（2）当大流量进水或较高运行压力下突然卸压，易造成中间排脂装置向下弯曲。

（3）中间排脂装置结构单薄，没有加强固定，强度较差。

检修处理方法如下：

（1）将损坏的中间排脂装置（母管支管式大孔型）拆下。

（2）在母管的上部焊接不锈钢加强筋，两端牢固固定在筒体壁上，并可以拆卸更换。

（3）支管支架由不锈钢不等边角钢改为不锈钢钢板弯制的槽钢，并在槽钢侧面焊接厚度为 10mm 的长条加强筋，支架两端用 M16 螺栓牢固固定在器壁的托架上（原支架直接焊在筒体上，再衬胶防腐）。

中间排脂装置经改进加强处理后，效果显著提高。

31-27 影响超滤膜性能的因素有哪些？

答：影响超滤膜性能的因素有透膜压力、流速、工厂操作、前处理条件、颗粒浓度、黏度、温度及生物活性等。

31-28 超滤膜的污染控制有哪些方法？

答：超滤膜的污染控制方法可以从膜材料的改性、膜组件的设计以及操作方式上进行考虑。对膜材料进行改性，使其具有更高的亲水性和耐污染性。膜组件设计要尽量减少容易藏污纳垢的过滤死点和连接点，如在水处理中采用中空纤维式超滤膜件。操作方式上可以选择错流、反洗、气水反洗、正洗、化学反洗以及化学清洗等措施来稳定和恢复膜的通量。

31-29 透膜压差偏高或上升过快的原因是什么？采取何种措施处理？

答：（1）原因：超滤单元受污染。措施：查找污染原因，选用适当化学药剂进行化学清洗。

（2）原因：产水流量偏高。措施：调整产水流量。

（3）原因：反向流情况。措施：为应对反向流的问题，可修改反洗加药方案，降低系统回收率，减小反洗间隔。

（4）原因：进水水质恶化。措施：检查进水水质，调整有关反洗参数，选择是否进行化学反洗或浸泡。

31-30 产品水浊度高的原因是什么？如何处理？

答：（1）原因：有空气进入浊度仪。措施：自管路内排出空气。分析空气是如何进入仪表中的，消除气源。

（2）原因：膜发生破损或泄漏。措施：进行完整性测试，如发现泄漏进行修补。

31-31 产品水流量减小的原因有哪些？如何处理？

答：（1）原因：超滤单元受污染，准备清洗。措施：查找污染原因，选用适当化学药剂进行化学清洗。

（2）原因：流量计问题。措施：检查并校核流量计。

（3）原因：进水压力低。措施：检查进水泵及进水阀。

31-32 超滤系统进口压力高的原因有哪些？采取何种措施处理？

答：（1）原因：超滤进水泵控制故障。措施：检查控制系统，如需要进行调整。

（2）原因：压力指示仪表故障。措施：对不正常指示仪表监控数据并做检查。

31-33 超滤系统进口压力低的原因有哪些？如何处理？

答：（1）原因：超滤进水泵故障。措施：检查超滤进水泵。

（2）原因：阀门故障。措施：检查超滤进口阀门。

31-34 超滤系统透过液压力高的原因是什么？如何进行处理？

答：（1）原因：反冲洗控制故障。措施：检查控制系统，按需要进行调整。

（2）原因：超滤单元受污染，准备清洗。措施：进行适当清洗，其后单元转回至产水模式。

（3）原因：反向流情况。措施：为应对反向流时的问题，修改反冲洗加药方案，降低回收率，减少反洗间隔。

31-35 超滤系统 pH 值偏高或偏低的原因是什么？应怎样处理？

答：（1）原因：pH 表故障。措施：校准仪表，在已知条件下测试。

（2）原因：化学清洗后单元未充分漂洗。措施：进行更多漂洗。

31-36 为什么会出现超滤膜完整性测试失败的情况？

答：原因：膜泄漏。措施：进行完整性测试。监测膜件上端进水帽中的气泡，修补泄漏膜丝，重新进行完整性测试。

31-37 在确定反渗透系统的故障时应注意哪些问题？如何进行诊断？

在确定反渗透系统的故障时应注意以下几个问题：

(1) 反渗透系统是否运转正常。

(2) 反渗透系统是否在正常停机中停用时间过长。

(3) 反渗透预处理或化学加药系统是否正常。

(4) 确定是否在适当的进水温度、TDS 值或 pH 值条件下使用。

(5) 确定水流量和水回收率是否适当。

(6) 确定压降（进水/浓水）是否正常。

(7) 确定所有的仪器仪表是否校准。

(8) 对产水流量和产水水质是否已进行标准化。

(9) 逐段及逐个压力容器测量产水水质。

(10) 检查每支压力容器密封件有无损坏。

(11) 检测反渗透进水的保安过滤器是否含有污染物。

(12) 检测反渗透膜元件是否被污染或被损坏。

诊断方法如下：

(1) 采样并分析反渗透进水、浓水和各段产水及总产水水质数据。

(2) 将分析所得水质数据与反渗透设计的计算值相比较。

(3) 以标准化后产水水质、流量及压降的变化为基础，确定可能的污染物。

(4) 对预测的污染物及垢质进行清洗。

(5) 分析清洗液中所含的污染物以及清洗液的颜色和 pH 值变化。

(6) 将反渗透膜元件送出进行非破坏性的分析，并确定清洗方案。

(7) 最后的手段是进行膜元件解剖分析和实验分析以确定污染物。

31-38 如何查找反渗透系统膜元件的故障？

答：经过"标准化"后的产品水流量和盐透过率才可用于查找反渗透系统膜元件的故障，分为在线研究和离线研究。

(1) 在线研究。当发现某个压力容器的盐透过率高，则需要测量每一个膜元件的产品水电导率来确定问题的起源，使用一根塑料管或不锈钢管在产品水管不同位置取样测量电导率，取样管上可以做上记号。这些记号的位置相当于需取样的位置（膜元件的取样位置），取样管先插入到产品水管最远端，取样测电导率，然后一段段向回抽，得到电导率变化曲线。

当给水流过压力容器时逐渐变浓，引起产品水浓度增加，取样的电导率从上一个膜元件到下一个膜元件电导率的变化约为 10%。如果这个变化幅度过大，则表明问题所在；如果某点位置电导率阶跃变化，则表明机械泄漏。

从分析产品水中二价离子与一价离子的比率的变化也可推测出是否发生了泄漏。

（2）离线研究。卷式膜元件的非破坏性离线研究只有真空试验一种方法，如果真空破坏超过每分钟 20kPa，也即 6in 汞柱则表明膜元件严重泄漏而不能再使用。

如果试验不能揭示问题，则可能需要进行破坏性（解剖）分析，可以检查膜元件内部情况，对部件进行试验和分析污染物。

31-39　常见反渗透污染有哪些？

答：常见反渗透污染有以下几种：

（1）膜降解。由于膜元件的水解（对醋酸纤维素膜元件由过低或过高 pH 值造成）、氧化（如各种氧化剂 Cl_2、H_2O_2、$KMnO_4$）以及机械损坏（产水背压、膜卷突出、过热、由于细碳料或砂料造成的磨损）均可以造成反渗透膜元件的降解。

（2）沉淀物沉积。如果未采取阻垢措施或者采取的阻垢措施不当，均会造成沉淀物沉积，常见的沉淀物包括碳酸垢（Ca）、硫酸垢（Ca、Ba、Sr）、硅垢（SiO_2）。

（3）胶体沉积。胶体沉积一般由金属氧化物（Fe、Zn、Al、Cr）和其他各种胶体造成。

（4）有机物沉积。天然有机物（腐殖物和灰黄素）、油类（泵密封泄漏、新换管道）、过量的阻垢剂或铁沉淀、过量的阳离子聚合物（来源于预处理的过滤器）均是造成有机物的根源。

（5）生物污染。微生物会在复合膜表面形成生物黏泥，同时细菌会对醋酸纤维素膜造成侵蚀，这些微生物包括藻类、真菌等。

31-40　反渗透系统污染症状有哪些？

答：反渗透系统发生污染后，其一般症状如下：

（1）系统进水与浓水间压降增加。

（2）系统进水压力发生变化。

（3）标准化后的产水流量变化。

（4）标准化后的盐透过率发生变化。

31-41 反渗透系统有哪些常见故障？如何进行诊断？

答：反渗透系统常见故障及诊断方法见表 31-1。

表 31-1　　　　反渗透系统常见故障及诊断方法

可能的原因	可能的发生地点	进水与浓水间压降	产水流量	盐透过率
金属氧化物	第一段	正常或增加	降低	正常或增加
胶体污染	第一段	正常或增加	降低	正常或增加
结垢	最后一段	增加	降低	增加
生物污染	任何一段	正常或增加	降低	正常或增加
有机污染	所有各段	正常	降低	降低或增加
氯化物（如 Cl_2）	第一段最严重	正常或降低	增加	增加
磨损	第一段最严重	降低	增加	增加
O 形密封圈或黏结部位泄漏	随机分布	正常或增加	正常或增加	增加
回收率过高	所有各段	降低	正常或降低	增加

31-42 反渗透膜常见污染物及其去除方法有哪些？

答：反渗透膜常见污染物及其去除方法一般包括以下各项：

（1）碳酸钙垢。在阻垢剂添加系统出现故障时或加酸系统出现故障而导致给水 pH 值升高，那么，碳酸钙就有可能沉积出来，应尽早发现碳酸钙垢沉淀的发生，以防止生长的晶体对膜表面产生损伤。如早期发现碳酸钙垢，可以用降低给水 pH 值至 3.0～5.0 之间运行 1～2h 的方法去除。对沉淀时间更长的碳酸钙垢，则应采用柠檬酸清洗液进行循环清洗或 24h 浸泡。

应确保任何清洗液的 pH 值不要低于 2.0，否则可能会对反渗透系统膜元件造成损害，特别是在温度较高时更应注意，最高的 pH 值不应高于 11.0。可使用氨水来提高 pH 值，使用硫酸或盐酸来降低 pH 值。

（2）硫酸钙垢。清洗液 2（见表 23-2）是将硫酸钙垢从反渗透膜表面去除掉的最佳方法。

（3）金属氧化物垢。可以使用上面所述的去除碳酸钙垢的方法，很容易地去除沉积下来的氢氧化物（如氢氧化铁）。

（4）硅垢。对于不是与金属化物或有机物共生的硅垢，一般只有通过专门的清洗方法才能将它们去除。

（5）有机沉积物。有机沉积物（如微生物黏泥或霉斑）可以使用清洗液3（见表 23-2）去除，为了防止再繁殖，可使用经膜公司认可的杀菌溶液在系统中循环、浸泡，一般需较长时间浸泡才能有效。如反渗透装置停用 3 天，最好采用消毒处理，请与膜公司会商以确定适宜的杀菌剂。

（6）清洗液。清洗反渗透膜元件时建议采用表 23-2 中所列的清洗液。确定清洗前对污染物进行化学分析十分重要，对分析结果的详细分析比较，可保证选择最佳的清洗剂及清洗方法，应记录每次清洗时清洗方法及获得的清洗效果，为在特定给水条件下，找出最佳的清洗方法提供依据。

对于无机污染物建议使用清洗液 1（见表 23-2）；对于硫酸钙及有机物建议使用清洗液 2（见表 23-2）；对于严重有机物污染建议使用清洗液 3（见表 23-2）。所有清洗可以在最高温度为 104℉（40℃）下清洗 60min，所需用品量以每 100gal（379L）中加入量计，配制清洗液时按比例加入药品及清洗用水，应采用不含游离氯的反渗透产品水来配制溶液并混合均匀。

31-43   反渗透膜的污染特征及处理方法有哪些？

答： 表 31-2 所列为反渗透膜的污染特征及处理方法，溶液的具体配方见表 23-2。

表 31-2   **反渗透膜污染特征及处理方法**

污　染　物	一　般　特　征	处　理　方　法
钙类沉积物（碳酸钙及磷酸钙类，一般发生在系统第二段）	（1）脱盐率明显下降。 （2）系统压降增加。 （3）系统产水量稍降	用清洗液 1 清洗系统
氧化物（铁、镍、铜等）	（1）脱盐率明显下降。 （2）系统压降明显升高。 （3）系统产水量明显降低	用清洗液 1 清洗系统
各种胶体（铁、有机物及硅胶体）	（1）脱盐率稍有降低。 （2）系统压降逐渐上升。 （3）系统产水量逐渐减少	用清洗液 2 清洗系统

续表

污 染 物	一 般 特 征	处 理 方 法
硫酸钙（一般发生于系统第二段）	（1）脱盐率明显下降。 （2）系统压降稍有或适度增加。 （3）系统产水量稍有降低	用清洗液 2 清洗系统污染严重时用清洗液 3 清洗
有机物沉积	（1）脱盐率可能降低。 （2）系统压降逐渐升高。 （3）系统产水量逐渐降低	用清洗液 2 清洗系统污染严重时用清洗液 3 清洗
细菌污染	（1）脱盐率可能降低。 （2）系统压降明显增加。 （3）系统产水量明显降低	依据可能的污染种类选择 3 种清洗液中的 1 种清洗系统

31-44 反渗透膜元件中心管为什么会破裂？

答： 反渗透膜元件中心管断裂的原因：由于用户在安装时使用了不恰当的润滑剂，该润滑剂与由高分子材料制成的膜元件中心管发生了反应，同时由于安装时的应力作用，造成了膜元件中心管的破裂。

根据膜元件厂家的建议，任何时候不允许使用石油类（如化学溶剂、凡士林、润滑油及润滑脂等）的润滑剂用于润滑 O 形密封圈、连接管、接头密封圈及浓水密封圈。允许使用的润滑剂只有硅基胶、水或丙三醇（甘油）。

31-45 反渗透膜元件外壳为什么会破裂？

答： 反渗透膜元件外壳出现了破裂，但并没有造成系统产水量和脱盐率的明显变化，其原因是该装置在安装时并没有按照厂家的要求在膜元件与压力容器的连接处安装相应的垫片，同时系统中反渗透入口处也没有安装电动慢开门，在系统启动时，也没有进行低压冲洗排气，因而造成高压力的给水瞬间加载到膜元件上，造成了"水锤"的现象。同时由于在系统启动时，没有进行低压冲洗排气，残留的空气无法排出，被压缩在压力容器的出口端，因而在系统停运时，膜元件又被反推回来，造成了膜元件在系统内来回窜动，从而导致反渗透元件外壳的破裂。

31-46 简述反渗透水处理系统中第一段段间压力差增加很多的原因及处理方法。

答： 反渗透水处理系统运行几个月后，系统第一段的压力差增加很高，但是系统第二段的压力差却几乎没有变化，其原因是系统反渗透膜发生了有机物和胶体的污染。此时应及时采用专门的药剂进行清洗。如果待污染发生到非常严重的程度，给水/浓水通道已经基本堵塞时再清洗，此时药液已经无法进入给水/浓水通道，清洗很难达到理想效果。

31-47   简述反渗透水处理系统中第二段段间压力差增加很多的原因及处理方法。

答：反渗透水处理系统运行不到 10 天后，系统第一段的压力差在几乎没有变化的情况下，系统第二段的压力差增加很高，其原因是系统反渗透膜出现了结垢问题，应及时采用专门药剂进行清洗除垢，使其恢复了正常。

31-48   如何防止电渗析器的极化？

答：（1）加强原水预处理，除去原水中可能引起沉淀结垢的悬浮固体、胶体杂质和有机物。

（2）控制电渗析器的工作电流在极限电流以下。

（3）定时倒换电极，减少结垢。

（4）定期酸洗。

（5）采用调节浓水 pH 值的方法，或采用其他预处理方法，或向水中加入掩蔽剂的方法，防止沉淀的生成。

31-49   电渗析器运行操作中应特别注意哪些方面？

答：电渗析器运行操作中应特别注意如下几方面：

（1）开机时先通水后通电，停机时先停电后停水，以免极化过度损坏设备。

（2）开机或停机时，要同时缓慢开启或关闭淡水和浓水阀门，以使膜两侧压力相等或接近。

（3）浓、淡水压力要稍高于极水压力，一般要高 0.01～0.02MPa。

（4）开、关阀门要缓慢，防止突然升压或降压使膜堆变形。

（5）进电渗析器浓、淡水的压力不大于 0.3MPa。

（6）电渗析器通电后膜上有电。在膜堆上禁放金属工具和杂物，防止短路损坏膜堆。

31-50   电渗析器运行中常见的故障有哪些？

答：电渗析器运行中常见的故障如下：

（1）悬浮物堵塞水流通道和空隙或悬浮物黏附在膜面上，造成水流阻力增大，流量降低，水质恶化。

（2）阳膜遭受重金属或有机物的污染，造成膜电阻增大，选择性下降。

（3）设备由于组装缺陷或发生变形，造成设备漏水，使得设备处理被迫降低。

31-51　电渗析器极化有哪些危害？

答：电渗析器极化有如下危害：

（1）因电阻增大而增加电耗。

（2）淡水室内的水发生电离作用。

（3）引起膜上结垢，减少渗透面积，增加水流阻力和电阻，使电耗增加。

31-52　如何防止电渗析器的极化？

答：防止电渗析器极化的方法如下：

（1）加强原水预处理，除去原水中可能引起沉淀结垢的悬浮固体、胶体杂质和有机物。

（2）控制电渗析器的工作电流在极限电流以下。

（3）定时倒换电极，减少结垢。

（4）定期酸洗。

（5）采用调节浓水 pH 值的方法，或采用其他预处理方法，或向水中加入掩蔽剂的方法，防止沉淀的生成。

31-53　电渗析器浓水室阴膜和淡水室阳膜为何会出现结垢现象？应该如何处理？

答：浓水室阴膜和淡水室阳膜出现结垢现象是因为电渗析器在出现极化现象后，由于淡水室的水离解出 H^+ 和 OH^-，OH^- 在电场作用下迁移通过阴膜，结果造成阴膜浓水室一侧 pH 值上升，表面水呈碱性，生成 $MgCO_3$、$CaCO_3$、$Mg(OH)_2$ 沉淀。在淡水室的阳膜附近，由于 H^+ 透过膜转移到浓水室中，因此这里留下的 OH^- 也使 pH 值升高，产生铁的氢氧化物沉淀。为了减少结垢，常常采用浓水中加酸的办法，定期倒换电极，浓水再循环时，控制浓水的电导率等方法，并根据运行的情况进行膜的酸洗工作。

31-54　简述电渗析器脱盐率降低、淡水水质下降的原因和处理方法。

答：电渗析器脱盐率降低、淡水水质下降的原因和处理方法如下：

（1）设备漏水、变形。除设备本身的质量问题和组装不良外，运行中由于各种进水压力不均匀和内部结垢，导致水通过压力过高，造成设备变形、漏水，因此在运行中要保持各室的水压力均衡。

(2) 流量不稳，电流不稳。水泵或泵前管路漏气，也可能是本机气体未排出，应对进水系统检查或打开本机排气阀排气。

(3) 压力升高、流量降低。隔板流水道被脏物堵塞或膜面结垢，可采用3％盐酸溶液通入本体循环 1h，如仍不见效，拆机清洗。

(4) 电流不稳、脱盐率低。电路系统接触不良，应及时检查消除。

(5) 脱盐率降低、淡水水质下降。膜面极化或结垢，膜被有机物或重金属污染膜老化，膜电阻增加，电极腐蚀，设备内窜互漏，膜破裂，运行中浓水压力大于淡水压力等。膜被有机物污染，可用 9％NaCl 和 1％NaOH 清洗30～90min。膜被铁、锰等离子污染，可采用 1％草酸溶液加入氨水调节 pH值的方法，清洗 30～90min。

对设备问题，应查明故障点，拆机处理。

31-55 电渗析器运行中电流下降是什么原因造成的？

答：造成电渗析器运行中电流下降的原因如下：

(1) 电源线路接触不良造成的。

(2) 电渗析膜结垢或污染，导致膜阻力增大，使工作电流降低。

31-56 造成电渗析器漏水的故障有哪些？

答：电渗析器轻微渗水是正常现象，严重渗漏是故障，此时会造成设备漏电和出力降低的后果。造成渗漏故障的原因如下：

(1) 电渗析器的部件如隔板、极框、垫圈等厚薄不均或表面有凹槽。因此在组装前应对各部件进行检查，剔除或修正有缺陷的部件。

(2) 组装时，膜堆排列不整齐，夹入异物或锁紧时用力不均匀。

(3) 在运行过程中，局部出现严重漏水往往是由于设备变形造成的。

参 考 文 献

[1] 张子平，赵景光. 电厂化学运行与检修 1000 问. 北京：中国电力出版社，2004.

[2] 国家电力公司华东公司. 电厂化学设备检修技术问答. 北京：中国电力出版社，2002.

[3] 《火力发电职业技能培训教材》编委会. 电厂化学设备检修. 北京：中国电力出版社，2004.

[4] 窦照英，张烽，徐平. 反渗透水处理技术应用问答. 北京：化学工业出版社，2007.